Praxisleitfaden Immobilienanschaffung und Immobilienfinanzierung

Guido Rennert

Praxisleitfaden Immobilienanschaffung und Immobilienfinanzierung

Verständlicher und praxisorientierter Ratgeber für Immobilienerwerber in Deutschland mit aktueller Darstellung der Rechtslage und Berechnungstool für Kreditfinanzierungen

Guido Rennert
Sonnenstr. 97
40227 Düsseldorf
Deutschland
info@kanzlei-rennert.de

Zusätzliche Informationen zu diesem Buch finden Sie unter:
http://extras.springer.com. Passwort: 978-3-642-22621-2

ISBN 978-3-642-22621-2 e-ISBN 978-3-642-22622-9
DOI 10.1007/978-3-642-22622-9
Springer Heidelberg Dordrecht London New York

Die Deutsche Nationalbibliothek verzeichnet diese Publikation in der Deutschen Nationalbibliografie; detaillierte bibliografische Daten sind im Internet über http://dnb.d-nb.de abrufbar.

Einbandentwurf: WMXDesign GmbH, Heidelberg

Gedruckt auf säurefreiem Papier

Springer ist Teil der Fachverlagsgruppe Springer Science+Business Media (www.springer.com)

Geleitwort

Der vorliegende Praxisleitfaden sticht aus der Ratgeberliteratur zum kreditfinanzierten Immobilienkauf hervor, weil er in vorbildlicher Weise die Darstellung wirtschaftlicher und rechtlicher Aspekte miteinander verbindet.

Das Konzept der Darstellung ist anschaulich und leserfreundlich. Die Darstellung der anstehenden Fragen folgt der Reihenfolge, in der die Fragen beim Immobilienkauf tatsächlich auftauchen und abzuarbeiten sind. Der Praxisleitfaden beschränkt sich dabei nicht auf allgemeine Aussagen, sondern führt detailliert und prägnant sowohl an die rechtlichen als auch an die wirtschaftlichen Fragestellungen heran. Die Erklärungen sind dabei mit konkreten Berechnungen und mit konkreten Bezügen zur aktuellen Rechtslage angereichert. Damit werden dem interessierten Leser nicht mehr nur Bruchstücke von zusammengehörigen Bereichen einer einheitlichen Fragestellung präsentiert, sondern eine kombinierte Darstellung der rechtlichen und wirtschaftlichen Aspekte des (kreditfinanzierten) Immobilienkaufes, die die Schwächen handelsüblicher Ratgeberliteratur vermeidet.

Trotz der Komplexität der Materie ist es dem Autor gelungen, einen verständlich geschriebenen Praxisratgeber mit hohem Informationsgehalt vorzulegen, der sich angenehm abhebt von zahllosen Ratgebern, die entweder zu unverständlich oder zu oberflächlich geschrieben sind. In vorbildlicher Klarheit und schnörkellos führt der Autor den Leser Schritt für Schritt an die entscheidenden rechtlichen und wirtschaftlichen Fragen heran und bereitet ihn damit optimal auf die Immobilienanschaffung vor.

Die geltende Rechtslage ist bis einschließlich November 2011 eingearbeitet. Ausführlich besprochen werden auch umfangreiche Reformen aus dem Jahr 2009, die sich auf das Einkommensteuerrecht und das Erbschafts- und Schenkungssteuerrecht beziehen, welches Bezug zu Immobilien hat. Darüber hinaus werden die rechtlichen Fragen beim Kauf einer Immobilie vom Bauträger und bei der Planung und Errichtung einer Immobilie in Eigenregie dargestellt.

Bemerkenswert sind insbesondere die Ausführungen in Kapitel 9 des Buches über die Fragen zu Ansprüchen von Immobilienkäufern bei mangelhaften Immobilien und zur Rückabwicklung eines verunglückten Immobilienkaufes, die in der Ratgeberliteratur in aller Regel ausgespart werden. Damit beschränkt sich der Autor nicht nur auf die Fragen bis zum Abschluss des Immobilienkaufes, sondern bezieht auch wichtige Folgeüberlegungen in die Darstellung ein, die geschädigten Immobilienkäufern wertvolle Orientierung geben.

Das gelungene Konzept des Praxisleitfadens wird schließlich durch ein innovatives Berechnungstool abgerundet, welches dem ratsuchenden Leser wertvolle Orientierung und Unterstützung bei der Ermittlung der tatsächlichen Kosten einer Kreditfinanzierung gibt.

Der hohe Informationsgehalt und die gelungene Darstellung des Praxisleitfadens sind offenbar auch maßgeblich auf die umfangreiche Praxiserfahrung des Autors zurückzuführen, der nicht nur seit mehr als 11 Jahren als Rechtsanwalt tätig ist, sondern darüber hinaus als kaufmännischer Projektleiter in der Immobilienbranche tätig war und seit mehr als 6 Jahren als Bankjustitiar tätig ist. Insbesondere die Berufserfahrung als Bankjustitiar befähigt den Autor, die wichtige Thematik der Immobilienfinanzierung vor dem Hintergrund des Erfahrungsschatzes eines Bankjuristen und Bankpraktikers darzustellen.

Münster, November 2011

Dr. André Janssen
Wissenschaftlicher Assistent und Habilitand am
Centrum für Europäisches Privatrecht (CEP)
der Westfälischen – Wilhelms – Universität Münster

Inhaltsverzeichnis

Kapitel 1
Einleitung

Das Thema Immobilienkauf trifft früher oder später jeden. Die Immobilie ist nicht nur häufig erste Wahl beim Vermögensaufbau und bei der Sachwertanlage größerer Geldsummen sondern auch eine Frage von Emotionen. Übereinstimmend berichten Immobilienerwerber, dass Sie sich in einer eigenen Immobilie wohler und freier fühlen als in einer gemieteten Immobilie.

Abgesehen vom Wohlfühlfaktor ist ein Immobilienkauf aber auch als Investitionsentscheidung häufig eine gute Wahl. Auf eine kurze Formel gebracht könnte man sagen: Mieten ist konsumieren und kaufen ist investieren. Das bringt es plakativ auf den Punkt, denn als Mieter helfen Sie Ihrem Vermieter beim Erwerb des Eigentums durch die Zahlung der Miete, während Sie beim Kauf einer eigenen Immobilie und der Bedienung des Darlehens mit Tilgung in die eigene Tasche wirtschaften und eigene Werte aufbauen.

Diese Feststellung ist jedenfalls so lange richtig, wie die Auswahl der Immobilie und der Kreditfinanzierung nach vernünftigen Kriterien erfolgt und richtig angepackt wird. Wer hier die falschen Weichenstellungen vornimmt und nicht die richtigen Informationen parat hat, der vernichtet schnell Vermögen statt welches auf zu bauen.

Für die allermeisten Menschen ist der Kauf einer Immobilie die Entscheidung mit der größten finanziellen Tragweite und wirtschaftlichen Bedeutung ihres Lebens, wenn man ähnlich wichtige Fragen wie z. B. die Berufs- und Studienwahl außer Betracht lässt. Gerade weil die Entscheidung für die richtige Immobilie und die richtige Finanzierung von so großer Tragweite ist, kann ich nur allen Lesern den Rat ans Herz legen, alle verfügbaren Informationsquellen für eine ausgewogene und wohlüberlegte Entscheidung zu nutzen. Bei Unsicherheiten sollten Sie sich im Zweifel lieber einen erfahrenen Fachmann als Berater an die Seite zu nehmen.

Die Erfahrung zeigt, dass ein Immobilienerwerber durch die Erschließung der relevanten Informationen zum richtigen Zeitpunkt sehr viel Geld sparen kann. Darüber hinaus immunisiert eine solide Informationsgrundlage gegen die Beeinflussung von selbsternannten Experten, die bei Lichte betrachtet Eigeninteressen verfolgen und Ihnen daher kaum eine objektive Beratung bieten können.

Vorsicht ist insbesondere bei einer Beratung durch eine Bank geboten, da der Bankberater natürlich in erster Linie einen Kredit vertreiben will und nicht den

G. Rennert, *Praxisleitfaden Immobilienanschaffung und Immobilienfinanzierung*,
DOI 10.1007/978-3-642-22622-9_1, © Springer-Verlag Berlin Heidelberg 2012

Erfolg Ihrer Investitionsentscheidung vor Augen hat. Das gilt insbesondere dann, wenn die Bank nicht nur den Kredit anbietet, sondern auch die Immobilie über Aushänge in der Schalterhalle oder über die Internetseite vertreibt und damit Maklerfunktionen wahrnimmt. Hier droht Gefahr durch eine Fehlsteuerung auf gleich zwei der wichtigsten Baustellen beim Immobilienkauf: Und zwar erstens bei der Auswahl der richtigen Immobilie und zweitens bei der Auswahl der richtigen Finanzierung.

Mit diesem Praxisleitfaden möchte ich Ihnen einen Kompass an die Hand geben, der Ihnen hilft die richtige Peilung zu bekommen. Das Konzept beruht darauf, Sie systematisch und verständlich Schritt für Schritt an die entscheidenden Fragen heranzuführen. Dabei beschränke ich mich bewusst auf die wirklich entscheidenden Aspekte und verzichte darauf, Sie mit irrelevanten oder zweitrangigen Informationen und Ausführungen zu überfrachten. Die Reihenfolge der Darstellung folgt dabei der Reihenfolge, in der die Fragen beim Immobilienkauf tatsächlich auftauchen und abzuarbeiten sind.

Dieser Ratgeber beschränkt sich dabei nicht auf allgemeine Aussagen sondern führt detailliert und prägnant sowohl an die rechtlichen als auch an die wirtschaftlichen Fragestellungen heran. Die Erklärungen sind dabei mit konkreten Berechnungen und mit konkreten Bezügen zur aktuellen Rechtslage angereichert.

Der Kauf einer Immobilie geht weit über die Beschaffung von Wohnraum für die Eigennutzung hinaus. Er stellt vielmehr zeitgleich eine der wichtigsten und größten Investitionsentscheidungen im Leben des Immobilienkäufers dar. Aus diesem Grunde beruht das Konzept dieses Praxisleitfadens auf einer kombinierten Darstellung des Immobilienkaufes für die Eigennutzung und des Immobilienkaufes unter Investitions- und Renditegesichtspunkten.

Darüber hinaus ist im Lieferumfang noch ein mächtiges Berechnungstool enthalten, mit dem Sie kinderleicht wichtige Kennzahlen eines konkreten Kreditangebotes (z. B. die Gesamtzinslast) selbstständig berechnen können. Dadurch werden Sie unabhängiger von Bankberatern. Darüber hinaus können Sie mit dem Berechnungstool die mögliche Rendite einer Immobilie errechnen.

Der Praxisleitfaden enthält schließlich ein Kapitel, in dem die anstehenden Fragen erörtert werden, die sich bei einem verunglückten Immobilienkauf stellen. Leider stellt sich nicht jeder Immobilienkauf in der Rückschau als gutes Geschäft heraus, so dass ein geschädigter Immobilienkäufer auf die Frage zurückgeworfen wird, ob er aus den abgeschlossenen Verträgen wieder aussteigen oder ob er Schadensersatz für eine falsche Beratung von der Bank oder von Beratern erlangen kann.

Schließlich haben Sie die Möglichkeit, mich als Berater beim Immobilienkauf und bei der Strukturierung der Bankkredite zu Rate zu ziehen, da ich als selbständiger Rechtsanwalt in Düsseldorf niedergelassen bin. Das heißt, dass ich da weitermache, wo andere Buchautoren aufhören: Ich helfe Ihnen auch bei der tatsächlichen Umsetzung der Ratschläge in einem konkreten Projekt. Weitere Einzelheiten zu meinen Beratungsleistungen finden Sie auf meiner Internetseite: www.kanzlei-rennert.de.

Kapitel 2
Zweck des Immobilienkaufes

Eine der ersten Fragen, die man sich stellen muss, wenn man einen Immobilienerwerb plant, ist eine relativ simple Frage: Was möchte ich mit der Immobilie tun?

G. Rennert, *Praxisleitfaden Immobilienanschaffung und Immobilienfinanzierung*,
DOI 10.1007/978-3-642-22622-9_2, © Springer-Verlag Berlin Heidelberg 2012

2.1 Eigennutzung oder Renditeobjekt

Dabei sind zwei mögliche Antworten denkbar: Eigennutzung oder Vermietung als Renditeobjekt. Die selbstgenutzte Immobilie erklärt sich von selbst.

Mit einem Renditeobjekt ist der Kauf einer Immobilie zu dem Zweck gemeint, aus dieser Erträge zu erwirtschaften durch Vermietung und durch einen späteren Verkauf, der dann hoffentlich zu einem höheren Preis erfolgen kann und damit noch einen Veräußerungsgewinn beschert.

An dieser Stelle möchte ich Ihnen eine Empfehlung geben, die ein wenig abweicht von den landläufig gegebenen Ratschlägen:

Immer wieder wird behauptet, dass es bei einer selbstgenutzten Immobilie **nur** darauf ankomme, dass Sie Ihnen persönlich gefällt und Ihren individuellen Zwecken genügt während Sie bei einem Renditeobjekt angeblich **nur** auf die gute Vermietung zu achten hätten. In dieser Radikalität sind diese Behauptungen m. E. falsch. Dabei wird nämlich der entscheidende Aspekt übersehen, dass der Zweck eines Immobilienerwerbs sich ändern kann und daher langfristige Überlegungen und mögliche Änderungen der Lebensplanung einbezogen werden müssen.

Bei Lichte betrachtet muss ein Immobilienerwerber auch beim Kauf einer Immobilie für die Eigennutzung nicht nur die eigenen Bedürfnisse und individuellen Anforderungen an eine Immobilie berücksichtigen, sondern auch eine objektive Betrachtung anstellen. Denn es ist natürlich denkbar, dass Sie eine zunächst für die Eigennutzung gekaufte Immobilie zu einem späteren Zeitpunkt vermieten oder verkaufen wollen. Spätestens dann holt Sie die Frage ein, ob die Immobilie sich auch für einen Durchschnittsnutzer eignet und entsprechend hohe Mieteinnahmen oder Verkaufspreise erzielen kann.

Der Erwerb einer selbstgenutzten Immobilie ist ja auch eine Investitionsentscheidung von erheblichem Volumen, die über die Beschaffung von Wohnraum für eigene Zwecke weit hinausgeht. Wenn Ihre Immobilie daher über Eigenschaften verfügt, die Sie höchstpersönlich nicht stören (Ihnen vielleicht sogar entgegenkommen), die aber bei einem Verkauf an einen Durchschnittsnutzer höchstwahrscheinlich zu einem erheblichen Preisabschlag führen werden, dann wäre das ein kritischer Punkt unter Investitionsgesichtspunkten, der auch beim Kauf einer Immobilie für die Eigennutzung berücksichtigt werden muss. Wenn Sie persönlich z. B. keinen Wert auf einen Balkon legen, dann sollten Sie gleichwohl überlegen, ob ein fehlender Balkon bei einem späteren Verkauf oder einer Vermietung der Wohnung zu einem Stolperstein werden könnte.

Andererseits sollten Sie natürlich auch in Ihre Überlegungen einbeziehen, dass Sie eine zunächst als Renditeobjekt erworbene Immobilie später möglicherweise selbst nutzen möchten. Daher sollten Sie sich kritisch fragen, ob Sie sich vorstellen könnten, auch selbst in der als Renditeobjekt zu erwerbenden Wohnung zu wohnen. Diese Überlegung wird Ihnen auch helfen, möglichst kritische Maßstäbe bei der Beurteilung der Immobilie anzulegen und damit eine weitere Sicherung ein zu bauen, um sich gegen gefährliche Fehlgriffe zu schützen.

Wenn Sie zu der Einschätzung kommen, dass Sie selbst unter keinen Umständen in der als Renditeobjekt geplanten Immobilie wohnen wollten, dann ist das ein deutliches Signal dafür, dass auch Miet- oder Kaufinteressenten die gleichen Vorbehalte entwickeln werden. Das wiederum spricht dann auch massiv gegen den Kauf einer solchen Immobilie als Renditeobjekt.[1]

In diesem Zusammenhang verweise ich auf die bitteren Erfahrungen von Immobilienkäufern in dem Jahrzehnt von 1990 bis 2000. Viele Immobilienkäufer, die in dieser Zeit Renditeobjekte (oft über Treuhänder) als vermeintliche Steuersparmodelle erworben haben und teilweise die Immobilien vor dem Kauf nicht einmal besichtigt hatten, haben in großem Stil Vermögen vernichtet. Ich habe mehr als einmal die verzweifelten Briefe von solchen Mandanten lesen müssen, die sich mit einem solchen Objekt verspekuliert hatten. Vor dem Kauf einer Immobilie ohne Besichtigung kann man nur dringend warnen.

Warnen möchte ich aber auch vor dem Kauf einer Immobilie, die durchschnittlichen Anforderungen nicht gerecht wird, aber günstig vermietet ist. Sie können nicht unterstellen, dass der Mieter langfristig in der Wohnung bleibt und langfristig zahlungsfähig ist. Der beste Schutz vor Fehlkäufen ist die kritische Auswahl der Immobilie nach objektiven Kriterien, die auch längerfristig Bestand haben wie z. B. Lage, Zuschnitt und Zustand der Immobilie.

Fazit

Bei jedem Immobilienerwerb (egal ob zur Eigennutzung oder als Renditeobjekt) sollten Sie mit der anvisierten Immobilie und Ihrer eigenen Vorstellung vom Zweck des Immobilienerwerbes hart ins Gericht gehen und sich die kritische Frage stellen, ob die Immobilie nach objektiven Kriterien auch den üblichen Vorstellungen und Anforderungen eines anderen Nutzers entspricht, der die Immobilie zu einem späteren Zeitpunkt mieten oder kaufen soll. Wenn Sie diese Frage nicht eindeutig bejahen können, dann spricht das im Zweifel gegen den Erwerb.

Diese Überlegungen sollten Sie sowohl beim Erwerb einer selbstgenutzten Immobilie anstellen als auch beim Erwerb eines Renditeobjektes. Diesen Punkt kann man nicht deutlich genug betonen, weil in dieser Phase die entscheidenden Weichen gestellt werden, die über Erfolg oder Misserfolg eines Immobilienkaufes maßgeblich mit entscheiden.

[1] Eine Ausnahme von diesen Überlegungen dürfte sich allenfalls für solche Immobilien rechtfertigen, die derart preiswert erworben werden, dass diese auch bei schlechter Vermietung noch immer beachtliche Renditen abwerfen. Das dürfte jedoch ein Ausnahmefall sein, der äußerst selten anzutreffen ist.

2.2 Grundüberlegungen bei Immobilien als Renditeobjekt

Beim Kauf einer Immobilie als Renditeobjekt müssen Sie zunächst einmal Grundüberlegungen anstellen und zumindest eine überschlägige Berechnung der erzielbaren Rendite vornehmen. Die Antwort auf die Frage nach der erzielbaren Rendite ist ein entscheidender Baustein zur Entscheidung über einen Kauf.

Daher möchte ich Ihnen im Folgenden die Schritte zur Errechnung der möglichen Rendite einer Immobilie aufzeigen. Weiter unten unter Ziffer 2.2.2. gehe ich dann auf die Beteiligung an Renditeimmobilien über einen Immobilienfonds ein.

2.2.1 Kauf einer einzelnen Renditeimmobilie

Die mit einer Immobilie erzielbare Rendite hängt von verschiedenen Eckdaten ab. Dazu gehören als wichtigste Faktoren der Kaufpreis und die vereinbarte oder erzielbare Miete pro Jahr.

Mit der Rendite ist dabei die Verzinsung des eingesetzten Kapitals pro Jahr gemeint, die aus Mieteinnahmen erwirtschaftet wird. Wie Sie die Rendite einer Immobilie aus den verfügbaren Eckdaten Schritt für Schritt selbst kalkulieren können, möchte ich Ihnen wie folgt erklären.

2.2.1.1 Kapitalisierungsfaktor und Bruttorendite

Zunächst müssen Sie den **Kapitalisierungsfaktor** errechnen, indem Sie die ***Anschaffungskosten*** der Immobilie ins Verhältnis zur ***erzielbaren Jahresnettomiete*** setzen, d.h. Sie müssen die Anschaffungskosten durch die Jahresnettomiete teilen.

Zur Errechnung der ***Anschaffungskosten*** ist zunächst der vom Verkäufer angegebene Kaufpreis um die Erwerbsnebenkosten (Grunderwerbsteuer, Notarkosten, Maklerkosten) zu erhöhen, die bei der Anschaffung anfallen. Denn die Erwerbsnebenkosten müssen Sie als Immobilienkäufer definitiv bezahlen und diese müssen daher in die Berechnung der Rendite einbezogen werden, damit das Ergebnis nicht verfälscht wird. Die Berechnung der Erwerbsnebenkosten wird weiter unten im Abschn. 7.2.1 detailliert besprochen.[2]

Mit ***Jahresnettomiete*** ist dabei die Miete ohne die Nebenkosten gemeint. Die Nebenkosten, die auf den Mieter abgewälzt werden, stellen natürlich keinen Ertrag des Vermieters dar, sondern nur durchgereichte Betriebskosten. Dabei ist wichtig, dass die nachhaltig und auch langfristig erzielbare Jahresnettomiete angesetzt wird, damit keine verfälschten Ergebnisse herauskommen. Ist die Immobilie nicht vermietet, so müssen Sie die erzielbare Miete aus anderen Quellen ableiten wie z. B. dem Mietspiegel der Stadt in der die Immobilie liegt.

---

[2] Siehe Abschn. 7.2.1.2. (Seite 109). Sie können für die Berechnung auch einfach das im Lieferumfang dieses Praxisleitfadens enthaltene Berechnungstool verwenden, welches detailliert im Kap. 10. (Seite 215 ff.) besprochen wird.

Der sich aus der Teilung der Anschaffungskosten durch die Jahresnettomiete ergebende Wert wird ***Kapitalisierungsfaktor*** genannt. Er gibt an, wie viele Jahre es dauert, bis Sie als Immobilieninvestor das eingesetzte Kapital für den Kauf der Immobilie über Mieteinnahmen wieder erwirtschaften. Bei einem Kapitalisierungsfaktor von 20 würde es (vereinfacht ausgedrückt) also 20 Jahre dauern, bis der Kaufpreis über Mieteinnahmen erwirtschaftet ist. Der Kapitalisierungsfaktor ist vergleichbar mit dem Kurs-Gewinn-Verhältnis bei Aktien.

Der Kapitalisierungsfaktor ist eine Größe, die mit der Lage und Qualität der Immobilie zusammenhängt (gute Lage und Qualität = hoher Kapitalisierungsfaktor und schlechte Lage und schlechte Qualität = niedriger Kapitalisierungsfaktor). Anders ausgedrückt: Da schlechte Immobilien weniger begehrt sind, erzielen sie beim Verkauf auf dem Immobilienmarkt geringere Kaufpreise und damit niedrigere Kapitalisierungsfaktoren. Gute Immobilien hingegen weisen hohe Kaufpreise und hohe Kapitalisierungsfaktoren auf, weil sie begehrt sind.

Aus diesem Kapitalisierungsfaktor wiederum kann die jährliche ***Bruttorendite*** errechnet werden, indem daraus der Kehrwert gebildet wird. Ein Kapitalisierungsfaktor von 20 entspricht damit einer Bruttorendite von 5% (= 1/20).

Die folgende Tabelle weist beispielhaft die Werte der Bruttorendite für bestimmte Kapitalisierungsfaktoren aus:

Kapitalisierungsfaktor	**25**	**20**	**16,7**	**14,3**	**12,5**	**11,1**	**10**	**9,1**	**8,3**
Bruttorendite	**4%**	**5%**	**6%**	**7%**	**8%**	**9%**	**10%**	**11%**	**12%**

Aus den Zahlen dieser Tabelle wird sofort ersichtlich, dass die Bruttorendite bei einem hohen Kapitalisierungsfaktor der Immobilie sinkt und bei einem niedrigen Kapitalisierungsfaktor steigt.

Diese Zahlen sagen damit Folgendes aus: Bei guten Immobilien in guter Lage ist die Bruttorendite wegen des geringeren Risikos von Leerstand niedriger, während sie bei schlechten Immobilien wegen des höheren Risikos von Leerstand höher ausfällt. Bei Immobilien gelten mithin die gleichen Regeln wie für Kapitalanlagen im Allgemeinen: Eine hohe Rendite indiziert ein hohes Risiko und eine niedrige Rendite indiziert ein niedriges Risiko.

Die Berechnung des Kapitalisierungsfaktors und der Bruttorendite liefern Ihnen bereits eine überschlägige Einschätzung der möglichen Rentabilität der Immobilie.

2.2.1.2 Nettomietrendite

Allerdings ist die Bruttorendite ein relativ grober Wert, der noch verfeinert werden muss. Um aus der Bruttorendite eine aussagekräftigere ***Nettomietrendite*** zu errechnen, müssen deshalb die folgenden weiteren Rechenschritte durchgeführt werden:

Die Jahresnettomiete ist um die Instandhaltungskosten zu reduzieren, die nicht auf den Mieter umlegbar sind und Sie als Vermieter treffen. Denn Sie sind aus dem Mietvertrag gegenüber dem Mieter verpflichtet sind, die Immobilie in einem gebrauchsfähigen Zustand zu halten.[3] Davon abgesehen haben Sie als Eigentümer natürlich auch ein Eigeninteresse, für den Substanzerhalt und Werterhalt der Immobilie zu sorgen. Die Höhe der jährlich zu veranschlagenden Instandhaltungskosten hängt natürlich entscheidend auch vom Alter und Zustand der Immobilie ab. Wenn Sie einen Altbau mit frisch erneuertem Dach, Fenstern und Fassaden kaufen, so ist natürlich mit anderen Werten für erwartete Instandhaltungskosten zu rechnen als wenn Sie einen Altbau erwerben, bei dem diese Maßnahmen noch nicht durchgeführt worden sind und in absehbarer Zeit noch anstehen.

Darüber hinaus ist die Jahresnettomiete um die nicht umlagefähigen Betriebskosten zu reduzieren. Sie können nämlich im Mietvertrag nicht alle Nebenkosten auf den Mieter umlegen.

Wenn Sie insoweit mit den entsprechend um Instandhaltungsreserve und nicht umlagefähige Kosten korrigierten Zahlen für die Jahresnettomiete rechnen, so ändert sich damit der Wert des Kapitalisierungsfaktors entsprechend und im Ergebnis wird der Wert für die Bruttorendite nach unten korrigiert. Den so ermittelten Wert bezeichnet man als ***Nettomietrendite***. Für die Berechnung können Sie auch das im Lieferumfang enthaltene Berechnungstool verwenden, welches in Kap. 10 detailliert vorgestellt und besprochen wird.[4]

Die Nettomietrendite ist schon ein deutlich aussagekräftigerer Wert als die Bruttorendite. Sie können diesen Wert mit vertretbarem Aufwand überschlägig errechnen, um sich eine recht gute Einschätzung von der möglichen Rentabilität einer Immobilie zu machen.

2.2.1.3 Gesamtrendite und Nachsteuerrendite

Darüber hinaus haben bei langfristiger Betrachtung Wertsteigerungen[5] der Immobilie Einfluss auf die Gesamtrendite einer Immobilieninvestition. Die Gesamtrendite einer Immobilienanschaffung ergibt sich aus der Nettomietrendite zuzüglich der Wertsteigerungsrendite.

Die so berechnete Gesamtrendite ist jedoch auch noch kein endgültiger Wert, da weder Steuern, noch die in aller Regel anfallenden Kreditzinsen berücksichtigt sind. Es handelt sich insoweit um eine ***Vorsteuerrendite*** bei Unterstellung einer Vollfinanzierung durch Eigenkapital.

Die Berechnung einer ***Nachsteuerrendite*** unter Einbeziehung der Kreditzinslast und von Steuern ist deutlich komplizierter und hängt zudem von Faktoren ab, die bei jedem Immobilienerwerber anders sind. Darüber hinaus sind bei der Errechnung der Nachsteuerrendite die Abschreibungen für Abnutzung zu berücksichtigen, aus der

[3] Siehe §§ 535 ff. Bürgerliches Gesetzbuch (BGB).

[4] Siehe Kap. 10 (Seite 215 ff.).

[5] Wertsteigerungen der Immobilie können unter bestimmten Umständen als Veräußerungsgewinne steuerfrei eingestrichen werden. Zur Vermeidung von Wiederholungen verweise ich wegen der Einzelheiten auf die Ausführungen im steuerrechtlichen Teil dieses Praxisleitfadens im Abschn. 6.1.2. (Seite 90 ff.).

sich im Regelfall Steuervorteile ergeben.[6] Die Nachsteuergesamtrendite kann ohnehin nur in der Rückschau anhand der persönlichen Einkommensverhältnisse des Immobilienerwerbers sowie anhand der Kreditquote und Kreditkosten und anhand der konkreten Wertsteigerungen des erworbenen Objektes berechnet werden.

Die Nettomietrendite und die Wertsteigerungsrendite hingegen sind objektbezogene und nicht personenbezogene Werte, die ohne Einbeziehung individueller Daten des Immobilieneigentümers berechnet werden können. Für die Beurteilung der Ertragskraft und Rentabilität der Zielimmobilie können Sie sich daher zunächst auf die Betrachtung der objektbezogenen Nettomietrendite beschränken. Darüber hinaus sollten Sie überschlägige Überlegungen zu einem möglichen Wertsteigerungspotenzial anstellen, aus dem sich eine Wertsteigerungsrendite ergeben kann. Daraus können Sie die objektbezogene Gesamtrendite überschlägig errechnen, was als Entscheidungshilfe für den Kauf einer konkreten Immobilie zunächst ausreichend ist.

2.2.2 Beteiligung an Renditeobjekt

Es besteht auch die Möglichkeit, sich als Alternative zum Kauf einer Renditeimmobilie in Eigenregie an einem Immobilienfonds zu beteiligen.

2.2.2.1 Immobilienfonds

Immobilienfonds sind gesellschaftsrechtliche Konstruktionen, die die Beteiligung einer Vielzahl von Investoren für den Kauf von einigen sehr großen Immobilien oder einer Vielzahl mittlerer und kleinerer Immobilien ermöglicht. Dabei werden geschlossene Immobilienfonds und offene Immobilienfonds unterschieden.

Geschlossener Immobilienfonds

Ein geschlossener Immobilienfonds wird in aller Regel in der Rechtsform einer Kommanditgesellschaft (GmbH & Co. KG) betrieben. Bei einem geschlossenen Immobilienfonds ist die Anzahl der Anleger von vornherein durch die Anzahl der zu erwerbenden Immobilien und durch das sich daraus ergebende Volumen des Gesellschaftskapitals begrenzt. In der Regel kauft der geschlossene Fonds ein bis maximal drei Immobilien wobei häufig in Bürohochhäuser, Einkaufszentren oder andere Gewerbeimmobilien in sehr guten Lagen von Großstädten investiert wird.

Sobald das erforderliche Gesellschaftskapital des Immobilienfonds in Form von Kommanditanteilen zum Erwerb der Fondsimmobilien vollständig eingeworben ist, wird der Fonds geschlossen, d.h. es werden keine weiteren Kommanditisten als Gesellschafter der Fondsgesellschaft aufgenommen. Von daher die Bezeichnung ***geschlossener*** Immobilienfonds.

---

[6] Zur Vermeidung von Wiederholungen verweise ich wegen der Einzelheiten auf die Ausführungen im steuerrechtlichen Teil dieses Praxisleitfadens im Abschn. 6.1.1.2. (Seite 83).

Der Fondszeichner erhält als Kommanditgesellschafter jährliche Gewinn- und Verlustzuweisungen aus der Beteiligung, die in seine Einkommensteuererklärung einfließen.

Für den Vertrieb solcher Immobilienfondsbeteiligungen werden Fondsprospekte erstellt, die alle Angaben zu den Immobilien und zur Konstruktion des Fonds enthalten. In dem Prospekt ist auch eine **prognostizierte** Rendite der Beteiligung ausgewiesen. Es handelt sich dabei nicht um eine garantierte Verzinsung des eingezahlten Kommanditkapitals, sondern nur um eine Prognose. Da insoweit Gewinne nicht garantiert sondern nur prognostiziert werden, ist auch ein Verlust der Gesellschaftereinlage nicht auszuschließen. Die Konstruktion als Fonds darf daher nicht darüber hinwegtäuschen, dass der Fondszeichner anteilig die gleichen Risiken trägt, wie im Falle des Erwerbes einer einzelnen Renditeimmobilie in Eigenregie.

Der Vorteil einer Beteiligung an einem Immobilienfonds besteht für den Anleger darin, dass er so auch Zugang zu Geldanlagen in größere Gewerbeimmobilien erhalten kann, die nicht selten höhere Renditen abwerfen als Wohnimmobilien. Besonders interessant können auch Auslandsimmobilienfonds (z. B. mit Gewerbeimmobilien in den USA) sein. Dabei sollte jedoch das Wechselkursrisiko nicht unterschätzt werden wenn die Fondsimmobilie sich außerhalb des Gebietes der Europäischen Währungsunion befindet.

Bei einer Beteiligung an einem Immobilienfonds sollte auch bedacht werden, dass erhebliche Provisionen für den Fondsinitiator sowie den Vertrieb des Fonds eingepreist sind, die letztendlich von den Fondszeichnern bezahlt werden müssen.

Darüber hinaus ist zu berücksichtigen, dass Anteile an einem geschlossenen Immobilienfonds nicht einfach an die Fondsgesellschaft zurückgegeben werden können. Oftmals ist die Möglichkeit der Weiterübertragung eines Gesellschaftsanteils an der Fondsgesellschaft auch im Gesellschaftsvertrag ausgeschlossen. Es gibt schließlich auch keinen Zweitmarkt für den Handel von Beteiligungen an geschlossenen Immobilienfonds, so dass der Anleger sein Geld schon aus diesem Grunde erst dann zurückerhält, wenn die Fondsimmobilie verkauft und das Fondsvermögen auseinandergesetzt wird. Das geschieht in der Regel aus steuerrechtlichen Gründen frühestens nach 10 Jahren, kann aber auch länger dauern, wenn die Geschäftsführung der Fondsgesellschaft und die Mehrheit der Anleger das so entscheiden.

Wenn der Fondsprospekt fehlerhafte Informationen enthält, kann sich daraus ein Schadensersatzanspruch der Fondszeichner ergeben.[7] Dabei können unter bestimmten Voraussetzungen neben dem Fondsinitiator auch weitere Personen auf Schadensersatz in Haftung genommen werden.[8]

---

[7] Siehe z. B. BGH, Urteil v. 7.4.2003, abgedruckt in *Deutsches Steuerrecht* 2003, S. 1267 ff. sowie BGH, Urteil v. 10.10.10.1994, abgedruckt in *Neue Juristische Wochenschrift* 1995, S. 130 ff. und Oberlandesgericht München, Urteil v. 17.11.2000, abgedruckt in *Neue Zeitschrift für Gesellschaftsrecht* 2001, 910 ff.

[8] Siehe z. B. BGH, Urteil v. 01.12.1994, abgedruckt in *Neue Juristische Wochenschrift* 1995, S. 1025 ff. sowie die Ausführungen in Abschn. 9.3. (Seite 193 ff.).

Offener Immobilienfonds

Bei einem offenen Immobilienfonds handelt es sich um ein Immobilien-Sondervermögen, das von einer Kapitalanlagegesellschaft (KAG) verwaltet wird. Der Fonds investiert in der Regel sowohl in Bestandsimmobilien als auch in Projektentwicklungen und noch zu errichtende Immobilien an verschiedenen Standorten.

Ein offener Immobilienfonds muss mindestens in zehn verschiedene Immobilien investiert sein. Bei optimaler Steuerung der Investitionen des Fondsvermögens kann sich daraus eine effiziente Risikostreuung ergeben.

Im Unterschied zum geschlossenen Immobilienfonds können die Fondsanteile jederzeit gekauft oder verkauft werden. Daher investieren die Fondsmanager das Geld der Anleger nicht nur in Immobilien, sondern auch in liquide Geldanlagen. Die Liquiditätsreserve des Fonds muss mindestens 5% des Fondsvermögens betragen.

Wenn mehr Fondsanteile zurückgegeben werden als liquide Mittel vorhanden sind, muss der Fonds Kredite aufnehmen oder Immobilien verkaufen. Ein Problem kann dann entstehen, wenn die Mittelabflüsse hoch sind und deshalb schnell viele Immobilien verkauft werden müssen. Denn der Verkaufsdruck mindert den am Markt erzielbaren Preis, was die Rendite des Fonds belastet.

Die Gesellschaft kann unter bestimmten Bedingungen die Aussetzung der Rücknahme von Anteilen vorsehen. Außerdem kann das Bundesaufsichtsamt für das Finanzwesen (BaFin) zum Schutz der Anteilseigner die Aussetzung der Anteilsrücknahme anordnen. Im Zuge der Finanzkrise ist das auch bereits bei einigen Fonds vorgekommen.

Dem Vorteil der größeren Verkehrsfähigkeit und Liquidität der Anteile an offenen Immobilienfonds stehen jedoch auch Nachteile gegenüber:

Der Anleger erhält über die Vielzahl von Immobilien und Projektentwicklungen im Bestand des offenen Fonds nur sehr überschlägige Informationen. Beim geschlossen Fonds hingegen wird er durch den Fondsprospekt und laufende Berichte über alle Details der konkreten Fondsimmobilie(en) informiert und kann sich daher eine eigene Einschätzung zur Rentabilität und zum Risiko machen, was bei offenen Immobilienfonds nur eingeschränkt möglich ist.

2.2.2.2 Bauherren-Modell

Beim Bauherren-Modell werden die Verträge so gestaltet, dass der Immobilieninteressent nur das Grundstück oder einen Miteigentumsanteil am Grundstück kauft und dann als Bauherr mit den übrigen Miteigentümern die Immobilie errichten lässt. Die Bauherrengemeinschaft agiert nach diesem Modell nach der vertraglichen Konstruktion in der Regel nicht selbst sondern wird durch einen Treuhänder vertreten, der mit der Organisation und Beauftragung der Baumaßnahmen im Namen der Bauherren beauftragt wird.

Das Bauherren-Modell diente in erster Linie dazu, Steuervorteile zu generieren. Da diese Steuervorteile jedoch nicht mehr anerkannt werden und da darüber hinaus die Treuhandmodelle seit dem Jahr 2000 hinsichtlich der Wirksamkeit der Verträge und Vollmachten vom Bundesgerichtshof zusehends in Frage gestellt wurden, hat dieses Modell keine praktische Bedeutung mehr.[9]

[9] Wegen der Einzelheiten wird auf die Ausführungen im Abschn. 9.4.4 verwiesen (Seite 213 f.).

Kapitel 3
Chancen und Risiken eines Immobilienerwerbes

Bei der Entscheidung über einen Immobilienkauf sollten Sie auch grundsätzliche Überlegungen über die Chancen und Risiken eines Immobilienkaufes anstellen. Das hilft Ihnen, zu erkennen auf welche Punkte es wirklich ankommt.

In diesem Zusammenhang ist insbesondere eine Betrachtung der Vermögensentwicklung durch den Immobilienerwerb im Vergleich zur Vermögensentwicklung bei Anmietung einer Immobilie aufschlussreich. Im Wesentlichen geht es dabei um die Frage, ob am Ende des Tages ein ausgewogenes Verhältnis zwischen den Vorteilen des Immobilienkaufes (ersparte Miete und Wertsteigerungspotential) und den Lasten und Risiken (Kreditkosten, Instandhaltungskosten und Wertverfallrisiko) besteht.

In diesem Kapitel werde ich Ihnen zunächst eine allgemeine Einführung in die Thematik geben. Dann gehe ich auf die Immobilie als Sachwertanlage und den Einfluss der Inflation auf Immobilieninvestitionen ein. Schließlich werde ich Ihnen beispielhaft konkrete Berechnungen darstellen, wie die Auswirkungen eines Immobilienkaufes auf das Vermögen aussehen und wie diese beurteilt werden können.

Abschließend werden wir einen Blick auf die langfristige Wertentwicklung von Wohnimmobilien und auf die Wohneigentumsquoten in Deutschland und Europa werfen.

G. Rennert, *Praxisleitfaden Immobilienanschaffung und Immobilienfinanzierung*,
DOI 10.1007/978-3-642-22622-9_3,

3.1 *Langweilige* aber sichere Rendite garantiert?

Zunächst einmal möchte ich entschieden dem pauschalen Vorurteil widersprechen, dass der Kauf einer Immobilie eine Investition für *Langweiler* sei, die keine echten Profite bringt, sondern nur langweilige, aber in jedem Fall sichere Renditen. Dieses Vorurteil ist nach meiner Einschätzung in doppelter Hinsicht falsch. Denn Immobilien garantieren keineswegs nur langweilige, aber stets sichere Renditen.

Richtig ist vielmehr, dass Immobilieninvestitonen ganz vorzügliche Renditen und Veräußerungsgewinnchancen ermöglichen können, wenn die richtigen Immobilien mit der richtigen Finanzierung gekauft werden.

Wer eine geeignete Immobilie günstig einkauft und über einen Zeitraum von z. B. 10 Jahren gut bewirtschaftet und danach geschickt veräußert, kann nicht nur während der Haltezeit der Immobilie gute Renditen erzielen, die deutlich über der Verzinsung von Bundesschatzbriefen oder anderen festverzinslichen Wertpapieren liegen können, sondern auch noch einen Veräußerungsgewinn steuerfrei realisieren, wenn die Immobilienpreise gestiegen sind. Das gilt umso mehr als die Immobilienpreise in Deutschland in bestimmten Regionen und guten Lagen in den letzten 30 Jahren einen relativ stabilen Aufwärtstrend aufweisen und nach seriösen Prognosen auch in den nächsten 20 Jahren in guten Lagen mit hoher Wahrscheinlichkeit weiter steigen werden.[1]

Insbesondere in steuerrechtlicher Hinsicht dürften Immobilien seit 2009 gegenüber Aktien oder Kapitallebensversicherungen gut abschneiden, denn für letztere sind Veräußerungsgewinne gar nicht mehr steuerfrei realisierbar (abgesehen von Altbeständen) während das bei Immobilien noch immer möglich ist. Zur Vermeidung von Wiederholungen verweise ich insoweit auf die Ausführungen zur steuerrechtlichen Behandlung von Immobilien weiter unten.[2]

Falsch ist auch die Behauptung, dass mit dem Erwerb einer Immobilie in jedem Falle eine (zwar langweilige aber) sichere Rendite des eingesetzten Kapitals erzielt wird. Den traurigen Beweis für das Gegenteil haben Heerscharen von Immobilienkäufern im Jahrzehnt zwischen 1990 und 2000 angetreten, die Immobilien in schlechten Lagen und in schlechtem Zustand als vermeintliche Steuersparmodelle erworben haben.

Ein Immobilienkauf verspricht keinesfalls eine garantierte Basisrendite sondern birgt auch das Risiko in sich, durch Leerstand während der Haltedauer einen Verlust einzufahren und bei Veräußerung der Immobilie herbe Veräußerungsverluste einzustecken. Ein unüberlegter Kauf einer ungeeigneten Immobilie in Kombination mit einer schlechten Bankfinanzierung kann im Extremfall sogar zu einem Totalausfall

[1] Ich verweise z. B. auf Möller und Günther, *Die selbstgenutzte Immobilie als Säule der Alterssicherung*, Studie des Eduard Pestel Institutes für Systemforschung, Bonn 2005 und auf Westerheide, *Determinanten für die langfristige Wertentwicklung von Wohnimmobilien,* Studie des Zentrums für Europäische Wirtschaftsforschung, Mannheim 2010.

[2] Siehe Abschnitt 6.1.2. (Seite 90 f.).

der Investition führen in dem Sinne, dass Vermögen vernichtet wird durch eine negative Rendite. Das bedenken leider einige Käufer nicht und lassen sich durch das Vorurteil in die Irre leiten, dass Immobilien in jedem Falle sichere Anlagen seien.

Investitionen in Immobilien sind eben entgegen landläufig vertretener Behauptungen keine langweiligen aber sicheren Geldanlagen.

3.2 Immobilie als Sachwertanlage und Inflation

Schließlich gibt es weitere gute Gründe, gerade jetzt über einen Immobilienkauf nachzudenken, weil ein Immobilienkauf als Sachwertanlage ein guter Schutz gegen erhöhte Inflation ist.

Die wirtschaftlichen Rahmenbedingungen sind in dieser Hinsicht derzeit optimal für einen Immobilienkauf: Die schwerste Weltwirtschafts- und Finanzkrise der Nachkriegszeit hat das Vertrauen in den Euro als zweite Leitwährung der Welt beeinträchtigt. Hinzu kommt, dass aufgrund der gigantisch angestiegenen Verschuldung der Staaten in der Zone der Europäischen Währungsunion ein hohes Risiko für erhöhte Inflation besteht. Ein relativ verlässlicher Vorbote einer erhöhten Inflation ist der in letzter Zeit massiv gestiegene und kontinuierlich weiter steigende Goldpreis.

Bei dieser Sachlage besteht ein hohes Bedürfnis für eine Absicherung von Geldbeständen durch Investition in Sachwerte. Da Gold ebenfalls ein sehr spekulatives Gut ist, liegt es nach meiner Einschätzung zumindest in Deutschland näher, in Immobilien zu investieren. Die Werte von Wohnimmobilien **in Deutschland** haben sich auch über längere Zeiträume im Vergleich zu anderen Sachwerten sehr stabil entwickelt wohingegen der Goldpreis sehr starke Schwankungen erlebt hat.[3]

Ein weiteres starkes Argument für den Kauf einer Immobilie zum gegenwärtigen Zeitpunkt ist der Umstand, dass die Kreditzinsen derzeit noch auf einem Tiefststand stagnieren. Damit wird der kreditfinanzierte Immobilienkauf erheblich preiswerter als dies bei einem höheren Zinsniveau der Fall wäre.

Schließlich eröffnet die mit hoher Wahrscheinlichkeit kommende erhöhte Inflation weitere Vorteile für einen **kreditfinanzierten** Immobilienkauf: Bei einer erhöhten Inflation wird die Kreditfinanzierung zum Vorteil des Kreditnehmers verwässert, weil die zurückzuzahlende Darlehensvaluta stärker an Wert verliert als bei normaler Inflation. Daraus können sich über die Gesamtlaufzeit der Festzinsbindung attraktive Vorteile ergeben. Das gilt insbesondere dann, wenn die Inflationsrate auf ein höheres Niveau steigt als die langfristig festgeschriebenen Kreditzinsen. Die derzeitigen Rahmenbedingungen am Markt machen eine solche Entwicklung in der Zukunft durchaus wahrscheinlich.

Zusammenfassend könnte man feststellen: Die wirtschaftlichen Rahmenbedingungen für einen Wohnimmobilienkauf in Deutschland waren noch nie so günstig wie jetzt. Wer über einen Immobilienkauf nachdenkt, hat insofern gute Gründe, den Traum von der eigenen Immobilie zum gegenwärtigen Zeitpunkt konkret in die Tat umzusetzen.

Die günstigen Rahmenbedingungen dürfen Sie aber unter keinen Umständen dazu verleiten, ohne gründliche Prüfung und ohne die erforderlichen Informationen

---

[3] Ich verweise z. B. auf Möller und Günther, *Die selbstgenutzte Immobilie als Säule der Alterssicherung*, Studie des Eduard Pestel Institutes für Systemforschung, Bonn 2005 und auf Westerheide, *Determinanten für die langfristige Wertentwicklung von Wohnimmobilien*, Studie des Zentrums für Europäische Wirtschaftsforschung, Mannheim 2010.

überhastet einen Immobilienkauf zu tätigen. Der Kauf einer schlechten Immobilie zu einem schlechten Preis kann natürlich nicht kompensiert werden durch das gegenwärtig günstige Marktumfeld. Bedenken Sie, dass Sie einen Fehler beim Erwerb einer Immobilie in diesem Leben unter normalen Umständen nicht mehr korrigieren können und, dass Sie andererseits Ihr ganzes restliches Leben von einem gelungenen Immobilienerwerb profitieren können. Daher lohnt sich die investierte Zeit und Mühe in eine gute Vorbereitung der Entscheidung für Sie unbedingt.

3.3 Vermögensaufbau durch Immobilienerwerb

Der Kauf einer Immobilie ist ein gern genutzter Baustein zum Vermögensaufbau. Das gilt sowohl für die selbstgenutzte Immobilie als auch für die Renditeimmobilie. Vor diesem Hintergrund ist es für einen Immobilienkäufer interessant, sich Gedanken über die Auswirkungen eines Immobilienkaufes auf sein Vermögen zu machen.

Eine zentrale Frage ist dabei, ob bei langfristiger Betrachtung ein Immobilienkauf günstiger ist als die Anmietung der Wunschimmobilie. Dabei spielen natürlich die eingesparte Miete und die Kosten der Kreditfinanzierung und der Instandhaltung der Immobilie eine zentrale Rolle. Darauf werde ich im nachfolgenden Abschnitt unter 3.3.1. eingehen.

Eine weitere Rolle spielen zu erwartende Wertsteigerungen oder Risiken eines Wertverfalls. Dabei ist es aufschlussreichreich, einen Blick auf die Wertentwicklung von Wohnimmobilien in der Vergangenheit und auf die Prognosen für die Zukunft zu werfen. Darauf werde ich im nachfolgenden Abschnitt unter 3.3.2. eingehen.

3.3.1 Ersparte Miete contra Kreditzinsen und Instandhaltungskosten

Ein häufig genanntes Argument für den Erwerb einer selbstgenutzten Wohnimmobilie ist die Mietersparnis, die in den Aufbau eigener Vermögenswerte gesteckt werden kann in Form von Tilgungen des Immobilienkredites. Dieses Argument ist m. E. im Ergebnis richtig, muss aber mit Einschränkungen versehen werden.

Das Argument der Mietersparnis ist solange tragfähig wie die Mietersparnis nicht an anderer Stelle wieder verloren geht. Das heißt, dass die Mietersparnis in Relation zu anderen Zahlen gesetzt werden muss, wozu insbesondere die Kreditkosten in Form von Zinsen sowie die Kosten für die Instandhaltung der Immobilie gehören.

3.3.1.1 Kreditkosten

Durch eine zu teure (weil zu lang laufende) Kreditfinanzierung der Immobilie kann die Mietersparnis aufgefressen werden. Aus diesem Grunde halte ich es für unverzichtbar, dass sich ein Immobilienkäufer mit der Gesamtzinslast des Immobilienkredites befasst, die eine Art Miete für das von der Bank erhaltene Geld darstellt. Wenn die Gesamtzinslast zu hoch ausfällt, wird damit der Mieteinspareffekt stark beschädigt.

Auch aus diesem Grunde enthält dieser Praxisleitfaden ein Berechnungstool, mit dem Sie kinderleicht die Gesamtzinslast des Immobilienkredites berechnen können. Das Berechnungstool kann auf der Internetseite des Springer-Verlages heruntergeladen werden. Die Verwendung des Berechnungstools wird im Kapitel 10 ausführlich vorgestellt und erklärt.[4]

Ich möchte Ihnen die Zusammenhänge zwischen eingesparter Miete und Kreditkosten anhand eines konkreten Beispiels demonstrieren und vorrechnen:

Beispiel:

Kauf einer 80 m² Eigentumswohnung für € 150.000 (incl. Nebenkosten)

- *Einsatz von € 50.000 Eigenkapital und € 100.000 Bankdarlehen zu 4,5%*[5] *Zinsen pro Jahr für 10 Jahre fest*
- *monatliche Zahlung für Zins und Tilgung auf das Bankdarlehen: € 1.000 (entspricht 7,5% anfängliche Tilgung pro Jahr)*
- *Nettokaltmiete pro Monat würde € 450 entsprechen.*

Wenn Sie nun die Gesamtzinsbelastung ins Verhältnis zur eingesparten Miete setzen, so erhalten Sie daraus ein erstes Zwischenergebnis, das wie folgt aussieht:

	Kreditdaten	Mietersparnis
Kreditbetrag	€ 100.000	
Zinssatz nominal p. a. (%)[6]	4,5%	
anfängliche Tilgung p. a. (%)	7,5%	
Monatliche Rate	€ 1.000	
Laufzeit in Jahren bis Volltilgung bzw. Zeitraum für Kalkulation	**10,5 Jahre**	**10,5 Jahre**
Gesamtzinslast bis Volltilgung bzw. Mietersparnis	**€ 25.570**	**€ 56.700**

[4] Siehe Seite 215 ff.

[5] Es wird vereinfachend unterstellt, dass der Darlehenszinssatz für die gesamte Laufzeit des Darlehens konstant 4,5% pro Jahr beträgt.

[6] Es wird vereinfachend unterstellt, dass der Darlehenszinssatz für die gesamte Laufzeit des Darlehens konstant 4,5% pro Jahr beträgt.

Dabei ist noch nicht berücksichtigt, dass die Miete sich in dem Zeitfenster von 10,5 Jahren mit hoher Wahrscheinlichkeit erhöht hätte, so dass die Mietersparnis eigentlich höher ausfallen würde. Aus Vereinfachungsgründen lassen wir diesen Vorteil hier jedoch bei der Berechnung unberücksichtigt.

Dieses Zwischenergebnis einer Mietersparnis von € 56.700 und einer Gesamtzinslast von € 25.570 lässt zwar noch keine abschließende Aussage darüber zu, ob der Kauf der Immobilie mit der konkreten Bankfinanzierung ein gutes und vermögensmehrendes Geschäft ist. Das Ergebnis ist jedoch ein erster Orientierungswert, mit dem Sie dann weiterrechnen können, indem Sie noch die Instandhaltungskosten in Ansatz bringen und schließlich in einem letzten Schritt mögliche Wertsteigerungen einrechnen.

3.3.1.2 Instandhaltungskosten

Als weiterer Bestandteil der Berechnung müssen Sie Instandhaltungskosten ansetzen, für die Sie als Eigentümer ja selbst aufkommen müssen. Die tatsächlichen Instandhaltungskosten sind natürlich eine unbekannte Größe aus der Zukunft, da Sie heute nicht genau wissen, wann welche Kosten auf Sie zukommen werden. Es gibt jedoch Methoden, die Instandhaltungskosten mit Formeln zu prognostizieren, die auf langfristigen Erfahrungswerten beruhen.

Etabliert hat sich für die Prognose von Instandhaltungskosten von Wohnimmobilien die so genannte ***Petersche Formel***. Sie geht zurück auf den Buchautor Heinz Peters, der aus Daten und theoretischen Überlegungen den Ansatz abgeleitet hat, dass für die Erhaltung einer Wohnimmobilie in 80 Jahren durchschnittlich der 1,5 – fache Wert der Baukosten als Instandhaltungskosten aufgewendet werden muss.[7]

Wenn wir diese Erkenntnisse auf unser Praxisbeispiel anwenden und dabei annehmen, dass von den Anschaffungskosten in Höhe von € 150.000 auf Baukosten für das Gebäude € 100.000 entfallen, so ergeben sich daraus die folgenden jährlichen Instandhaltungskosten:

$$\frac{\text{€ } 100.000 \times 1{,}5}{80 \text{ Jahre}} = \textbf{€ 1.875}$$

Die jährlichen Instandhaltungskosten in Höhe von € 1.875 entsprechen einem kalkulatorischen Ansatz von € 23,44 Instandhaltungskosten pro Quadratmeter und Jahr.

Wenn wir diese Erkenntnisse in die Kalkulation des obigen Beispiels einstellen, so stellt sich die Rechnung für unsere Eigentumswohnung nun wie folgt dar:

[7] Heinz Peters, *Instandhaltung und Instandsetzung von Wohnungseigentum*, Wiesbaden/Berlin 1984.

	Kreditdaten	Mietersparnis	Instandhaltungskosten
Kreditbetrag	€ 100.000		
Zinssatz nominal p. a. (%)[8]	4,5%		
anfängliche Tilgung p. a. (%)	7,5%		
Monatliche Rate	€ 1.000		
Laufzeit in Jahren bis Volltilgung bzw. Zeitraum für Kalkulation	**10,5 Jahre**	**10,5 Jahre**	**10,5 Jahre**
Gesamtzinslast bis Volltilgung, Mietersparnis und Instandhaltungskosten	**€ 25.570**	**€ 56.700**	**€ 19.688**

Damit haben wir nun ein interessantes Zwischenergebnis ermittelt, dass uns zeigt, dass sich nach 10,5 Jahren in dem Beispiel ein Vermögensvorteil gegenüber der Anmietung in Höhe von € 11.442 (= € 56.700 – € 19.688 – € 25.570) zu ergeben scheint. Völlig unberücksichtigt sind dabei noch mögliche Wertsteigerungen.

3.3.1.3 Wertsteigerung

Wenn wir nun noch eine Wertsteigerung in Höhe von 1% pro Jahr annehmen, dann würde die Rechnung wie folgt aussehen:

	Kreditdaten	Mietersparnis	Instandhaltungs-kosten	Wertsteigerung (1% p. a.)
Kreditbetrag	€ 100.000			
Zinssatz nominal p. a. (%)[9]	4,5%			
anfängliche Tilgung p. a. (%)	7,5%			
Monatliche Rate	€ 1.000			
Laufzeit in Jahren bis Volltilgung bzw. Zeitraum für Kalkulation	**10,5 Jahre**	**10,5 Jahre**	**10,5 Jahre**	**10,5 Jahre**
Gesamtzinslast bis Volltilgung, Mietersparnis, Instandhaltungskosten und Wertsteigerung	**€ 25.570**	**€ 56.700**	**€ 19.688**	**€ 15.750**

[8] Es wird vereinfachend unterstellt, dass der Darlehenszinssatz für die gesamte Laufzeit des Darlehens konstant 4,5% pro Jahr beträgt.

[9] Es wird vereinfachend unterstellt, dass der Darlehenszinssatz für die gesamte Laufzeit des Darlehens konstant 4,5% pro Jahr beträgt.

Unter Berücksichtigung der jährlichen Wertsteigerung von 1% scheint sich gegenüber der Mietvariante somit nach 10,5 Jahren ein Vermögensvorteil in Höhe von insgesamt € 27.192 (= € 15.750 + € 11.442) zu ergeben.

Allerdings ist bei diesen Berechnungen ein Umstand noch nicht berücksichtigt: Wenn die Eigentumswohnung angemietet und nicht gekauft worden wäre, hätte mit dem Eigenkapital in Höhe € 50.000 in diesem Zeitraum anderweitig gewirtschaftet werden können. Aufgrund des Kaufes hingegen ist dieses Eigenkapital in der Immobilie „gefangen“. Zur abschließenden Beurteilung, welchen Einfluss der Immobilienkauf auf die Vermögenslage hatte, müssten somit noch weitere Berechnungen angestellt werden. Namentlich müsste ermittelt werden, welche Rendite mit dem Eigenkapital anderweitig hätte erzielt werden können. Darüber hinaus ist ebenfalls nicht berücksichtigt, dass die Differenz zwischen der monatlichen Kreditrate und der Miete ebenfalls eine Rendite hätte erbringen können, wenn man unterstellt, dass der Mieter dieses Geld eisern gespart und gewinnbringend angelegt und nicht für einen aufwändigeren Lebensstil verbraucht hätte.

Richtig ist aber auch, dass die laufenden Vorteile der Kaufvariante gegenüber der Anmietung nach vollständiger Rückführung des Bankkredites (also im Beispiel nach 10,5 Jahren) noch erheblicher ausfallen, weil die Kosten der Kreditfinanzierung dann entfallen. Bei längerfristiger Betrachtung dürfte daher die Kaufentscheidung im obigen Beispiel, aber auch generell im Vergleich zur Anmietung in jedem Fall einen positiven Effekt auf die Vermögenslage haben, was insbesondere durch die eingesparte Miete getragen wird.[10]

Darüber hinaus ist zu bedenken, dass sich die obige Berechnung nochmals zugunsten des Käufers verschöbe, wenn Inflationseffekte berücksichtigt werden. Schließlich profitiert der Immobilienkäufer in doppelter Hinsicht von der Inflation. Zum einen muss er keine Mietsteigerungen in Höhe der Inflationsrate hinnehmen und zum anderen wird die Kreditfinanzierung in der gleichen Zeit durch die Inflation verwässert.[11]

Schließlich gibt es noch ein recht interessantes steuerrechtliches Argument, dass der selbstnutzende Immobilienkäufer häufig besser fährt als der Mieter. Die eingesparte Miete ist stets steuerfrei. Die Wertsteigerungen sind für den Eigennutzer ebenfalls steuerfrei, wenn sie nicht vor Ablauf von 3 Jahren nach Einzug in die Immobilie realisiert werden oder auch nach kürzerer Zeit, wenn der selbstnutzende Eigentümer zwischen der Anschaffung der Immobilie und der Veräußerung durchgängig darin gewohnt hat.[12]

---

[10] Zu diesem Ergebnis kommt auch Westerheide in *Determinanten für die langfristige Wertentwicklung von Wohnimmobilien,* Studie des Zentrum für Europäische Wirtschaftsforschung, Mannheim 2010 (siehe dort S. 9).

[11] Wegen der günstigen Auswirkungen der Inflation auf einen kreditfinanzierten Immobilienkauf verweise ich auf Abschn. 3.2. (Seite 16 f.).

[12] Siehe Abschn. 6.1.2. (Seite 90 f.).

Erträge aus der Anlage des Eigenkapitals des Mieters hingegen sind als Einkünfte aus Kapitalvermögen bis auf geringfügige Grundfreibeträge stets voll steuerpflichtig.[13] Auch diese Steuervorteile des Immobilienkäufers gegenüber dem Mieter müssten bei einer Berechnung berücksichtigt werden, was jedoch nur unter Heranziehung weiterer Daten möglich ist, aus denen sich der persönliche Steuersatz des Immobilieneigentümers bzw. des Mieters ergibt.

Es muss aber auch kritisch angemerkt werden, dass diese Rechnung nicht mehr so positiv aussieht, wenn die Kreditkosten des Käufers wegen zu lang laufender Bankkredite (z. B. infolge von geringen Tilgungssätzen) aus dem Ruder laufen.[14] Darüber hinaus würde diese Rechnung auch dann sehr negativ beeinflusst, wenn eine Immobilie kein Wertentwicklungspotenzial aufweist sondern mit erheblichen Wertverlusten zu rechnen ist.

3.3.2 Langfristige Wertentwicklung von Wohnimmobilien

Als Immobilienerwerber sollte man sich natürlich auch Gedanken über die langfristige Wertentwicklung von Wohnimmobilien machen. Dies ist auch deshalb angezeigt, weil der Immobilienkauf ja nicht nur die Beschaffung von Wohnraum für die Eigennutzung ist, sondern auch eine langfristige Investitionsentscheidung.

Die langfristige Wertentwicklung von Wohnimmobilien ist Gegenstand diverser Studien.[15] Der Ansatz der Studien beruht darauf, zunächst die verfügbaren Daten über die Wertentwicklung in der Vergangenheit auszuwerten und aufzubereiten, um in einem zweiten Schritt die weitere Wertentwicklung in der Zukunft zu prognostizieren.

Die beiden in der vorhergehenden Fußnote genannten Studien kommen übereinstimmend zu dem Ergebnis, dass selbstgenutzte Wohnimmobilien in Deutschland seit Mitte der 1970er Jahre **im Durchschnitt** eine wenig volatile Wertentwicklung mit moderaten Wertsteigerungsraten zu verzeichnen hatten.[16]

Allerdings waren die Wertsteigerungen keineswegs gleichmäßig auf ganz Deutschland verteilt. In Ostdeutschland (insbesondere in strukturschwachen

---

[13] Siehe Abschn. 6.1.3. (Seite 91 f.).

[14] Wegen der Einzelheiten verweise ich zur Vermeidung von Wiederholungen auf Ausführungen im Abschn. 4.1 (Seite 30 ff.) sowie im Abschn. 7.3.1.2 (Seite 119 ff.).

[15] Ich verweise z. B. auf Möller und Günther, *Die selbstgenutzte Immobilie als Säule der Alterssicherung*, Studie des Eduard Pestel Institutes für Systemforschung, Bonn 2005 und auf Westerheide, *Determinanten für die langfristige Wertentwicklung von Wohnimmobilien*, Studie des Zentrums für Europäische Wirtschaftsforschung, Mannheim 2010.

[16] Siehe Möller und Günther, *Die selbstgenutzte Immobilie als Säule der Alterssicherung*, Studie des Eduard Pestel Institutes für Systemforschung, Bonn 2005 sowie Westerheide, *Determinanten für die langfristige Wertentwicklung von Wohnimmobilien*, Studie des Zentrum für Europäische Wirtschaftsforschung, Mannheim 2010 (siehe dort S. 9).

Regionen wie z. B. Sachsen-Anhalt oder Thüringen) waren im Zeitraum von 1990 bis 2008 erhebliche Werteinbrüche zu verzeichnen.[17]

Im gleichen Zeitraum hatten Wohnimmobilien in Metropolen Westdeutschlands erhebliche Wertsteigerungen zu verzeichnen.[18] Die Studie des Zentrums für Europäische Wirtschaftsforschung hat die Wertsteigerungen insbesondere nach A, B, C und D-Städten differenziert ausgewiesen. Die stärksten Wertzuwächse waren demnach bei Immobilien in A-Städten zu verzeichnen.[19] A-Städte sind dabei als wichtige deutsche Zentren mit nationaler und zum Teil internationaler Bedeutung zu verstehen, wozu nach der Definition namentlich die folgenden Städte gehören:

- Berlin
- Düsseldorf
- Frankfurt (Main)
- Hamburg
- Köln
- München
- Stuttgart

Die Studien versuchen jedoch auch Prognosen abzugeben über die künftige Wertentwicklung von Wohnimmobilien. Diese Prognosen versuchen insoweit Faktoren ausfindig zu machen und zu quantifizieren, die die Nachfrage und das Angebot an Wohnimmobilien als maßgebliche preisgestaltende Elemente prägen.

Hinsichtlich der Faktoren, die die Nachfrage nach Wohnimmobilien maßgeblich beeinflussen, ist vor allem der demographische Faktor zu nennen. Damit ist nicht nur die zahlenmäßige Entwicklung der Bevölkerung gemeint sondern auch die strukturelle Entwicklung wie Altersstruktur, Größe und Anzahl der Haushalte. Insbesondere die Anzahl der Haushalte ist ein wichtiger Faktor, weil letztendlich Haushalte und nicht Einzelpersonen die Nachfrager von Wohnimmobilien sind.

Die demographischen Prognosen gehen davon aus, dass die Gesamtbevölkerung in Deutschland von 81,6 Millionen im Jahre 2009 auf 80,5 Millionen bis zum Jahr 2025 sinken wird. Interessanterweise wird jedoch nach den Prognosen trotzdem die Anzahl der Haushalte mindestens bis 2025 steigen, weil die Haushalte kleiner

[17] Westerheide, *Determinanten für die langfristige Wertentwicklung von Wohnimmobilien,* Studie des Zentrum für Europäische Wirtschaftsforschung, Mannheim 2010 (siehe dort S. 14, 17 und 20).

[18] Westerheide, *Determinanten für die langfristige Wertentwicklung von Wohnimmobilien,* Studie des Zentrum für Europäische Wirtschaftsforschung, Mannheim 2010 (siehe dort S. 22).

[19] Westerheide, *Determinanten für die langfristige Wertentwicklung von Wohnimmobilien,* Studie des Zentrum für Europäische Wirtschaftsforschung, Mannheim 2010 (siehe dort S. 16, 21 f.).

werden.[20] Da Haushalte und nicht Einzelpersonen die Nachfrager von Wohnraum sind, wird daraus ein steigender Flächenbedarf abgeleitet, der im Durchschnitt mindestens eine Preisstabilität nach sich zieht.

Darüber hinaus sagen die demographischen Prognosen für Ostdeutschland einen zunehmenden Bevölkerungsschwund und für Westdeutschland sogar bis 2032 ein zwar geringes, aber kontinuierliches Wachstum voraus, welches in einigen Regionen und Metropolen sogar relativ stark ausfallen kann.[21] Insofern sprechen diese Indikatoren dafür, dass sich die oben aufgezeigten unterschiedlichen Wertentwicklungstrends für Ostdeutschland und Westdeutschland auch in der Zukunft weiter fortsetzen werden.

Ein indirekter positiver Effekt auf die Wohnimmobilienwerte ergibt sich nach den Studien aus den zu erwartenden Versorgungslücken bei der gesetzlichen Rentenversicherung, die zu größeren Anstrengungen der Menschen führen wird, die Altersvorsorge durch Eigentum an einer Wohnimmobilie zu ergänzen. Dieser Effekt wird durch das im Jahr 2008 geschaffene Eigenheimrentengesetz verstärkt, welches die Möglichkeit des Wohn-Riesterns eingeführt hat.[22]

Schließlich wird ein weiterer positiver Effekt auf die Wertentwicklung aus dem Umstand abgeleitet, dass die Zahl der Neubauten von Wohnimmobilien in den letzten Jahren historische Tiefststände erreicht hat, so dass alsbald trotz der insgesamt zurückgehenden Bevölkerung mit einer Wohnraumknappheit gerechnet wird.[23] Dieser Effekt wird durch den prognostizierten steigenden Flächenbedarf aufgrund der zunehmenden Zahl der Haushalte noch verstärkt werden.

Zusammenfassend lässt sich damit festhalten, dass die Studien über die Entwicklung der Wohnimmobilienwerte keine Anzeichen für ein einen globalen Wertverfall von Wohnimmobilien in Deutschland sehen, wenn man von einigen kritischen Regionen absieht. Vielmehr werden insgesamt und im Durchschnitt mindestens stabile Wohnimmobilienwerte erwartet. Beim Erwerb von Wohnimmobilien in prosperierenden und wachstumsstarken Regionen (z. B. in A-Städten Westdeutschlands) deutet sogar vieles darauf hin, dass sich positive Wertentwicklungstrends der letzten 30 Jahre auch weiterhin fortsetzen werden.

---

[20] Westerheide, *Determinanten für die langfristige Wertentwicklung von Wohnimmobilien,* Studie des Zentrum für Europäische Wirtschaftsforschung, Mannheim 2010 (siehe dort S. 26 ff.).

[21] Siehe Möller und Günther, *Die selbstgenutzte Immobilie als Säule der Alterssicherung*, Studie des Eduard Pestel Institutes für Systemforschung, Bonn 2005 (siehe dort S. 17 ff.).

[22] Westerheide, *Determinanten für die langfristige Wertentwicklung von Wohnimmobilien,* Studie des Zentrum für Europäische Wirtschaftsforschung, Mannheim 2010 (siehe dort S. 26 ff).

[23] Westerheide, *Determinanten für die langfristige Wertentwicklung von Wohnimmobilien,* Studie des Zentrum für Europäische Wirtschaftsforschung, Mannheim 2010 (siehe dort S. 92 ff).

3.4 Wohneigentumsquoten in Deutschland und Europa

Abschließend möchte ich Ihnen einige Zahlen vorstellen über die Wohneigentumsquote in Deutschland und anderen europäischen Ländern. Die Wohneigentumsquoten werfen ein interessantes Licht auf die Motivation der Menschen, gerade in bestimmten Regionen selbstgenutztes Wohneigentum zu erwerben.

In Deutschland stagniert die durchschnittliche Wohneigentumsquote seit geraumer Zeit auf einem relativ niedrigen Niveau von gut 40%. Die Entwicklung der Wohneigentumsquoten für die gesamte Bundesrepublik Deutschland und für die einzelnen Bundesländer im Zeitraum von 1998 bis 2008 weist das folgende Diagramm aus:

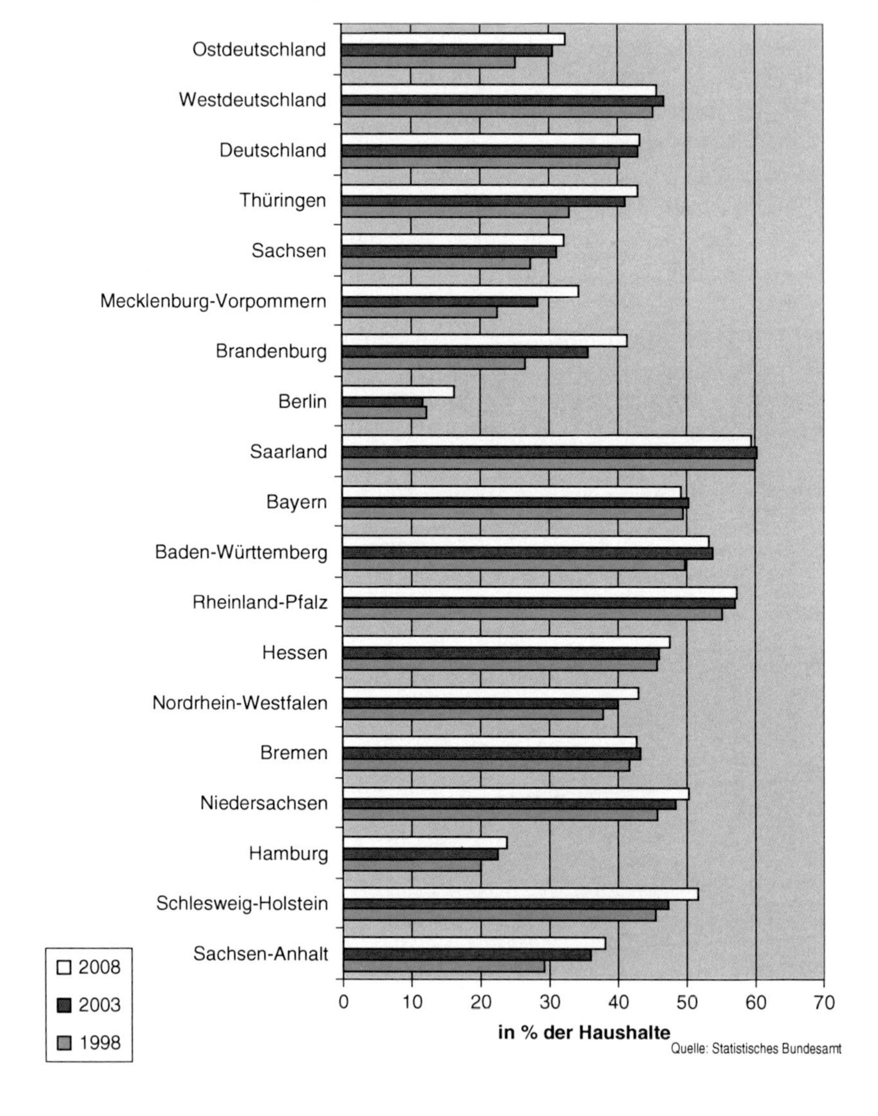

Auffällig ist, dass es erhebliche Unterschiede zwischen Ostdeutschland und Westdeutschland gibt. Während in Westdeutschland im Jahr 2008 insgesamt 45,7% aller Haushalte über selbstgenutztes Wohneigentum verfügten, waren es in Ostdeutschland nur 32,5%. Der Durchschnitt für ganz Deutschland lag im Jahr 2008 bei 43,2%.

Es liegt nahe, dass ein Zusammenhang zwischen dem erheblichen Unterschied bei der Wohneigentumsquote in Ost- und Westdeutschland und der oben unter 3.3.2. dargestellten, langfristig erwarteten Wertentwicklung von Immobilien in diesen Räumen besteht.

Im Zeitraum von 1998 bis 2008 ist insgesamt ein leichter Aufwärtstrend der Wohneigentumsquoten zu verzeichnen. Darüber hinaus lassen die Zahlen darauf schließen, dass der Aufwärtstrend in einigen Regionen stärker ist als in anderen.

Im europäischen Vergleich ist die Wohneigentumsquote in Deutschland relativ niedrig, was aus dem folgenden Diagramm abgelesen werden kann.

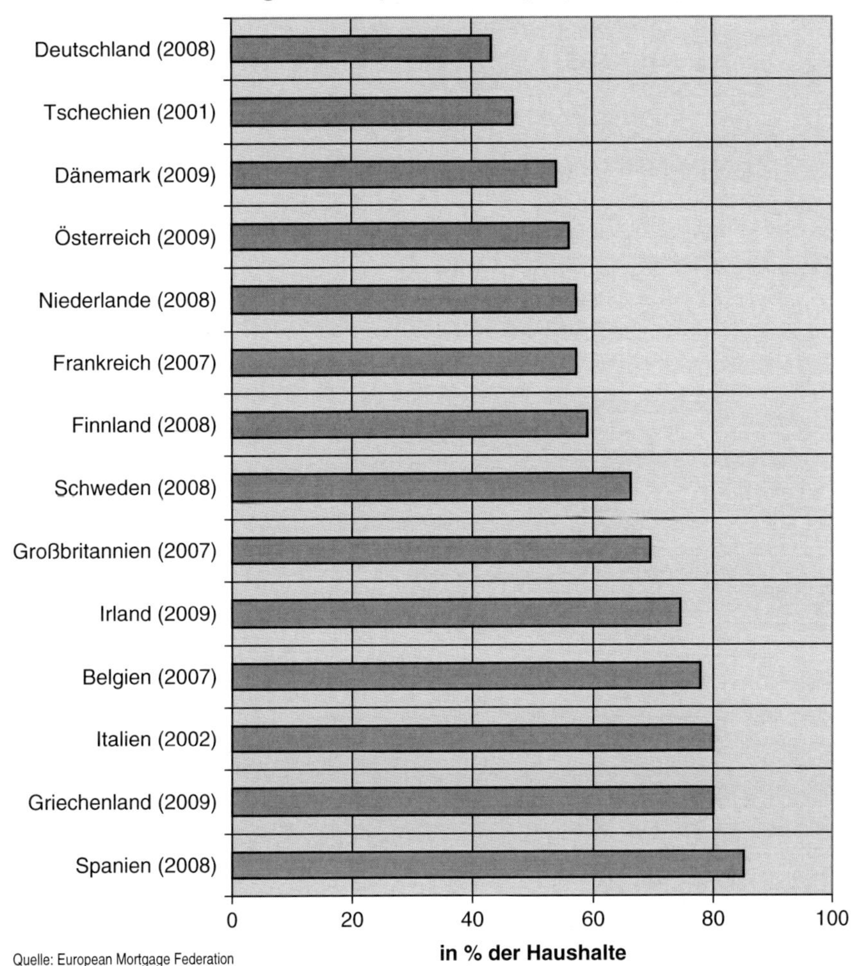

Die Angabe in Klammern hinter dem Staat gibt an, aus welchem Jahr die Daten stammen. Aus diesen Zahlen kann man für Deutschland einen Nachholbedarf hinsichtlich der Wohneigentumsquote ersehen.

Die recht erheblichen Unterschiede bei den Wohneigentumsquoten haben verschiedenste Ursachen. Eine der Ursachen sind Überregulierungen des Mietmarktes in anderen europäischen Staaten, die den Mietmarkt schwer beeinträchtigt haben.[24]

In Deutschland hingegen gab und gibt es einen ausgewogenen und sehr stabilen Mietmarkt, der sowohl die langfristige Vermietung von Wohneigentum als auch die langfristige Anmietung attraktiv macht. Dazu gehört auf der einen Seite die Möglichkeit, Wohnungsmieten an die Steigerungen der Mieten am Markt bei Vorliegen bestimmter Voraussetzungen anpassen zu können und auf der anderen Seite ein relativ starker Kündigungsschutz für Mieter. Solche ausgewogenen Regelungen gibt es nicht in allen europäischen Staaten, was einer von mehreren Erklärungsansätzen für die deutlich höheren Eigentumsquoten in anderen europäischen Staaten ist.[25]

Ein weiterer Grund sind exzessive und übertriebene Subventionierungen des Eigentumserwerbes in anderen Staaten der Europäischen Union, die allerdings teilweise bereits zurückgefahren wurden und künftig wohl noch weiter zurückgefahren werden.[26] Das dürfte zum einen damit zusammenhängen, dass viele europäische Staaten sehr hoch verschuldet sind und sich die üppigen Subventionen nicht mehr leisten können. Zum anderen scheint sich die Erkenntnis durchzusetzen, dass übertriebene Subventionen das Gleichgewicht von Eigentümern und Mietern auf dem Immobilienmarkt empfindlich stören können.[27]

In Deutschland hingegen gewinnt der Eigentumserwerb an Wohnimmobilien als Baustein der Alterssicherung zunehmend an Bedeutung. Vor diesem Hintergrund ist insbesondere der Förderansatz des Wohn-Riester-Konzeptes zu sehen, der Altersvorsorgeaspekte mit der Förderung des Wohnimmobilienerwerbes verknüpft.[28]

Insgesamt dürften sich die Wohneigentumsquoten in Europa daher künftig weiter angleichen. Aus den derzeitigen Unterschieden kann jedenfalls m. E. aus den oben dargestellten Gründen nicht abgeleitet werden, dass Deutschland für Wohnimmobilieneigentümer nicht attraktiv wäre.

[24] Siehe Voigtländer, Präsentation der Forschungsstelle Immobilienökonomik des Institutes der deutschen Wirtschaft Köln vom 09.10.2008 – auffindbar unter http://www.immobilienoekonomik.de/fileadmin/docs/Voigtlaender_Wohn_Seminar_09_10_08.pdf.

[25] Siehe Voigtländer, Präsentation der Forschungsstelle Immobilienökonomik des Institutes der deutschen Wirtschaft Köln vom 09.10.2008 – auffindbar unter http://www.immobilienoekonomik.de/fileadmin/docs/Voigtlaender_Wohn_Seminar_09_10_08.pdf.

[26] Siehe Voigtländer, Präsentation der Forschungsstelle Immobilienökonomik des Institutes der deutschen Wirtschaft Köln vom 09.10.2008 – auffindbar unter http://www.immobilienoekonomik.de/fileadmin/docs/Voigtlaender_Wohn_Seminar_09_10_08.pdf.

[27] Siehe Voigtländer, Präsentation der Forschungsstelle Immobilienökonomik des Institutes der deutschen Wirtschaft Köln vom 09.10.2008 – auffindbar unter http://www.immobilienoekonomik.de/fileadmin/docs/Voigtlaender_Wohn_Seminar_09_10_08.pdf.

[28] Wegen der Einzelheiten verweise ich zur Vermeidung von Wiederholungen auf die Ausführungen in Abschn. 6.5.3. (Seite 103 ff.).

Kapitel 4
Festlegung des Immobilientyps und Suche eines Geeigneten Objektes

Wenn Sie die Frage beantwortet haben, zu welchem Zweck Sie eine Immobilie erwerben möchten, d.h. zur Eigennutzung oder als Renditeobjekt, müssen Sie eine Antwort auf die nächste wichtige Frage finden: Welchen Typ Immobilie möchten Sie kaufen?

G. Rennert, *Praxisleitfaden Immobilienanschaffung und Immobilienfinanzierung*,
DOI 10.1007/978-3-642-22622-9_4,

4.1 Eigentumswohnung oder Haus

Grundsätzlich wird bei Wohnimmobilien zwischen Häusern und Eigentumswohnungen unterschieden. Bei Häusern gibt es freistehende Einfamilienhäuser, Reihenhäuser oder Mehrparteienhäuser mit mehreren Wohneinheiten. Eigentumswohnungen hingegen sind einzelne Wohneinheiten eines Mehrparteienhauses, das grundbuchlich in einzelne Wohneinheiten unterteilt ist, an denen separat Eigentum erworben werden kann.

Die Entscheidung für ein Haus oder eine Eigentumswohnung hängt natürlich auch damit zusammen, wie viel Geld Sie aufbringen können und wollen, um sich den Traum von der eigenen Immobilie zu erfüllen.

Eigentumswohnungen sind in aller Regel günstiger als Häuser, wenn man den Kaufpreis auf den Quadratmeter Wohnfläche herunterbricht. Das hängt auch damit zusammen, dass Eigentumswohnungen nicht so viel Grundstücksfläche benötigen, die insbesondere in Ballungsgebieten und Großstädten ein knappes Gut ist und daher mit hohen Kosten zu Buche schlägt. Daher wählen Käufer in Großstädten und Ballungsräumen meistens eine Eigentumswohnung, weil ein Haus dort für Normalverdiener kaum bezahlbar ist.

In dünn besiedelten und ländlichen Regionen ist dieses Verhältnis umgekehrt. Da Grundstücksflächen preiswert und in großem Ausmaß verfügbar sind, ist hier auch ein freistehendes Einfamilienhaus für Normalverdiener erschwinglich. Hier ist die Eigentumswohnung eher die Ausnahme und der Erwerb eines ganzen Hauses die Regel.

Natürlich ist ein eigenes Haus erstrebenswerter als eine Eigentumswohnung. Wer träumt nicht von der Jugendstilvilla an einer Allee mit alten Bäumen? Wenn Sie jedoch nur begrenzte finanzielle Mittel zur Verfügung haben, dann bedeuten die höheren Anschaffungskosten für ein Haus natürlich auch, dass Sie erheblich mehr von Ihrer finanziellen Freiheit und Ihrem künftigen Spielraum preisgeben müssen. Sie werden insbesondere über deutlich längere Zeiträume Zahlungen für die vollständige Rückführung eines Darlehens erbringen müssen, um den Kaufpreis stemmen zu können. Daher ist die Entscheidung über Haus oder Eigentumswohnung natürlich nicht nur eine Frage des Geschmackes sondern in erster Linie eine Frage der Finanzkraft und der wirtschaftlichen Vernunft. Das klingt einfach und plausibel und doch wird häufig gegen diese Grundregel verstoßen.

Sie sollten sich daher nicht vor einer kritischen Bestandsaufnahme Ihrer Finanzkraft auf eine Entscheidung für ein Haus festlegen, wenn diese Entscheidung Sie über längere Zeiträume wirtschaftlich an die äußersten Grenzen der Belastbarkeit bringt.

Als **Faustregel** empfehle ich:

Wenn ein Haus für Sie nur durch Bankdarlehen mit Laufzeiten von über 30 Jahren finanzierbar ist, dann dürfte es für Sie sinnvoller sein, zunächst eine

Eigentumswohnung zu erwerben.[1] Sie können diese nach vollständiger Rückzahlung des Darlehens später veräußern, um mit dem dann erwirtschafteten Eigenkapital im zweiten Anlauf ein Haus zu kaufen. Wenn Sie dabei geschickt vorgehen, können Sie noch steuerfrei einen Veräußerungsgewinn realisieren.

Um Ihnen zu verdeutlichen, welche erheblichen praktischen Auswirkungen diese Weichenstellung hat, möchte ich Ihnen zwei vereinfachte **Beispiele** vorrechnen, um die unterschiedliche Entwicklung der Gesamtzinsbelastung und damit der Kreditkosten beim Kauf eines Hauses und beim Kauf einer Eigentumswohnung zu vergleichen:

Beispiel:

Fall 1: Kauf eines Hauses für € 250.000 (incl. Nebenkosten)

- *Einsatz von € 50.000 Eigenkapital und € 200.000 Bankdarlehen zu 4,5%*[2] *Zinsen pro Jahr*
- *monatliche Zahlung für Zins und Tilgung auf das Bankdarlehen: € 1.000 (entspricht 1,5% anfänglicher Tilgung pro Jahr)*

Bei diesen Daten hätten Sie das Darlehen für den Hauskauf erst nach 30,9 Jahren vollständig abgezahlt und hätten insgesamt € 170.372 Zinsen an die Bank gezahlt.[3]

[1] Eine detaillierte Darstellung der einzelnen Rechenschritte zur Ermittlung des maximal finanzierbaren Kaufpreises und der sich aus einem Kredit ergebenden Laufzeit und Gesamtzinslast finden Sie weiter unten im Abschn. 7.2. (Seite 109 ff.). Darüber hinaus steht Ihnen ein Berechnungstool zur Verfügung, welches im Kap. 10. näher beschrieben ist. (Seite 215 ff.).

[2] Es wird vereinfachend unterstellt, dass der Darlehenszinssatz für die gesamte Laufzeit des Darlehens konstant 4,5% pro Jahr beträgt. Diese Annahme führt zu realistischen Ergebnissen, wenn über die Gesamtlaufzeit der Zinssatz um diesen Wert herum pendelt, d.h. bei den anschließenden Festzinssatzvereinbarungen mal darüber liegt und mal darunter. Daher sind diese berechneten Zahlen als Orientierungshilfe aussagkräftig.

[3] Da eine Zinsanpassung nach Auslaufen der ersten Festzinssatzperiode von üblicherweise 10 bis 15 Jahren erfolgt, besteht insoweit eine unvermeidbare Unschärfe bei der Berechnung der Gesamtzinslast bis zur Volltilgung, weil der Anschlusszinssatz von den zukünftigen Entwicklungen an den Finanzmärkten abhängt, die nicht vorhergesagt werden können. Die berechnete Gesamtzinslast ist jedoch gleichwohl ein aussagekräftiger Näherungswert. Siehe insoweit auch die Ausführungen im Kapitel 10 dieses Buches.

Fall 2: Kauf einer Eigentumswohnung für € 150.000 (incl. Nebenkosten)

- *Einsatz von € 50.000 Eigenkapital und € 100.000 Bankdarlehen zu 4,5%*[4] *Zinsen pro Jahr*
- *monatliche Zahlung für Zins und Tilgung auf das Bankdarlehen: € 1.000 (entspricht 7,5% anfängliche Tilgung pro Jahr)*

Im Fall 2 hätten Sie das Darlehen für den Kauf der Eigentumswohnung bereits nach 10,5 Jahren vollständig abgezahlt und hätten insgesamt € 25.570 Zinsen an die Bank gezahlt.

Als Zwischenergebnis dürfte bereits jetzt erkennbar sein, dass sich der doppelt so hohe Kreditbetrag für den Kauf des Hauses im Vergleich zum Kauf der Eigentumswohnung fatal auf die Gesamtzinslast und die Laufzeit bis zur Volltilgung des Darlehens auswirkt.

Der Kauf des Hauses statt einer Eigentumswohnung erhöht die Kreditkosten um beachtliche € 144.802 und verlängert die Laufzeit des Darlehens um mehr als 20 Jahre.

Unterstellen wir nun folgende weitere Entwicklung von **Fall 2:**

Nach 10 Jahren wird die Eigentumswohnung verkauft für einen Preis von € 180.000, d.h. mit einem Veräußerungsgewinn in Höhe von € 30.000. Der Veräußerungsgewinn kann steuerfrei vereinnahmt werden. Damit sind unter dem Strich nach 10 Jahren aus anfänglich € 50.000 Eigenkapital satte € 180.000 Eigenkapital geworden. Dabei ist die Mietersparnis noch gar nicht berücksichtigt.
Wenn wir nun unterstellen, dass der Marktpreis für das ersehnte Einfamilienhaus ebenfalls um € 30.000 gestiegen ist und nunmehr € 280.000 (= € 250.000 + € 30.000) beträgt, so sieht die Rechnung für den Hauskauf nun wie folgt aus:

[4] Es wird vereinfachend unterstellt, dass der Darlehenszinssatz für die gesamte Laufzeit des Darlehens konstant 4,5% pro Jahr beträgt. Diese Annahme führt zu realistischen Ergebnissen, wenn über die Gesamtlaufzeit der Zinssatz um diesen Wert herum pendelt, d.h. bei den anschließenden Festzinssatzvereinbarungen mal darüber liegt und mal darunter. Daher sind diese berechneten Zahlen als Orientierungshilfe aussagkräftig.

- *Einsatz von € 180.000 Eigenkapital aus dem Verkauf der Eigentumswohnung und € 100.000 Bankdarlehen zu 4,5%[5] Zinsen pro Jahr*
- *monatliche Zahlung für Zins und Tilgung auf das Bankdarlehen: € 1.000 (entspricht 7,5% anfängliche Tilgung pro Jahr)*

Bei dieser Weiterentwicklung von Beispielsfall 2 hätten Sie das zweite Darlehen für den Kauf des Hauses bereits nach weiteren 10,5 Jahren vollständig abgezahlt und hätten dafür weitere € 25.570 Zinsen an die Bank gezahlt.

Damit hätten Sie im Fall 2 bei konstanter monatlicher Zahlung von € 1.000 an die Bank insgesamt ca. 21 Jahre gebraucht, um zunächst das Darlehen für die Eigentumswohnung und dann das Darlehen für das Haus vollständig abzuzahlen und Sie hätten insgesamt € 51.140 Zinsen an die Bank gezahlt.

Vergleich von Fall 1 und Fall 2:

Wenn Sie nun die beiden Fälle wirtschaftlich miteinander vergleichen, dann werden Sie verblüfft folgendes feststellen:

Zinsersparnis im Fall 2 gegenüber Fall 1:

Gesamtzinslast Fall 1:	€ 170.372
abzüglich Gesamtzinslast Fall 2:	€ 51.140
Differenz	**€ 119.232**

Laufzeitverkürzung der Bankkredite

Gesamtlaufzeit in Fall 1:	30,9 Jahre
abzüglich Gesamtlaufzeit in Fall 2:	21,0 Jahre
Differenz	**9,9 Jahre**

Wenn Sie meiner als Faustformel abgegebenen Empfehlung folgen, würden Sie also bei dem obigen Beispiel insgesamt € 119.232 Zinsen sparen und hätten ca. 10 Jahre früher sämtliche Bankdarlehen abgezahlt und Volleigentum an einem Haus erworben.

Sie werden jetzt vermutlich ungläubig staunen und sich fragen, wo der Rechenfehler liegt. Es gibt jedoch keinen Rechenfehler. Da Sie in beiden Fällen mit € 50.000 Eigenkapital gestartet sind und konstant eine monatliche Rate in Höhe von € 1.000 gezahlt haben, hätten Sie auch nicht etwa über Umwege oder zur Hintertür

[5] Es wird vereinfachend unterstellt, dass der Darlehenszinssatz für die gesamte Laufzeit des Darlehens konstant 4,5% pro Jahr beträgt. Diese Annahme führt zu realistischen Ergebnissen, wenn über die Gesamtlaufzeit der Zinssatz um diesen Wert herum pendelt, d.h. bei den anschließenden Festzinssatzvereinbarungen mal darüber liegt und mal darunter. Daher sind diese berechneten Zahlen als Orientierungshilfe aussagkräftig.

mehr gezahlt. Diese Differenzbeträge sind die tatsächlich gesparten Beträge da die Fälle absolut vergleichbar sind.

Das Ergebnis dieser Berechnungen können Sie mit Hilfe des im Lieferumfang dieses Praxisleitfadens enthaltenen Berechnungstools selbst nachvollziehen, indem Sie die gewählten Eckdaten der obigen Beispiele dort eingeben.[6]

Der einzige Preis, den Sie für diese beachtliche Zinsersparnis von ca. € 120.000 und die Laufzeitverkürzung des Bankdarlehens um fast 10 Jahre „*zahlen*" würden, ist der Umstand, dass Sie ca. 10 Jahre lang in einer Eigentumswohnung gewohnt haben statt sofort in einem Haus.

Ich hoffe, dass es mir durch dieses vereinfachte Beispiel gelungen ist, Sie für die gigantischen Kosten von (zu) lang laufenden Bankdarlehen zu sensibilisieren und Ihnen vor Augen zu führen, wie viel Geld Sie einsparen oder auch zum Fenster hinauswerfen können. Dieses Beispiel sollte auch deutlich gemacht haben, wie teuer es wird, wenn man sich bei einem kreditfinanzierten Immobilienkauf übernimmt.

Aus meiner Beratungspraxis als Rechtsanwalt und Bankjustitiar habe ich den Eindruck gewonnen, dass die meisten fehlgeschlagenen Immobilienkäufe darauf zurückzuführen sind, dass die Käufer die Immobilie falsch ausgewählt haben, weil sie für die eigene Finanzkraft überdimensioniert war. Da Sie an Ihrer Finanzkraft kurzfristig nicht ohne weiteres etwas ändern können, sollten Sie Ihre Aufmerksamkeit auf den Faktor richten, den Sie beeinflussen können: Die Auswahl der richtigen Immobilie, die zu Ihrer Finanzkraft passt.

Das obige Beispiel sollte Ihnen auch vor Augen führen, dass man bei geschicktem Vorgehen auch mit kleinerer Finanzkraft mittelfristig eine größere Immobilie kaufen und beachtliche Vermögenswerte aufbauen kann.

Fazit

Die Auswahl des Immobilientyps richtet sich in erster Linie nach Ihrer Finanzkraft. Wenn Sie zum Kauf einer Immobilie ein Bankdarlehen einsetzen müssten, für dessen Abzahlung Sie mehr als 30 Jahre benötigen, spricht das dafür, zunächst einen kleineren und preiswerteren Immobilientyp zu wählen. Durch eine zu lange Laufzeit eines Bankdarlehens steigen die Gesamtzinslast und damit die Gesamtkosten des Immobilienkaufes unverhältnismäßig an, wie das obige Beispiel eindrucksvoll gezeigt hat.

In Großstädten und Ballungsräumen, in denen Grundstückspreise sich kontinuierlich auf sehr hohem Niveau bewegen, dürfte die Eigentumswohnung für Normalverdiener in der Regel die einzig finanzierbare Einsteigerimmobilie sein.

---

[6] Eine detaillierte Anleitung zur Benutzung des im Lieferumgang enthaltenen Rechentools finden Sie in Kap. 10. des Buches (Seite 215 ff.).

4.2 Kauf eines Altbaus oder Neubau in Eigenregie?

Eine weitere wichtige Weichenstellung stellt die Entscheidung dar, ob Sie eine bereits fertig errichtete Immobilie (so genannte Bestandsimmobilie) kaufen oder stattdessen eine Immobilie selbst planen und bauen.

Diese Frage stellt sich stärker bei der Entscheidung für den Immobilientyp Haus und weniger bei der Entscheidung für den Immobilientyp Eigentumswohnung. Da Eigentumswohnungen einzelne Wohneinheiten eines Hauses darstellen, ist der Normalfall der Erwerb einer Eigentumswohnung in einem bereits fertig gebauten Haus. Der Sonderfall des Erwerbes einer Eigentumswohnung in einem noch nicht errichteten Haus von einem Bauträger ist nicht vergleichbar mit Planung und Bau eines Hauses in Eigenregie, da die Planungen und die Bauausführung nicht in der Hand des Käufers der Eigentumswohnung liegen, sondern in der Hand des Bauträgers. Allenfalls werden dem Käufer einer noch zu errichtenden Eigentumswohnung untergeordnete Einflussmöglichkeiten hinsichtlich der Ausstattung eingeräumt. Der Kauf einer noch nicht fertig gestellten Eigentumswohnung vom Bauträger wird daher in einem anderen Abschnitt detailliert besprochen.[7]

Es gibt sowohl gute Argumente für den Kauf eines Bestandsobjektes als auch Argumente für den Bau eines neuen Hauses in Eigenregie.

Vorteile bei Planung und Bau einer Immobilie in Eigenregie sind, dass Sie relativ großen Gestaltungsspielraum haben und die Immobilie nach Ihrem eigenen Geschmack und nach Ihren Bedürfnissen planen und bauen können. Sie können die gewünschten Materialien aussuchen und der Immobilie Ihren persönlichen Stempel aufdrücken. Darüber hinaus können Sie den Stil und die Raumaufteilung in den Grenzen des Baurechtes relativ autonom festlegen.

Ein weiterer Vorteil besteht darin, dass Sie unter Umständen Kosten sparen können, wenn Sie selbst Handwerker sind oder Handwerker in der Verwandtschaft oder in der Familie haben, so dass Sie erhebliche Eigenleistungen einbringen können.

Schließlich ist darauf zu verweisen, dass Sie im Vergleich zum Kauf eines Bestandsobjektes neuwertige Bausubstanz und bis zu 5 Jahre Gewährleistung für Ihre Immobilie erhalten, während die Gewährleistung für die Bausubstanz bei Altbauten in aller Regel ausgeschlossen wird.[8]

Bei Neubauten, die als Renditeobjekt gebaut werden, hat sich zum 1.1.2006 eine wichtige Änderung ergeben: Die bis Ende 2005 vorhandene Möglichkeit der degressiven Abschreibung von vermieteten Neubauimmobilien ist zum 01.01.2006 für nach diesem Stichtag errichtete Wohngebäude entfallen. Insofern ist das zuvor gültige steuerrechtliche Argument für einen Neubau bei einer Renditeimmobilie

[7] Siehe Abschn. 8.2. (Seite 156 ff.).

[8] Siehe Abschn. 9.2.3. (Seite 188 f.).

entfallen, da Altbauten und Neubauten hinsichtlich der Abschreibungsmöglichkeiten steuerrechtlich gleichgestellt worden sind.[9]

Diesen Vorteilen stehen aber auch erhebliche **Nachteile** gegenüber:

Bei einem Neubau in Eigenregie tragen Sie in aller Regel erhebliche Projekt- und Kostenrisiken. Sie müssen eine Menge Zeit und gute Nerven mitbringen, um die Regie eines Neubaus von Anfang bis zum Ende zu managen und durchzustehen. Insbesondere tragen Sie im Normalfall das Kostenrisiko und müssen daher die Planungs- und Baukosten im Griff haben damit der Bau am Ende des Tages nicht viel teurer wird als geplant. Da Sie mit einer Vielzahl von Dienstleistern und Handwerkern (z. B. Architekten, Statiker, Bauunternehmer, Installateure, Elektriker etc.) Verträge schließen und diese überwachen müssen, ist leider auch das Risiko relativ groß, in einen Rechtsstreit hineinzugeraten. Das gilt beim Bau einer Immobilie in Eigenregie und bei Vergabe von Einzelgewerken in besonderem Maße.[10]

Ein weiterer Nachteil ist, dass Sie bei einer Neubauplanung natürlich noch nicht wissen, wie die fertige Immobilie am Ende des Tages tatsächlich wirkt. Sie können keine Raumatmosphäre wahrnehmen da Sie eben nicht durch das Gebäude laufen können. Es kann also am Ende des Tages auch negative Überraschungen geben, wenn Sie z. B. feststellen, dass die Raumhöhe 15 cm zu niedrig geplant ist und dadurch eine gedrungene Atmosphäre in den Räumen entsteht obwohl diese an sich über einen optimalen Zuschnitt verfügen.

Ein weiterer Nachteil einer Neubauimmobilie ist, dass diese erfahrungsgemäß erheblich teurer ist als eine Gebrauchtimmobilie. Es ist statistisch bewiesen, dass Altbauten in der Regel selbst dann noch ca. 20% preiswerter sind, wenn die Renovierungs- und Sanierungskosten eingerechnet werden.[11]

Aus der Auflistung all dieser Nachteile eines Neubaus in Eigenregie ergeben sich wiederum als Kehrseite der Medaille die Vorteile, wenn Sie sich für den Kauf einer Bestandsimmobilie entscheiden. Bei einem Bestandsobjekt haben Sie die oben beschriebenen Projekt- und Kostenrisiken natürlich nicht in dem Umfang, da die Immobilie fertig errichtet ist. Das gilt jedenfalls dann uneingeschränkt, wenn Sie eine Bestandsimmobilie in gutem Zustand kaufen, die keinen Sanierungs- und Reparaturstau aufweist, der umfangreiche Bauarbeiten erfordert.

Ein weiterer Vorteil ist, dass Sie einen Eindruck von der Immobilie gewinnen können, ohne Ihre Phantasie und Ihr Vorstellungsvermögen strapazieren zu müssen, indem Sie einfach durch die Immobilie laufen und die Raumatmosphäre auf sich wirken lassen. Das ist ein nicht zu unterschätzender Faktor, weil die Raumatmosphäre für den Wohlfühlfaktor und auch für die Wertschätzung und damit für den Wert einer Immobilie eine wichtige Rolle spielt.

---

[9] Seit dem 01.01.2006 können Neubauimmobilien nicht mehr degressiv in den ersten 10 Jahren mit einem erhöhten Satz von 4% pro Jahr abgeschrieben werden, sondern nur noch mit dem normalen Satz von 2% pro Jahr.

[10] Zur Vermeidung von Wiederholungen verweise ich wegen der Einzelheiten auf die Ausführungen im Abschn. 8.3.3. (siehe Seite 166 ff.).

[11] Siehe z. B. Infratest Wohneigentumsstudie/LBS West.

Fazit

Als Entscheidungshilfe möchte ich Ihnen die besprochenen Argumente noch einmal tabellarisch darstellen und wie folgt zusammenfassen:

Abwägungspunkte	Altbau	Neubau
Projektrisiken[12]	niedrig	hoch
Kostenrisiken	niedrig	hoch
Gestaltungsspielraum	klein	groß
Qualität der Bausubstanz	gebraucht	neuwertig
Gewährleistung	in der Regel keine[13]	bis zu 5 Jahre[14]
Wahrnehmung Raumatmosphäre	möglich	nicht möglich vor Fertigstellung
Gebäudekosten pro m^2	relativ niedrig[15]	relativ hoch
Abschreibungsmöglichkeit bei Vermietung	linear mit 2 % p.a.	linear mit 2 % p.a.[16]

[12] Dazu zählen z. B.: Insolvenz des Bauunternehmers oder einzelner Handwerker sowie Rechtsstreitigkeiten mit Vertragspartnern (Architekt, Bauunternehmer, Handwerker etc.), aber auch objektbezogene Problemherde wie Aufdeckung von Altlasten beim Ausschachten der Baugrube und dergleichen mehr.
[13] Beim Kauf von Bestandsimmobilien ist der Ausschluss der Gewährleistung des Verkäufers für Mängel der Immobilie absoluter Marktstandard, der in aller Regel auch nicht verhandelbar ist. Zu den Einzelheiten siehe Abschn. 9.2.3. (Seite 188 f.).
[14] Siehe § 634a Abs. 1 Nr. 2 BGB.
[15] Es ist statistisch bewiesen, dass der Kauf eines Altbaus selbst dann noch ca. 20% preiswerter als ein Neubau ist, wenn die Renovierungs- und Sanierungskosten eingerechnet werden. Siehe z. B. Infratest Wohneigentumsstudie/LBS West.
[16] Seit dem 01.01.2006 können Neubauimmobilien nicht mehr degressiv in den ersten 10 Jahren mit einem erhöhten Satz von 4% pro Jahr abgeschrieben werden, sondern nur noch mit dem normalen Satz von 2% pro Jahr.

4.3 Grundstückswahl (Volleigentum / Erbpacht)

So wie Sie bei der Wahl eines Immobilientyps zwischen mehreren Möglichkeiten wählen können, gibt es bei der Wahl des Grundstückstyps ebenfalls (begrenzte) Wahlmöglichkeiten.

Es gibt grundsätzlich zwei verschiedene Gestaltungsmöglichkeiten:

Sie können sich für ein Grundstück entscheiden, welches Sie vollständig als Eigentümer mit allen darauf stehenden Gebäuden und Gebäudeteilen ohne Einschränkungen und zeitlich unbefristet erwerben. Das ist der Normalfall beim Kauf von Grundstücken und Immobilien. In diesem Normalfall sind das Eigentum an dem Grundstück und das Eigentum an dem darauf gebauten Gebäude untrennbar miteinander verbunden und eine separate Übertragung von Grundstück ohne Gebäude oder von Gebäude ohne Grundstück ist nicht möglich.

Möglich ist aber auch ein ***Erbpachtmodell***. Bei der Erbpacht räumt der Eigentümer eines Grundstücks einem Pächter das Recht ein, das Grundstück für den Bau der Immobilie auf Zeit zu nutzen, ohne dass der Bauherr das Grundstück kaufen und Eigentümer werden muss. In diesem Sonderfall werden das Eigentum an dem Grundstück und das Eigentum an dem darauf gebauten Haus getrennt.

Die Details des Erbbaurechtes sind in der ***Erbbauverordnung (ErbbauVO)*** geregelt. Da nach der ErbbauVO erheblicher Spielraum für die inhaltliche Ausgestaltung des Erbbaurechtes besteht, muss der Kauf oder Bau einer Immobilie auf einem Erbbaugrundstück genauestens geprüft werden. Ohne eine genaue Kenntnis der inhaltlichen Ausgestaltung des Erbbaurechtes würden Sie die berüchtigte „*Katze im Sack*“ kaufen.

Üblicherweise wird eine Erbpachtzeit von 99 Jahren vereinbart. Nach Ablauf der Nutzungsdauer fällt das Eigentum an der Immobilie von dem Errichter und Eigentümer des Hauses an den Grundstückseigentümer. Ob der Grundstückseigentümer nach Ablauf der Erbpachtzeit für das Gebäude eine Entschädigung an den Erbpächter zahlen muss und wie hoch diese ausfällt, hängt von der inhaltlichen Ausgestaltung des Erbbaurechtes ab. Eine Entschädigung kann auch gänzlich ausgeschlossen sein.

Verletzt der Erbpächter seine Verpflichtungen aus dem Erbpachtvertrag in erheblichem Maße, dann kann das zur Folge haben, dass er das Eigentum an dem Gebäude an den Eigentümer des Grundstückes verliert. Diesen Fall bezeichnet man als ***Heimfall***.

Während der Nutzungszeit des Grundstückes muss der Erbpächter an den Grundstückseigentümer einen jährlichen Erbpachtzins zahlen. Das Erbbaurecht stellt eine Belastung des Grundstückes dar und wird juristisch selbst wie ein Grundstück behandelt, übertragen und belastet.

Für den Eigentümer des Grundstückes hat die Bestellung eines Erbbaurechtes an den Bauherrn eines Hauses den Vorteil, dass er das Eigentum an dem Grundstück behalten und laufende Einkünfte daraus erzielen kann durch Vereinnahmung des Erbbauzinses.

Für den Bauherrn oder Erwerber einer Immobilie auf einem Erbpachtgrundstück besteht der Vorteil darin, dass er kein Kapital für den Kauf des Grundstückes aufwenden muss sondern nur den relativ niedrigen Erbpachtzins. Die Erbbauvariante kommt daher insbesondere dann zum Einsatz, wenn der Immobilienerwerber extrem wenig Eigenkapital und laufendes Einkommen hat und den Erwerb von Grundstück und Immobilie nicht zusammen schultern kann.

Der Nachteil wiederum besteht darin, dass der Bauherr oder Immobilienerwerber während der ganzen Zeit mit Erbpachtzinsen belastet ist, d. h. auch noch für den Zeitraum nach vollständiger Abzahlung aller Bankdarlehen für die Errichtung oder den Kauf des Hauses.

Darüber hinaus kann eine solche Immobilie in der Regel nur über ein bis zwei Generationen vererbt werden und fällt dann an den Eigentümer des Erbpachtgrundstückes.

Fazit

Bei Immobilienkäufern mit einer sehr schwachen Finanzkraft besteht die Möglichkeit, eine Erbbauimmobilie auf einem Erbbaugrundstück zu kaufen oder zu bauen.

Da die Erbbauverordnung für die inhaltliche Ausgestaltung eines Erbbaurechtes ganz erheblichen Spielraum einräumt, muss im Einzelfall anhand der Eintragungen im Erbbaugrundbuch genau geprüft werden, welchen Inhalt das Erbbaurecht hat. Daher ist bei Kauf von Erbbauimmobilien die Einholung von Rechtsrat unvermeidlich.

4.4 Standortwahl

Eine ganz entscheidende Weichenstellung beim Immobilienkauf ist die Standortwahl. Der Standort einer Immobilie ist natürlich unveränderlich und damit eine Konstante, an der Sie später nichts mehr korrigieren können. Der Standort einer Immobilie ist der wichtigste Faktor für den Wert der Immobilie und auch für die weitere Entwicklung des Wertes. Die Bausubstanz ist vergänglich und nutzt sich ab. Das Grundstück hingegen erleidet keinen Substanzverlust und ist damit in dieser Hinsicht ein unvergänglicher Wert.

Der Wert des Grundstückes wird maßgeblich durch das Umfeld und die zu erwartende Entwicklung des Umfeldes geprägt. Der Volksmund bringt diesen wichtigen Zusammenhang in einem einfachen Satz mit einer plakativen Empfehlung zum Ausdruck:

„Kaufe das schlechteste Haus in der besten Lage!"

Daher gehört eine gründliche Analyse des Umfeldes einer Immobilie natürlich selbstverständlich zu den wichtigsten Prüfungspunkten beim Immobilienkauf.

Dazu gehört auf jeden Fall die Prüfung der folgenden Punkte:

- Anbindung an öffentliche Verkehrsmittel und das Straßennetz
- Parkmöglichkeiten
- Einkaufsmöglichkeiten
- Freizeitmöglichkeiten (Gastronomie, Parks und Seen etc)
- windgeschützte Lage
- Lichtverhältnisse
- geologische Aspekte (erhöhte Lage oder Lage in einer Senke und Bodenbeschaffenheit)

Andererseits müssen Sie auch eine schonungslose Bestandsaufnahme von störenden Umfeldfaktoren machen wie z. B.:

- Verkehrslärm
- Fluglärm durch Flughafen
- lärmintensive Gewerbebetriebe in der Umgebung
- mögliche Geruchsbelästigung (Kläranlagen, Müllverbrennungsanlagen oder Schlachthöfe)
- Grundwasserverhältnisse (drückendes Wasser und Gefahr von Feuchtigkeitsschäden am Fundament)
- mögliche Altlasten im Erdreich

Im Hinblick auf mögliche Altlasten im Erdreich sollte man auch versuchen, etwas über die Vergangenheit des Grundstückes in Erfahrung zu bringen, um so das Altlastenrisiko besser einschätzen zu können.[17]

[17] Als erste Informationsquelle kann das Grundbuch hilfreich sein, weil es über Voreigentümer des Grundstückes Aufschluss gibt. Wegen der Einzelheiten verweise ich insoweit auf die Ausführungen in Abschn. 5.2.1.2. (Seite 64 ff.).

Mit Altlasten sind dabei Giftstoffe im Erdreich gemeint wie z. B. Schwermetalle oder andere gesundheitsgefährdende Industrieabfälle. Solche Gefahren sind unter normalen Umständen zu vernachlässigen. Vorsicht ist jedoch geboten, wenn es sich um ein Grundstück im Gebiet einer Industriebrache oder einer ehemaligen Industriefläche handelt.

Eine Bodenkontaminierung kann die Nutzung des Grundstückes beeinträchtigen. Darüber hinaus muss der Eigentümer eines kontaminierten Grundstückes damit rechnen, von der zuständigen Ordnungsbehörde für die Kosten der Sanierung herangezogen zu werden, was auf der Grundlage des Bundesbodenschutzgesetzes (BBodSchG) möglich ist.[18] Die Kosten einer solchen Heranziehung können den Wert der Immobilie sogar übersteigen und damit zu einem finanziellen Desaster für den Grundstückseigentümer werden.

Es reicht jedoch nicht aus, sich nur mit der gegenwärtigen Situation zu befassen. Darüber hinaus sind auch mögliche Änderungen in der Zukunft in die Bewertung des Standortes einzubeziehen, denn Sie können nicht davon ausgehen, dass alles so bleibt wie es ist. Selbstverständlich wirken sich mögliche und erst Recht bereits beschlossene und alsbald erfolgende Veränderungen des Umfeldes auf die Wohnqualität und auf die Wertentwicklung eines Grundstückes aus.

Erkundigen Sie sich daher möglichst genau, wie die Gegend um das Grundstück in den nächsten Jahren aussehen könnte. Es ist möglich, z. B. bei der Bauaufsichtsbehörde zu erfragen, ob in der Nähe eine Straße, ein Gewerbegebiet oder andere kritische Nutzungen geplant sind.

Wenn Sie z. B. eine Immobilie kaufen, die sich in der Nähe eines Flughafens befindet, dann müssen Sie einkalkulieren, dass sich die derzeit vielleicht noch erträgliche Lärmbelästigung massiv erhöhen kann durch einen Flughafenausbau und etwaige Änderungen der Ausrichtung einer Einflugschneise. Eine solche Änderung des Umfeldes würde sich gravierend auf den Wert des Grundstückes auswirken.

Ein anderes Beispiel wäre der Kauf einer Eigentumswohnung in einem innerstädtischen *Problemviertel* einer Großstadt. Wenn Sie hier z. B. mit einem tristen Umfeld zu tun haben, welches durch Industriebrachen, schlechte Infrastruktur und Konzentration von bestimmten sozialen Schichten im Umfeld der Immobilie geprägt ist, dann sind das Faktoren, die zunächst einmal negativ für die Bewertung der Lage der Immobilie wirken. Bei einer reinen Bestandsaufnahme des Ist-Zustandes würde die Bewertung des Umfeldes als Wertfaktor daher eher schlecht ausfallen.

Wenn das Viertel jedoch durch einen Beschluss des Stadtrates zu einem Sanierungsgebiet erklärt wird und daher in den folgenden Jahren in den Genuss durchgreifender städtebaulicher Verbesserungen kommen wird, so dürfte diese Entwicklung sich auf das Umfeld und damit auch auf den Grundstückswert sehr positiv auswirken. In diesem Fall müsste in die Bewertung des Standortes natürlich die zu erwartende Entwicklung des Umfeldes mit einbezogen werden mit dem Ergebnis, dass in diesem Viertel mit hoher Wahrscheinlichkeit erhebliche Wertsteigerungen der Grundstücke und Immobilien zu erwarten wären.

[18] Siehe § 4 Abs. 2 und 3 BBodSchG.

Um Entwicklungen des Umfeldes einer Immobilie möglichst frühzeitig zu erkennen, benötigen Sie aktuelle und möglichst detaillierte Informationen. Eine regelmäßige Lektüre des Lokalteiles der Zeitung ist eine nahe liegende Informationsquelle. Profundere Informationen lassen sich möglicherweise durch eine Nachfrage bei dem zuständigen Bauamt der Stadtverwaltung erschließen.

Darüber hinaus kann die Einsichtnahme in den Bebauungsplan aufschlussreich sein. Der Bebauungsplan enthält Festsetzungen über die grundsätzlich vorgesehene Bebauung in einem Gebiet (z. B. reine Wohngebiete, allgemeine Wohngebiete, Mischgebiete, Gewerbegebiete, Industriegebiete etc.). Der Gebietstypus wiederum gibt an, welche Nutzungen zulässig sind, die in Form eines entsprechenden Nutzungskataloges weiter ausdifferenziert sein können.[19] Damit lässt der Bebauungsplan bereits überschlägige Schlussfolgerungen über den Charakter eines Gebietes und über die zu erwartende künftige Entwicklung des Umfeldes der Immobilie zu. In einem reinen Wohngebiet müssen Sie z. B. nicht mit der Ansiedlung von Handwerksbetrieben mit entsprechender Lärmbelastung rechnen während Sie in Mischgebieten mit so etwas rechnen müssen.

Wenn Sie alle Faktoren für die Bewertung der Lage und die mögliche Wertentwicklung analysieren wollen, dann müssen Sie auch überregionale und globale Entwicklungstrends in die Überlegungen der Standortwahl mit einbeziehen. Damit meine ich die globale Betrachtung der Entwicklung der Immobilienwerte über längere Zeiträume (d.h. 20 Jahre und mehr) unter Einbeziehung von Entwicklungstrends in verschiedenen Regionen.

So werden beispielsweise aufgrund der prognostizierten Bevölkerungsentwicklung in den alten und den neuen Bundesländern für die alten Bundesländer in Ballungsgebieten weiterhin Wertsteigerungen erwartet, während in den neuen Bundesländern mit einem Rückgang der Grundstückswerte gerechnet wird. Das liegt daran, dass die Prognosen davon ausgehen, dass die Bevölkerungszahl in den neuen Bundesländern abnehmen wird, während sie in den alten Bundesländern insgesamt sogar leicht zunehmen wird. Eine solche Bevölkerungsentwicklung führt natürlich zu einer schwächeren bzw. stärkeren Nachfrage nach Immobilien und wird damit zu einem wichtigen Faktor für die künftige Wertentwicklung von Immobilien in bestimmten Regionen.[20]

Diese überregionalen Überlegungen und die Einbeziehung von Entwicklungstrends spielen insbesondere dann eine wichtige Rolle, wenn Sie eine Immobilie nicht für die Eigennutzung sondern als Renditeobjekt erwerben wollen und von daher bei Ihren Standortüberlegungen flexibler sind. Daher werden Sie natürlich versuchen, beim Erwerb einer Renditeimmobilie auf einen Standort zu setzen, der auch unter Einbeziehung überregionaler Entwicklungstrends eine höhere Wahrscheinlichkeit für eine Wertsteigerung und ein geringeres Risiko für einen Wertverfall oder Leerstand bietet.

---

[19] Wegen der Einzelheiten verweise ich zur Vermeidung von Wiederholungen auf die Ausführungen im Abschn. 5.1. (Seite 56 ff.).

[20] Zu alledem verweise ich auf die Ausführungen im Abschn. 3.3.2. (Seite 23 ff.).

Bei einer selbstgenutzten Immobilie werden Sie aufgrund des Arbeitsplatzortes in der Regel an eine bestimmte Region gebunden sein. Gleichwohl hilft Ihnen auch dann die Beobachtung der überregionalen und langfristigen Entwicklungstrends bei der Beantwortung der Frage, ob es für Sie überhaupt wirtschaftlich sinnvoll ist, Eigentum an einer Immobilie für die Eigennutzung zu erwerben oder ob Sie nicht besser beraten sind, zu mieten.

Fazit

Die Standortwahl der Immobilie ist eine der wichtigsten Weichenstellungen. Sie hat gravierende Auswirkungen auf den Wert und die Rentabilität der Immobilie und bestimmt auch maßgeblich das künftige Wertentwicklungspotenzial.

Bei der Standortwahl ist eine gründliche Analyse des Umfeldes der Immobilie unter Einbeziehung von absehbaren Entwicklungen in der Zukunft unverzichtbar.

Durch die Einbeziehung von überregionalen Entwicklungstrends wird eine gründliche und möglichst günstige Standortwahl abgerundet.

4.5 Bewertung der Immobilie und Kaufpreisfindung

Wenn Sie nun eine Immobilie im Fokus haben, die interessant wirkt, so sollten Sie systematisch alle verfügbaren Informationsquellen ausschöpfen, um eine Einschätzung darüber zu bekommen, welcher Kaufpreis angemessen ist. Dabei müssen Sie versuchen, alle wertrelevanten Faktoren in die Überlegungen einzubeziehen.

Sie sollten sich keinesfalls blind auf die Wertangabe des Verkäufers oder des Maklers verlassen, sondern eigene Prüfungen vornehmen. Ich empfehle dabei folgende Schritte:

4.5.1 Ermittlung des Bodenrichtwertes bzw. des Marktrichtwertes

Als erstes sollten Sie den Bodenrichtwert ermitteln, indem Sie beim Gutachterausschuss der Stadt bzw. Gemeinde die entsprechenden Daten anfordern. Grundlage für die jährlich aktualisierten Veröffentlichungen der Bodenrichtwerte durch den Gutachterausschuss sind die in der Stadt tatsächlich erfolgten Grundstücksverkäufe.

Den ***Gutachterausschüssen*** der Städte und Gemeinden ist die Aufgabe zugewiesen, für eine umfassende Markttransparenz zu sorgen.[21] Diese Markttransparenz wird durch die Beobachtung des Marktes und die Auswertung der verfügbaren Marktdaten erreicht. Die Ergebnisse dieser Arbeit werden der Allgemeinheit in Form von Bodenrichtwerttabellen und Bodenrichtwertkarten zugänglich gemacht, die gegen eine Gebühr bei den Gutachterausschüssen bezogen werden können.[22] Darüber hinaus können einzelfallbezogen Verkehrswertgutachten bei den Gutachterausschüssen in Auftrag gegeben werden werden.

Da die von den Gutachterausschüssen ermittelten Zahlen und Darstellungen aus tatsächlichen Vertragsabschlüssen und den daraus gewonnen Daten abgeleitet werden, sind diese Zahlen sehr aussagekräftig. Sie sind üblicherweise in ***Bodenrichtwertkarten*** übertragen, die ein Stadtgebiet preislich kartographieren. Mit den Bodenrichtwerten verschaffen Sie sich einen schnellen Überblick, welchen ungefähren Wert das Grundstück der Immobilie hat. Der Bodenrichtwert ist ein Durchschnittswert, der auf den Quadratmeter Grundstückfläche heruntergebrochen ist.

Die Gutachterausschüsse ermitteln darüber hinaus Marktrichtwerte für Eigentumswohnungen, indem auch hierfür durchschnittliche Quadratmeterpreise ermittelt werden. Sie werden in ***Marktrichtwertkarten*** abgebildet und dargestellt, die ebenfalls über die Gutachterausschüsse bezogen werden können.

Zwar enthalten diese Karten nur Durchschnittswerte. Gleichwohl sind diese Zahlen als erster Anhaltspunkt für die Ermittlung des tatsächlichen Marktwertes

---

[21] Siehe §§ 192–199 BauGB.

[22] Siehe: http://www.gutachterausschuesse-online.de.

einer Immobilie hilfreich, weil sie einen guten Ausgangspunkt der weiteren Überlegungen markieren.

Die Boden- und Marktrichtwerte lassen sich schnell und unkompliziert ermitteln und stellen eine erste Orientierung dar. Sie ersparen Ihnen aber nicht, weitere Prüfschritte vorzunehmen, um die weiteren preisbildenden Faktoren genauer zu untersuchen. Das gilt insbesondere deshalb, weil diese Werte Durchschnittswerte darstellen, die selbstverständlich anhand der konkreten Immobilie relativiert und justiert werden müssen. Dabei würde sich z. B. eine überdurchschnittlich gute Lage im jeweiligen Mikroumfeld des Stadtteiles werterhöhend auswirken, während eine überdurchschnittlich schlechte Lage im Mikroumfeld wertsenkend wirkt.

Über die Internetseiten der Gutachterausschüsse können Sie in der Regel auch allgemeine Berichte und Darstellungen der Immobilienpreisentwicklung in den vorangegangen Jahren erhalten, die Ihnen eine zusätzliche Orientierung darüber geben, wie sich die Immobilienpreise in der Stadt und Region der Zielimmobilie entwickelt haben.[23]

Sie können die Bodenrichtwertkarten und die Marktrichtwertkarten auch für die umgekehrten Überlegungen verwenden, indem Sie diese einsehen, um zunächst Stadtgebiete ausfindig zu machen, welche Ihren Preisvorstellungen entsprechen. Aufbauend auf den gewonnenen Erkenntnissen können Sie dann Ihre Immobiliensuche auf diese Stadtgebiete fokussieren.

4.5.2 Einsicht in den Mietspiegel

Eine weitere leicht zugängliche und aussagekräftige Informationsquelle stellen die Mietspiegel für Städte und Gemeinden dar. Daraus können Sie die Informationen bekommen, welche Mieten pro Quadratmeter für Wohnraum in den verschiedenen Lagen durchschnittlich bezahlt werden.

Die tatsächlich gezahlten Mieten sind aussagekräftige Indikatoren für den Wert von Immobilien in einer bestimmten Lage. Daher sind diese Zahlen für Sie auch dann interessant, wenn Sie die Immobilie selbst nutzen und gar nicht vermieten wollen. Denn die erzielbaren bzw. tatsächlich erzielten Mieteinnahmen sind ein aussagekräftiger Indikator für die Wertschätzung einer Immobilie, der Rückschlüsse auf den Marktwert zulässt. Auf diesem Grundgedanken baut ja auch die Immobilienbewertung unter Heranziehung des Ertragswertes der Immobilie auf.

4.5.3 Bewertung des Mikroumfeldes

Nachdem Sie nun eine überschlägige Standortbewertung anhand dieser Zahlen vorgenommen haben, müssen Sie das Mikroumfeld untersuchen. Das heißt, dass Sie den konkreten Standort und die nähere Umgebung der Immobilie genauer

[23] Siehe: http://www.gutachterausschuesse-online.de.

untersuchen im Hinblick auf wertmindernde Faktoren und auf wertsteigernde Faktoren. Wertmindernde Faktoren wären z. B. Lärm- und Geruchsbelästigung durch nahe gelegene Gewerbebetriebe, Straßenverkehr oder Bahntrassen. Wertsteigernde Faktoren wären z. B. eine gute Anbindung an den öffentlichen Nahverkehr sowie Einkaufs- und Freizeitmöglichkeiten in unmittelbarer Nähe. Zur Vermeidung von Wiederholungen verweise ich insoweit wegen der Einzelheiten auf die obigen Ausführungen zur Standortwahl.[24]

Bei der Einbeziehung dieser Mikrostandort- und Umfeldanalyse in die Kaufpreisüberprüfung müssen Sie jedoch noch einen Schritt weitergehen als bei den obigen Überlegungen zur Standortwahl: Sie können sich nicht mit der bloßen Auflistung der positiven und negativen Faktoren zufrieden geben, sondern Sie müssen versuchen, diese mit ihren Auswirkungen auf den Wert der Immobilie und damit den angemessenen Kaufpreis zu quantifizieren. Damit legen Sie auch die Grundlage für die späteren Kaufpreisverhandlungen, indem Sie Argumente für die Reduzierung des Kaufpreises aufbauen.

4.5.4 Prüfung der Baugenehmigung und der Baulasten

Ein weiterer wichtiger Schritt ist die Prüfung der Rechtslage anhand des Grundbuches und anhand der Akte des Bauaufsichtsamtes. Auch daraus können sich wertmindernde Umstände ergeben, die bei der Kaufpreisfindung berücksichtigt werden müssen.

Das Grundbuch gibt umfangreich Auskunft über die dingliche Rechtslage und insbesondere über Wegerechte und andere Belastungen des Grundstückes wie z. B. dingliche Wohnrechte und dergleichen.

Solche Belastungen des Grundstückes können den Wert der Immobilie ganz erheblich mindern. Sie sollten sich zu diesem Zwecke vom Verkäufer einen aktuellen Grundbuchauszug geben lassen, um diesen entweder selbst gründlich in Augenschein zu nehmen oder von einem Rechtsanwalt in Augenschein nehmen zu lassen. Zu Beginn der Sondierungsphase können Sie ohne Zustimmung des Verkäufers nicht selbst beim Grundbuchamt des Amtsgerichtes einen Auszug aus dem Grundbuch erhalten sondern sind zunächst auf die Kooperation des Verkäufers angewiesen.[25] Bestehen Sie erforderlichenfalls darauf, dass ein aktueller Grundbuchauszug beim Grundbuchamt angefordert wird damit Sie auch wirklich ein aktuelles Bild der Rechtslage erhalten.

Sie sollten auch unbedingt das beim Bauamt geführte Baulastenverzeichnis einsehen, da sich daraus Belastungen des Grundstückes in Form von Baulasten ergeben können. Das tückische an den Eintragungen im Baulastenverzeichnis ist, dass diese

[24] Siehe weiter oben Abschn. 4.4. (Seite 40 ff.).

[25] Unter bestimmten Voraussetzungen kann der Kaufinteressent auch eigenständig einen Grundbuchauszug beim Amtsgericht anfordern. Wegen der Einzelheiten verweise ich auf die Ausführungen in Abschn. 5.2.1.3. (Seite 70 ff.).

nicht aus dem Grundbuch ersichtlich sind, aber gleichwohl gegenüber dem Erwerber eines Grundstückes Wirkung entfalten und diesen beim Eigentumsübergang wie eine dingliche Belastung treffen.[26]

Darüber hinaus ist es sinnvoll, sich die Baugenehmigung in Kopie geben zu lassen, um auch diese genau in Augenschein zu nehmen. Die Baugenehmigung gibt Auskunft über die erlaubte Bebauung und Nutzung. Sie ist daher die Grundlage der Prüfung, ob die tatsächliche Bauausführung der behördlichen Genehmigung entspricht. Wenn dem nicht so ist, so droht im Extremfall die Gefahr von Abrissverfügungen.

Wenn Sie einen Umbau oder eine Nutzungsänderung der Immobilie planen, so müssen Sie auch den Fragen nach der baurechtlichen Zulässigkeit dieses Vorhabens frühzeitig nachgehen. Da die Baugenehmigung selbst nur etwas über die rechtliche Zulässigkeit der derzeitigen Bebauung und Nutzung aussagt, müssen Sie den Bebauungsplan einsehen, um zu prüfen ob der geplante Umbau oder geplante Erweitungen überhaupt genehmigungsfähig sind. Sind solche Maßnahmen konkret geplant, kann es ratsam sein, diese vorab mit dem Bauaufsichtsamt abzustimmen und vor dem Kauf der Immobilie einen Bauvorbescheid zu beantragen.

Wenn Sie sich unsicher sind, ob die rechtlichen Regelungen der Baugenehmigung und des Bauordnungsrechtes die geplante Nutzung und geplante Umbauten tragen, so sollten Sie diese Fragen vor dem Kauf abschließend von einem Rechtsanwalt prüfen lassen, um keine bösen Überraschungen zu erleben. Auf mündliche Zusagen des Verkäufers oder des Maklers können Sie nicht bauen.

4.5.5 Bausubstanz und Baumängel

Ein sehr wichtiger Aspekt stellt die Untersuchung der Bausubstanz und die Feststellung von Baumängeln dar. Da Verkäufe von Bestandsimmobilien in aller Regel ohne Gewährleistungsansprüche erfolgen, müssen Sie sich ein detailliertes und belastbares Bild der Bausubstanz und eventuell vorhandener Baumängel machen.

Besonderes Augenmerk ist dabei auf die Bausubstanz im Keller zu richten. Wenn es dort z. B. Feuchtigkeit oder Risse im Fundament gibt, ist das ein Alarmsignal. Informieren Sie sich auch gründlich über die verwendeten Baumaterialien sowie über erfolgte Sanierungs- und Renovierungsmaßnahmen (z. B. an Rohrleitungen und Hauselektrik).

Wenn Sie in diesem Stadium der Prüfung der Immobilie noch keine *„Dealkiller“* identifiziert haben, die klar gegen den Kauf der Immobilie sprechen, sondern das Objekt sich weiterhin interessant zeigt, dann sollten Sie jetzt darüber nachdenken, ein Bausubstanz- und Baumängelgutachten einzuholen. Insbesondere wenn der Verkäufer nicht in der Lage ist, aussagekräftige Unterlagen vorzulegen, die Aufschluss über diese Fragen geben, bleibt gar nichts anderes übrig.

---

[26] Wegen der Einzelheiten verweise ich auf die Ausführungen in Abschn. 5.1.2. (Seite 61 ff.).

Ein neutrales Bausubstanzgutachten gibt Sicherheit vor unangenehmen Überraschungen. Es schafft Klarheit über den Zustand der Immobilie, stellt den Instandsetzungs- und Modernisierungsbedarf fest und zeigt die Kosten auf, mit denen gerechnet werden muss. Es schützt Sie als Käufer davor, ein Gebäude zu erwerben, dessen Kaufpreis dem tatsächlichen Wert nicht entspricht, weil erhebliche Summen für die Sanierung aufgewendet werden müssen.

Aufgrund von Erfahrungswerten aus der Geschichte der Baumaterialien und der Methoden der Bautechnik kann man ableiten, dass in bestimmten Dekaden der Nachkriegszeit auch schadstoffbelastete oder gesundheitsgefährdende Baumaterialien (z. B. Asbest) verwendet wurden. Wenn das Baujahr des Gebäudes aus einer solchen Zeit oder aus einer Übergangszeit stammt, so stellt sich häufig die Frage, ob diese kritischen Baumaterialien auch für die konkrete Immobilie Verwendung gefunden haben. Dabei sind durchgreifende Sanierungsmaßnahmen, die in dieser Zeit an einer Vorkriegsimmobilie durchgeführt wurden, in die Überlegungen einzubeziehen, da insoweit auch Immobilien problembehaftet sein können, die früher gebaut worden sind.

Ein weiterer typischer Problemherd bei älteren Immobilien ist der Umstand, dass bei Nachkriegsbauten der ersten Zeit häufig nur gemauerte Kellerwände vorhanden sind und keine Fundamente aus wasserundurchlässigen Stahlbetonwannen. Solche Fundamente müssen nicht zwangsläufig undicht sein, können jedoch bei ungünstigen Lagen in Senken oder bei hohem Grundwasserspiegel eher zu Feuchtigkeitsschäden führen als Immobilien späterer Baujahre mit Fundamenten aus Stahlbetonwannen.

Wie es um Ihre konkrete Zielimmobilie bestellt ist, kann nur durch ein Gutachten abschließend geklärt werden, das die Bausubstanz einer genauen Untersuchung unterzieht.

Bitte beachten Sie, dass ein Verkehrswertgutachten des Gutachterausschusses die genaue Untersuchung und Begutachtung der Bausubstanz im Regelfall nicht enthält, weil diese Verkehrswertgutachten hinsichtlich der Renovierungs- und Sanierungskosten nur mit überschlägig ermittelten Arbeitshypothesen operieren. Das beruht darauf, dass der Wertgutachter die Immobilie nur einer überschlägigen Sichtprüfung unterzogen hat. Das gleiche gilt für die Verkehrswertgutachten, die anlässlich einer Zwangsversteigerung erstellt und im Internet für Bietinteressenten zur Verfügung gestellt werden.[27] Diese Informationslücke kann nur durch ein Bausubstanz- und Baumängelgutachten geschlossen werden.

In diesem Zusammenhang kann es sehr sinnvoll sein, eine Vermessung der Wohn- und Nutzflächen mit zu beauftragen, um die Flächenangaben des Verkäufers zu prüfen. Weil es nicht selten vorkommt, dass ein tatsächliches Flächenaufmaß Abweichungen von Planunterlagen zu Tage fördert, können sich daraus auch schlagkräftige Kaufpreisargumente ergeben.

[27] Siehe Abschn. 8.4. (Seite 178 ff.).

Da ein solches Bausubstanzgutachten jedoch mit nicht unerheblichen Kosten zu Buche schlägt, sollten Sie diesen Schritt erst dann gehen, wenn alle anderen Ampeln auf „grün“ geschaltet sind.

Wenn Grund zu der Annahme besteht, dass ein solches Gutachten Ergebnisse zutage fördern könnte, die den Kauf platzen lassen würden, sollten Sie versuchen, den Verkäufer an den Kosten des Gutachtens zu beteiligen. Das ist durchaus interessengerecht, da ein solches Bausubstanzgutachten für den Verkäufer auch dann einen Wert hat, wenn Sie sich gegen den Kauf entscheiden. Für Sie hingegen als abgesprungener Kaufinteressent ist das Gutachten in einem solchen Fall wertlos.

4.6 Einschaltung von Immobilienmaklern

Bei der Suche nach einer geeigneten Immobilie über die üblichen Informationsquellen und Medien (Tageszeitung, Internetportale,[28] Internetseiten von Banken, Aushänge in Schalterhallen von Banken etc.) werden Sie relativ schnell auf Angebote von Immobilienmaklern stoßen. Möglicherweise werden Sie dabei auch den Eindruck gewinnen, dass Sie im Zielmarkt an Immobilienmaklern gar nicht vorbeikommen.

Vor diesem Hintergrund möchte ich Sie auch über die rechtlichen Hintergründe und Zusammenhänge informieren damit Sie wissen, worauf es beim Kontakt mit Maklern ankommt und welche Kosten auf Sie zukommen, wenn Sie über einen Makler an ein Immobilienangebot kommen:

Im Bürgerlichen Gesetzbuch (BGB) wird der ***Maklervertrag*** in den Vorschriften der §§ 652–655 BGB geregelt. Nach diesem gesetzlichen Leitbild ist der Maklervertrag ein ganz eigener Vertragstyp, der sich von anderen Verträgen erheblich unterscheidet.

So ist der Makler nach den gesetzlichen Regelungen zum Tätigwerden nicht verpflichtet. Er schuldet weder den erfolgreichen Nachweis noch die Vermittlung eines Vertragsschlusses. Dafür erhält er nach der gesetzlichen Ausprägung des Maklervertrages auch nur dann eine Bezahlung in Form einer Maklerprovision, wenn der Kaufvertrag über die Immobilie durch seinen Nachweis bzw. durch seine Vermittlung auch tatsächlich formwirksam zustandekommt. Da ein Kaufvertrag über Immobilien der notariellen Beurkundung bedarf, kann der Provisionsanspruch des Maklers somit erst mit notarieller Beurkundung des Kaufvertrages entstehen.

Wird der notarielle Kaufvertrag später erfolgreich angefochten oder anderweitig rückabgewickelt wegen vorvertraglicher Unregelmäßigkeiten, entfällt der Anspruch des Maklers auf die Provision grundsätzlich rückwirkend.[29] Der Provisionsanspruch des Maklers bleibt jedoch bestehen, wenn der Kaufvertrag von den Vertragsparteien einvernehmlich aufgehoben wird oder wenn eine Partei aufgrund von Umständen vom Vertrag zurücktritt, die nach Vertragsschluss eingetreten sind.

Nicht selten drängen Makler darauf, den Provisionsanspruch in den notariellen Kaufvertrag aufzunehmen. Davon ist jedoch abzuraten, da das die Notargebühren erhöht. Dafür besteht auch keine Notwendigkeit, weil der Provisionsanspruch des Maklers im Maklervertrag geregelt ist. Daher sollten Sie einen solchen Vorschlag des Maklers mit diesen Argumenten ablehnen.

Ein Maklervertrag kann formlos geschlossen werden, sollte aber zu Beweiszwecken besser schriftlich fixiert werden. In der Praxis kommt der Vertrag oft dadurch zustande, dass der Makler ein Exposé oder einen Objektnachweis zur Verfügung stellt und darin seine Provision angegeben ist. Der Immobilieninteressent nimmt den

[28] z. B. www.immobilienscout.de oder www.immowelt.de.

[29] Siehe z. B. BGH, Urteil v. 14.12.2000, abgedruckt in *Neue Juristische Wochenschrift* 2001, S. 966 ff.

Maklervertrag an, indem er einen Objektnachweis unterzeichnet oder durch schlüssiges Verhalten indem er das Exposé entgegennimmt und sich die Leistungen des Maklers widerspruchslos gefallen lässt.[30]

Sie müssen also als Käufer in aller Regel dann eine Maklerprovision zahlen, wenn Sie den Erstkontakt zu dem Verkäufer über einen Makler erhalten haben und der Kaufvertrag über die Immobilie später wirksam geschlossen wird.[31]

Ist Ihnen das Objekt und der Verkäufer beim ersten Kontakt mit einem Makler bereits aus anderen Quellen bekannt, so sollten Sie das sofort mitteilen und auch schriftlich gegenüber dem Makler dokumentieren. Anderenfalls laufen Sie Gefahr, (auch) von diesem Makler auf die Provision in Anspruch genommen zu werden, wenn der Kaufvertrag später zustande kommt. Unter Umständen müssen Sie sogar mehrere Maklerprovisionen zahlen, wenn Sie zu mehreren Maklern Kontakt hatten, die ein und dasselbe Objekt vermarkten.

Die Höhe der Maklergebühr kann verhandelt werden. Es gibt keine gesetzlichen Vorschriften, die die Höhe der Provision festlegen. Die Maklerverbände legen nur Richtwerte fest, die von Bundesland zu Bundesland schwanken: Die übliche Spanne reicht von 3–7% des Kaufpreises für die Immobilie. Bei sehr hohen oder sehr niedrigen Kaufpreisen gibt es auch Abweichungen von diesen Prozentsätzen. Regional sehr unterschiedlich ist die Verteilung der anfallenden Provision auf Käufer und Verkäufer.

Da diese Prozentsätze und auch die Regelungen des Maklerrechtes im BGB keine zwingenden Vertragsinhalte sind sondern (nur) eingeschliffene Marktgepflogenheiten, die üblicherweise vereinbart und praktiziert werden, gibt es auch Makler, die ein vollständig anderes Provisionsmodell fahren. Anzutreffen ist z. B. die Vereinbarung eines Festpreises für die Vermarktung einer Immobilie, der unabhängig von der Höhe des Kaufpreises und auch unabhängig vom Ermittlungserfolg stets und ausschließlich vom Verkäufer zu zahlen ist.[32] Solche Maklerangebote mit alternativer Povisionsstruktur bieten mitunter auch den Vorteil, dass sie für den Käufer vollständig provisionsfrei sind.

Insgesamt ist festzustellen, dass der Sektor der Immobilienmaklerleistungen in Deutschland derzeit in einer Veränderungsphase ist, in der sich insbesondere die größere Transparenz des Immobilienmarktes durch das Internet auswirkt. Das eröffnet verhandlungsstarken Immobilieninteressenten durchaus neue Verhandlungsspielräume bei der Inanspruchnahme von Immobilienmaklerleistungen.

Wenn keine Verhandlungen stattfinden und der Kaufvertrag geschlossen wird, fällt die Maklergebühr in der Höhe an, in der der Makler diese in dem Exposé angegeben hat. Nicht selten arbeitet der Makler für beide Vertragsparteien, was § 654 BGB zulässt, sofern es nicht dem Inhalt des konkret vereinbarten Maklervertrages zuwiderläuft.

---

[30] Siehe BGH, Urteil v. 11.4.2002, abgedruckt in *Neue Juristische Wochenschrift* 2002, S. 1945 ff.

[31] Siehe auch BGH, Urteil v. 25.2.1999, abgedruckt in *Neue Juristische Wochenschrift* 1999, S. 1255 ff.

[32] Siehe z. B. http://www.imakler.de.

Wenn Sie feststellen, dass Sie bei der Objektsuche nicht um einen Makler und damit eine Maklerprovision herumkommen, dann können Sie aus der Not eine Tugend machen und den Makler gezielt einschalten, um diesen mit der Suche nach einem bestimmten Objekt zu beauftragen. Der Vorteil dabei ist, dass Sie die Konditionen des Maklervertrages von Anfang an verhandeln und beeinflussen können und dem Makler darüber hinaus genaue Kriterien an die Hand geben können, damit dieser Ihnen gezielt die passenden Angebote anträgt. Eine solche Vorgehensweise kann auch dazu führen, dass der Makler Sie bei Eingang eines passenden Angebotes vorab kontaktiert und Sie somit früher als andere Immobilieninteressenten das Angebot prüfen können. Da Sie den Makler nur im Erfolgsfall bezahlen müssen (es sei denn, der Vertrag sieht etwas anderes vor), kostet Sie die Einschaltung von Maklern mit einem Suchauftrag auch so lange nichts, wie der Makler Ihnen kein geeignetes Objekt nachweist und Sie keinen Kaufvertrag abschließen.

Die große Kunst beim gelungenen Immobilienerwerb besteht natürlich auch in dem richtigen *timing*, d.h. zur richtigen Zeit am richtigen Ort zu sein, um gezielt zugreifen zu können. Gute Angebote sprechen sich natürlich schnell herum und dann sind Sie wahrscheinlich nicht der einzige Interessent, so dass der Preis von mehreren Interessenten in die Höhe getrieben werden kann oder das Objekt bereits verkauft ist, wenn Sie erstmals davon erfahren. In diesem Zusammenhang kann es auch einen taktischen Vorteil bringen, einen Makler mit einem Vermittlungsauftrag einzuschalten, um den entscheidenden zeitlichen Vorsprung zu gewinnen.

Hierbei ist auch wichtig, dass Sie mit den richtigen Immobilienmaklern in Kontakt kommen. Ein schlecht verdrahteter Makler mit wenigen Immobilien im Vermittlungsbestand wird natürlich eher die Tendenz entwickeln, Ihnen die wenigen verfügbaren Immobilien schön zu reden als ein Makler, der ein breit gefächertes Angebot hat. Hier können Sie durch ein bestimmtes Auftreten und durch die Mitteilung eines möglichst exakten Suchprofils dem Makler helfen, Sie zum richtigen Objekt zu führen. Gleichzeitig können Sie natürlich auch durch die Reaktion des Maklers auf die Mitteilung Ihres Suchprofils interessante Rückschlüsse ziehen, die eine Einschätzung ermöglichen, ob der Makler der richtige Partner ist, der Sie zu dem gewünschte Objekt führen kann. Wenn der Makler merkt, dass Sie genaue Vorstellungen haben und davon nicht abrücken, wird ein schlecht verdrahteter Makler das Interesse verlieren, weil er erkennt, dass er Ihnen die gewünschte Immobilie nicht vermitteln kann und daher nur seine und Ihre Zeit vergeudet. Ein entsprechend gut verdrahteter Makler wird daraufhin nur gezielt Angebote heraussuchen, die Ihren Vorstellungen möglichst nahe kommen.

Ein Makler kann Ihnen mitunter auch Hintergrundinformationen zu einem lokalen Immobilienstandort und zu überregionalen Wertentwicklungstrends geben. Da jedoch nicht alle Makler über wirklich profunde Informationen und Ortskenntnis verfügen, ist bei den gegebenen Informationen eine gewisse Skepsis geboten. Nach meiner Einschätzung ersetzt ein Makler als Informationsquelle keinesfalls eigene sorgfältige Umfeldprüfungen unter Auswertung aller verfügbaren Informationsquellen. Ich verweise insoweit auf die Ausführungen weiter oben.[33]

---

[33] Siehe Abschn. 4.4. (Seite 40 ff.).

Vorsicht ist auch geboten, wenn ein Immobilienmakler Ihnen die Vermittlung einer Finanzierung anbietet. Der Makler mag sich im Immobilienmarkt seines Wirkungskreises auskennen. Das heißt aber noch lange nicht, dass er sich mit Immobilienfinanzierungen auskennt, die längst nicht mehr nur regional vertrieben werden sondern überregional in der ganzen Bundesrepublik.

Aus meiner Sicht ist es sehr wichtig, vor der Einschaltung eines Maklers zunächst selbst Klarheit zu gewinnen über das eigene Suchprofil. Das immunisiert Sie gegen unsachliche Einflüsterungen, die Sie vom Weg abbringen könnten und ermöglicht Ihnen darüber hinaus, die notwendige Bestimmtheit an den Tag zu legen, um den Makler gezielt steuern zu können, damit er Sie möglichst ohne Umwege zu einem passenden Objekt führt.

Wenn Sie unsicher sind, ob der Vertrag mit dem Makler richtig aufgesetzt ist, so schalten Sie lieber einen Fachmann ein, der den Vertrag prüft. Das wird in der Regel deutlich preiswerter sein als wenn Sie später böse Überraschungen erleben.

Fazit

Immobilienmakler können eine entscheidende Rolle bei der Suche nach dem richtigen Objekt spielen, kosten aber natürlich auch Geld durch die Maklerprovision, wenn über einen Maklerkontakt ein Kaufvertrag zustande kommt.

Wenn die Umgehung von Maklern im Zielmarkt aussichtslos ist, so bietet sich eine aktive Einschaltung von Maklern an, um diese bei der Objektsuche möglichst effizient einzusetzen. Grundvoraussetzung für diese Strategie ist jedoch, dass der Immobilieninteressent ein genaues Suchprofil herausgearbeitet und Klarheit über die eigenen Vorstellungen gewonnen hat, denn nur dann kann er die Immobilienmakler exakt instruieren und steuern.

Bei der aktiven Einschaltung von Maklern ist darauf zu achten, dass der Maklervertrag den Immobilieninteressenten nur dann mit Kosten belastet, wenn der Vermittlungsauftrag erfolgreich ist. Bei Zweifeln sollte der Vertrag vor Abschluss durch einen Fachmann überprüft werden.

Kapitel 5
Grundlagen des Immobilienrechtes

Wenn Sie den Erwerb einer Immobilie planen, so kommen Sie leider nicht um rechtliche Fragen herum, die in ihrer Komplexität zunächst bedrohlich wirken können. Ich möchte Ihnen in den folgenden Ausführungen die Grundzüge der rechtlichen Grundlagen vorstellen, so dass Sie zumindest ein überschlägiges Verständnis erlangen und erkennen, worauf Sie achten müssen.

In Deutschland ist das Immobilienrecht in zwei große Bereiche aufgeteilt:

Der erste Bereich ist das ***Öffentliche Recht*** und regelt, welche Bauvorhaben grundsätzlich auf bestimmten Grundstücken realisiert werden dürfen (***öffentliches Bauplanungsrecht***) und welche sicherheitsrelevanten Anforderungen wie z. B. Brandschutz einzuhalten sind (***öffentliches Bauordnungsrecht***). Dazu gehören als wichtige Rechtsquellen das Baugesetzbuch (BauGB), die Baunutzungsverordnung (BauNVO) und die jeweilige Landesbauordnung. Die Einzelheiten finden Sie weiter unten in Ziffer 5.1. dargestellt.

Der zweite Bereich ist das ***Zivilrecht***, welches Verträge über die Übertragung oder Bebauung von Grundstücken regelt. Dazu gehören als wichtige Rechtsquellen z. B. das Bürgerliche Gesetzbuch (BGB), die Grundbuchordnung (GBO) und das Wohnungseigentumsgesetz (WEG). Die Einzelheiten finden Sie weiter unten in Ziffer 5.2. dargestellt.

G. Rennert, *Praxisleitfaden Immobilienanschaffung und Immobilienfinanzierung*,
DOI 10.1007/978-3-642-22622-9_5, © Springer-Verlag Berlin Heidelberg 2012

5.1 Öffentliches Bauplanungsrecht und Bauordnungsrecht

Bei der Realisierung einer Immobilienerrichtung ist der Grundstückseigentümer nicht völlig frei, sondern er muss sich bei der Planung und Gestaltung an einen vorgegebenen rechtlichen Rahmen halten. Dieser Rahmen ist im Bauplanungsrecht geregelt.

Das Bauplanungsrecht, das im Wesentlichen im ***Baugesetzbuch (BauGB)*** und in der ***Baunutzungsverordnung (BauNVO)*** geregelt ist, beschäftigt sich damit, wo und was gebaut werden darf.

Das Bauordnungsrecht behandelt die Sicherheit und Ordnung des Baues, z. B. Standsicherheit, Brandschutz, Abstandsflächen usw. und klärt, wann und wie gebaut werden darf. Der rechtliche Rahmen des Bauordnungsrechtes ist z. B. in Nordrhein-Westfalen in der ***Bauordnung für das Land Nordrhein-Westfalen (BauO NRW)*** geregelt. Da es sich hierbei um landesrechtliche Vorschriften handelt, gibt es in jedem Bundesland eine eigene Bauordnung. In der Bauordnung wird u. a. die Zuständigkeit der Bauaufsichtsbehörden geregelt. Als Voraussetzung für die Erteilung einer Baugenehmigung ist sowohl die Übereinstimmung des Bauvorhabens mit dem Bauplanungsrecht als auch mit dem Bauordnungsrecht erforderlich.

5.1.1 Bauplanungsrecht

Ausgangspunkt des Bauplanungsrechts ist zunächst die Bauleitplanung. Sie kennt zwei Stufen: Die vorbereitende Bauleitplanung, die im ***Flächennutzungsplan*** dargestellt wird und die auf der Grundlage des Flächennutzungsplans entwickelte Bauleitplanung, die sich in den ***Bebauungsplänen*** niederschlägt, die konkrete Festlegungen für ein abgegrenztes Gebiet der Gemeinde enthalten. Der Bebauungsplan ist auf der Grundlage des Flächennutzungsplanes entwickelt und darf mit diesem nicht in Widerspruch stehen.

Die Planungshoheit sowohl für die Flächennutzungspläne als auch für die Bebauungspläne liegt bei der Stadt bzw. Gemeinde. Der Stadtrat oder Gemeinderat als gesetzgebendes Organ für lokale Regelungen ist zuständig für die Verabschiedung der Flächennutzungs- und Bebauungspläne.

Der ***Flächennutzungsplan*** umfasst das gesamte Stadtgebiet und ordnet den voraussehbaren Flächenbedarf für die einzelnen Nutzungsmöglichkeiten, wie z. B. für Wohnen, Arbeiten, Verkehr, Erholung, Landwirtschaft und Gemeinbedarf. Aus dem Flächennutzungsplan entsteht noch keinerlei Anspruch des Bürgers auf die ausgewiesene Nutzung. Der Flächennutzungsplan ist jedoch nach seinem Inhalt bindend für die nachfolgenden Bebauungspläne.

Die Aufstellung eines ***Bebauungsplanes*** beschließt der Rat der Stadt, sobald und soweit es für die städtebauliche Entwicklung und Ordnung erforderlich ist. Das Baugesetzbuch ermöglicht eine Beteiligung der Bürger bei allen Planungen in Form eines Anhörungsverfahrens. Die Bürgerbeteiligung soll zu einem Zeitpunkt erfolgen, zu dem wesentliche Änderungen des Bebauungsplanes tatsächlich noch möglich sind.

Vor abschließender Beschlussfassung des Stadtrates über die Verabschiedung des Bebauungsplanes prüft der Stadtrat die fristgerecht vorgebrachten Bedenken und Anregungen der Bürger. Der dann als Satzung beschlossene Bebauungsplan wird der Aufsichtsbehörde vorgelegt. Danach tritt der Bebauungsplan in Kraft und kann jederzeit beim Bauaufsichtsamt der Stadt eingesehen werden.

Auf die Aufstellung, Änderung, Ergänzung oder Aufhebung eines Bebauungsplanes besteht kein Rechtsanspruch eines Bürgers. Der Erlass eines Bebauungsplanes kann daher nicht gerichtlich eingeklagt werden.

Die Darstellung der planerischen Vorgaben im Bebauungsplan ist stark standardisiert. Gleichwohl ist ein Grundverständnis der Darstellungstechnik im Bebauungsplan erforderlich, um diesen lesen und verstehen zu können. Aus diesem Grund finden Sie nachfolgend einen beispielhaften Auszug aus einem fiktiven Bebauungsplan. Die einzelnen Festlegungen des beispielhaften Auszuges werden im Text zu den einzelnen Nummern erklärt.

Beispiel für Festlegungen in einem Bebauungsplan:

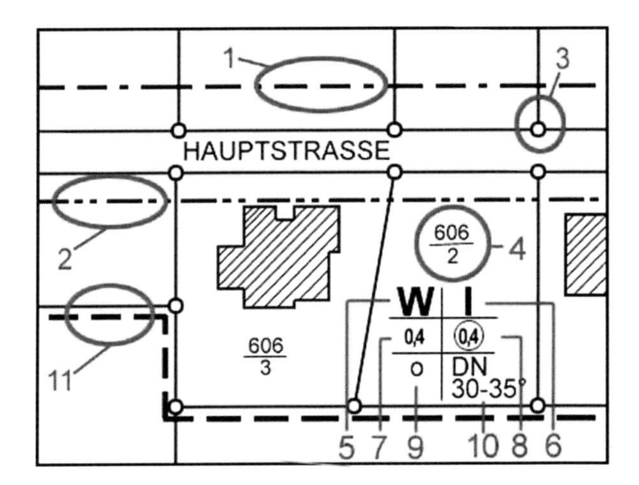

Erklärungen:

1. **Baugrenze:** Das zu erstellende Gebäude darf die Baugrenze nicht überschreiten.
2. **Baulinien:** Eine Seite des Gebäudes muss auf der Baulinie errichtet werden.
3. **Grundstücksgrenze:** Diese Linie zeigt die Aufteilung der Grundstücke, die durch Grenzsteine auf den Grundstücken markiert wird.
4. **Flurstücksnummer:** Sie ist die katasteramtliche Bezeichnung des Grundstücks.

5. **Art der baulichen Nutzung:** Hier wird festgelegt, dass in diesem Baugebiet ausschließlich Bauflächen für Wohnbebauung (W) ausgewiesen werden. Bei gewerblichen Bauflächen wäre hier die Kennzeichnung (G) zu sehen, bei Mischgebieten mit Wohn- und Gewerbeflächen hingegen wäre die Kennzeichnung (M) vermerkt.
6. **Anzahl der Vollgeschosse:** Mit der hier vermerkten römischen Zahl wird die Anzahl der zulässigen Vollgeschosse und damit letztendlich auch die Gebäudehöhe festgelegt.
7. **Grundflächenzahl (GRZ):** Diese Zahl legt das prozentuale Verhältnis zwischen Grundstücksgröße und der maximal überbaubaren Grundfläche fest. Eine Grundflächenzahl von 0,4 bedeutet zum Beispiel, dass maximal 40% der Grundstücksfläche überbaut werden dürfen.
8. **Geschoßflächenzahl (GFZ):** Diese Zahl legt das prozentuale Verhältnis zwischen Grundstücksgröße und der maximalen Quadratmeterfläche der Vollgeschosse fest. Bei einer GFZ von 0,5 darf die Fläche aller Vollgeschosse zum Beispiel maximal 50% der Grundstücksfläche betragen.
9. **Bauweise:** Man unterscheidet zwischen offener Bauweise (o) und geschlossener Bauweise (g). Bei offener Bauweise dürfen Einfamilienhäuser freistehend errichtet werden. Doppelhäuser oder Häuserreihen dürfen eine Gesamtlänge von 50 m nicht überschreiten. Bei geschlossener Bauweise müssen sich die seitlichen Außenwände von nebeneinander stehenden Häusern auf der Grundstücksgrenze berühren.
10. **Dachneigung:** Die vorgeschriebene Dachneigung kann aus der Planzeichnung oder den textlichen Festsetzungen ersehen werden. Hier ist eine Dachneigung zwischen 30 und 35 Grad vorgeschrieben.
11. **Grenze des Bebauungsplans:** Bis zu diesen Linien beziehungsweise innerhalb dieser Linie gelten die Vorschriften des jeweiligen Bebauungsplans.

Wenn Sie sich einmal die Mühe gemacht haben, die standardisierte Darstellungstechnik von Bebauungsplänen nachzuvollziehen, dann werden Sie in der Lage sein, den Bebauungsplan richtig zu lesen und zu verstehen. Eine umfassende Legende aller Darstellungszeichen für Bebauungspläne finden Sie in der Planzeichenverordnung.[1]

Der Bebauungsplan ist eine sehr interessante Informationsquelle, aus der Sie sowohl Erkenntnisse über die Bebaubarkeit des konkreten Grundstückes ableiten können als auch Informationen über das Umfeld der Immobilie und den Charakter des Stadtviertels.

Eine besondere Bedeutung kommt bei den inhaltlichen Regelungen des Bebauungsplanes der Grundflächenzahl (Nr. 7 im obigen Beispiel), der Geschossflächenzahl (Nr. 8 im obigen Beispiel) und der Festlegung der maximal zulässigen Vollgeschosse (Nr. 6 im obigen Beispiel) zu.

Am besten lässt sich das an einem Beispiel erläutern:

[1] Siehe http://www.gesetze-im-internet.de/planzv_90/.

Beispiel:

Sie interessieren sich für ein 500 m^2 großes unbebautes Grundstück, auf dem Sie ein Einfamilienhaus errichten möchten.

Wenn nun der Bebauungsplan für dieses Grundstück eine Grundflächenzahl von 0,4 und eine Geschossflächenzahl von 0,8 vorsieht, dann bedeutet das, dass der Grundriss des Einfamilienhauses nicht größer als 200 m^2 sein darf (= 500 m^2 × 0,4). Die maximal zulässige Grundfläche in baurechtlicher Hinsicht meint jedoch nicht die Wohnfläche, sondern die gesamte überbaute Fläche, die die Außenmauern mit umfasst. Eine maximal zulässige Grundfläche von 200 m^2 ergibt demnach natürlich eine geringere Wohnfläche als 200 m^2.

Die Geschossflächenzahl von 0,8 wiederum bedeutet, dass die Summe der Geschossflächen insgesamt nicht größer als 400 m^2 sein darf (= 500 m^2 × 0,8). Demnach wäre es zulässig, entweder ein voll unterkellertes Gebäude mit einem weiteren Vollgeschoss zu bauen, das eine Grundfläche von 200 m^2 hat oder alternativ ein Gebäude ohne Keller mit 2 Vollgeschossen zu bauen, die jeweils 200 m^2 groß sind.

Allerdings muss hier die Einschränkung gemacht werden, dass eine weitere Voraussetzung ist, dass die Zahl der maximal zulässigen Vollgeschosse (Nr. 6 im Beispielauszug aus einem Bebauungsplan) dann mindestens II betragen muss.

Wenn die maximal zulässige Anzahl von Vollgeschossen im Bebauungsplan z. B. III beträgt, dann würde das für das Beispiel bedeuten, dass Sie auch ein Gebäude mit 3 Vollgeschossen bauen dürften, wobei dann die maximal zulässige Grundfläche pro Vollgeschoss 133 m^2 betragen würde (= 400 m^2/3).

Abschließend möchte ich Ihnen noch einen Auszug aus einem echten Bebauungsplan der Landeshauptstadt Düsseldorf vorstellen, an dem Sie die Darstellungstechnik von Bebauungsplänen noch einmal nachvollziehen können:

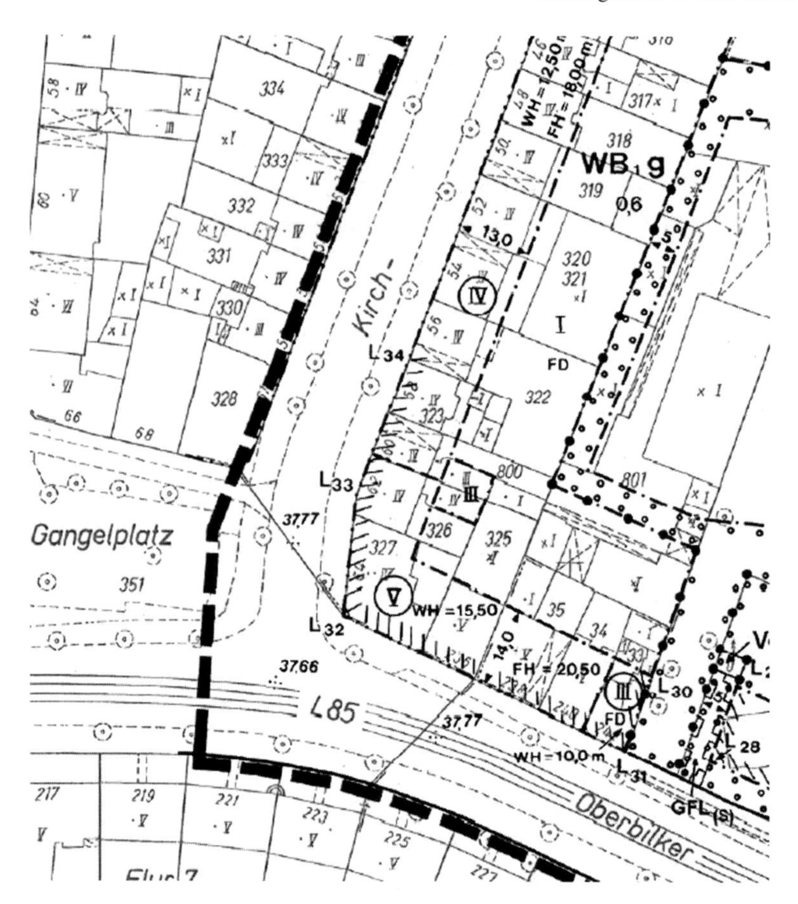

An der Festlegung **„WB"** im obigen Bebauungsplan können Sie ersehen, dass es sich bei dem Ausschnitt um ein Besonderes Wohngebiet handelt. Welche Bauten in Besonderen Wohngebieten zulässig sind, beantwortet die Definition in der ***Baunutzungsverordnung*** (***BauNVO***), aus der ich nachfolgend auszugsweise wörtlich zitiere:

> *...Besondere Wohngebiete sind überwiegend bebaute Gebiete, die aufgrund ausgeübter Wohnnutzung und vorhandener sonstiger in Absatz 2 genannter Anlagen eine besondere Eigenart aufweisen und in denen unter Berücksichtigung dieser Eigenart die Wohnnutzung erhalten und fortentwickelt werden soll. Besondere Wohngebiete dienen vorwiegend dem Wohnen; sie dienen auch der Unterbringung von Gewerbebetrieben und sonstigen Anlagen im Sinne der Absätze 2 und 3, soweit diese Betriebe und Anlagen nach der besonderen Eigenart des Gebiets mit der Wohnnutzung vereinbar sind...*

Eine weitere Besonderheit der Festlegungen in dem obigen Auszug aus einem Bebauungsplan ist, dass die mit römischen Zahlen angegebene zulässige Anzahl von Vollgeschossen teilweise eingekreist ist. Wenn die römische Zahl eingekreist ist, so bedeutet das, dass die Bebauung zwingend mit der angegebenen Anzahl an

Vollgeschossen zu erfolgen hat. Ist die Zahl hingegen nicht eingekreist, so ist der Bauherr frei, ob er die maximal zulässige Anzahl an Vollgeschossen vollständig ausnutzt oder nicht.

5.1.2 Baugenehmigung

Grundsätzlich bedürfen alle Baumaßnahmen (Errichtung, Änderung, Nutzungsänderung und Abbruch eines Gebäudes) einer konkreten Baugenehmigung der Bauaufsichtsbehörde.

Dies gilt lediglich dann nicht, wenn das Gebäude ausdrücklich als genehmigungsfrei aufgeführt ist (siehe z. B. in den §§ 65–67 BauO NRW) oder wenn das geplante Gebäude einer Genehmigungsfreistellung unterliegt.

Genehmigungsfrei sind in der Regel Änderungen der äußeren Gestalt eines Gebäudes wie etwa die Anbringung eines neuen Anstriches, Putzes oder die Durchführung von Dämmmaßnahmen, Verblendungen, neue Dacheindeckung, Anbringung von Solaranlagen und das Auswechseln von Fenstern und Türen, es sei denn, dass ein Gebäude unter Denkmalschutz steht. Dann ist auch bei derartigen Änderungen Rücksprache mit dem Denkmalschutzamt zu nehmen.

Grundstückseigentümer und Grundstückskäufer müssen sich daher zunächst einmal bei der zuständigen Bauaufsichtsbehörde erkundigen, ob das Grundstück nach den planungsrechtlichen Eigenschaften und dem Stand der Erschließung baureifes Land ist und wie es bebaut werden darf. Liegt eine bestandskräftige (d.h. nicht mehr anfechtbare) Baugenehmigung vor, so kann diese Frage eindeutig aus dieser beantwortet werden. Es darf dann so gebaut werden, wie in der Baugenehmigung dargestellt.

Eine Baugenehmigung wird grundsätzlich nur erteilt, wenn ein Bauvorhaben mit dem einschlägigen Bebauungsplan konform geht.

Existiert kein Bebauungsplan, so kann ein Bauvorhaben trotzdem zulässig sein, wenn das Grundstück innerhalb eines im Zusammenhang bebauten Ortsteils liegt und es sich nach Art und Maß der baulichen Nutzung in die Eigenart der näheren Umgebung einfügt, das Ortsbild nicht beeinträchtigt wird und die Erschließung gesichert ist.

Bauvorhaben im Außenbereich, d.h. außerhalb des Geltungsbereichs eines Bebauungsplanes und außerhalb eines im Zusammenhang bebauten Ortsteils, sind nur unter sehr engen Voraussetzungen überhaupt genehmigungsfähig. Dabei handelt es sich im Regelfall um Bauten im Zusammenhang mit einem land- oder forstwirtschaftlichen Betrieb oder anderen privilegierten Zwecken.

Wird ohne die erforderliche Baugenehmigung oder abweichend von der erteilten Baugenehmigung gebaut, so können durch die Bauaufsichtsbehörden Geldbußen verhängt werden. Kann aus bautechnischen oder baurechtlichen Gründen der Verstoß nicht durch nachträgliche Genehmigung geheilt werden, wird im Regelfall die Beseitigung der nicht genehmigten Bauteile oder der Abbruch des ganzen Gebäudes angeordnet.

Für alle genehmigungspflichtigen Vorhaben ist ein Bauantrag bei der unteren Bauaufsichtsbehörde einzureichen. Zunächst prüft die Behörde, ob der Antrag vollständig ist. Anschließend wird festgestellt, welche Entscheidungen, Stellungnahmen und Gutachten anderer Stellen und Behörden eingeholt werden müssen.

Unvollständige oder mit erheblichen Mängeln behaftete Bauvorlagen muss das Bauordnungsamt monieren und gegebenenfalls zurückweisen, was mit Kosten verbunden sein und die zeitliche Planung massiv durcheinander bringen kann.

Welche Bauvorlagen und Nachweise mit dem Bauantrag einzureichen sind, ergibt sich im Einzelnen aus der Verordnung über bautechnische Prüfungen (BauPrüfVO).

Alle Entwürfe, Berechnungen und Angaben in einem Bauantrag müssen von einem bauvorlageberechtigten Entwurfsverfasser (in der Regel einem Architekten) durch Unterschrift anerkannt sein. Dieser trägt die Verantwortung für die Brauchbarkeit und Vollständigkeit der planerischen Unterlagen gegenüber dem Bauaufsichtsamt.

Vor Zugang der Baugenehmigung darf nicht mit den Bauarbeiten begonnen werden. Dies gilt auch für den Aushub der Baugrube. Der Bauherr ist außerdem verpflichtet, den Beginn der Bauarbeiten spätestens eine Woche vorher unter Benennung des Bauleiters der Bauaufsichtsbehörde schriftlich anzuzeigen.

Die Baugenehmigung und Teilbaugenehmigungen erlöschen, wenn nicht innerhalb von drei Jahren nach Zustellung mit der Ausführung des Bauvorhabens begonnen wird oder wenn die Bauausführung länger als ein Jahr unterbrochen wird. Auf schriftlichen Antrag kann die Frist jedoch jeweils um bis zu ein Jahr verlängert werden.

Eine besondere Rolle spielen die so genannten ***Baulasten***, die im Baulastenverzeichnis eingetragen sind. Der bauordnungsrechtliche Hintergrund des Baulastenverzeichnisses stellt sich wie folgt dar: Wenn einem Bauvorhaben Bestimmungen des öffentlichen Baurechts entgegenstehen, müsste dem Bauherrn an sich die Baugenehmigung versagt werden. Um diese oft unerwünschte und im Einzelfall harte Rechtsfolge zu vermeiden, sieht z. B. die Landesbauordnung in Nordrhein-Westfalen die Möglichkeit vor, mit Hilfe einer Baulast einen ordnungsgemäßen Zustand herzustellen.

Hierbei kann ein Grundstückseigentümer oder Erbbauberechtigter durch Erklärung gegenüber der Bauaufsichtsbehörde öffentlich-rechtliche Verpflichtungen zu seinem Grundstück übernehmen, die als Baulasten bezeichnet werden. Die Baulasten werden mit Eintragung in das Baulastenverzeichnis wirksam und wirken auch gegenüber dem Rechtsnachfolger, der das Grundstück später erwirbt. Die Übernahme einer Baulast ist oft die einzige Möglichkeit, um rechtliche Hindernisse auszuräumen, die der Bebauung des eigenen oder eines benachbarten Grundstücks entgegenstehen. Häufige Anwendungsbereiche der Baulasten sind z. B. die Sicherung der Zufahrt eines Hinterliegergrundstücks zu einer öffentlichen Verkehrsfläche. Ein weiterer typischer Fall ist die Ermöglichung der Verlegung von bauplanungsrechtlich erforderlichen Abstandflächen auf Nachbargrundstücke oder die Sicherung der Stellplatzverpflichtung auf einem anderen als dem Baugrundstück.

5.2 Zivilrechtliches Grundstücksrecht und Grundbuch

Neben den Vorgaben des öffentlichen Baurechtes gibt es noch die zivilrechtlichen Regelungen zum Immobilien- und Grundstücksrecht.

Diese Regelungen sind nicht in einem einzigen Gesetz enthalten, sondern über mehrere Gesetze verteilt. Die meisten und wichtigsten Bestimmungen des zivilrechtlichen Zweiges des Immobilienrechtes sind im Bürgerlichen Gesetzbuch (BGB) niedergelegt. Darüber hinaus finden sich Regelungen im Wohnungseigentumsgesetz (WEG) und in der Grundbuchordnung (GBO) sowie in der Makler- und Bauträgerverordnung (MaBV).

Im Folgenden gehe ich zunächst auf den zivilrechtlichen Begriff des Grundstückes und auf die Verankerung des Eigentumsrechtes an Grundstücken im Grundbuch ein.

5.2.1 Aufbau und Funktion des Grundbuches

In Deutschland ist die gesamte Erdoberfläche vermessen und in öffentlichen Karten und Registern verzeichnet. Die kleinste Einheit ist dabei das Flurstück. Jedem Flurstück ist eine Nummer und eine genaue Bezeichnung zugeteilt, die aus dem Liegenschaftskataster hervorgeht. Das Liegenschaftskataster besteht aus der Liegenschaftskarte und dem Liegenschaftsbuch. Aus der Liegenschaftskarte geht die genaue geographische Lage der einzelnen Flurstücke hervor.

Aus dem Liegenschaftsbuch gehen darüber hinaus die Größe des Flurstückes, die Nutzung und die postalische Adresse (Straße und Hausnummer) hervor.

5.2.1.1 Grundstücksbegriff

Die Flurstücke sind in aller Regel mit den im Grundbuch verzeichneten Grundstücken identisch. Möglich ist aber auch, dass im Grundbuch mehrere Flurstücke zu einem Grundstück zusammengefasst sind. Unmöglich ist hingegen die Aufteilung von Flurstücken in noch kleinere Einheiten und die Aufteilung eines Flurstückes auf mehrere Grundstücke im Grundbuch. Das Flurstück ist die kleinste Einheit und rechtlich sind keine kleineren Teile eines Flurstückes möglich.

Das Grundbuch ist ein öffentliches Register, in dem alle Grundstücke und die Rechtsverhältnisse der Grundstücke festgehalten und dokumentiert sind. Das Grundbuch enthält Angaben zu den Flurstücken, aus denen ein Grundstück besteht sowie Angaben zu den Eigentümern, Belastungen, Erbbaurechten und dergleichen mehr. Die Grundbücher werden bei den jeweils zuständigen Grundbuchämtern geführt, die Abteilungen der Amtsgerichte sind.

5.2.1.2 Struktur und Inhalt des Grundbuches

Das Grundbuch besteht aus Grundbuchblättern, die auch über mehrere Seiten gehen können und nicht identisch sind mit den Seiten eines Buches. Jedes Grundbuchblatt trägt eine Nummer und jedes Grundstück erhält grundsätzlich ein eigenes Grundbuchblatt, auf dem es verzeichnet ist.

Ein Grundbuchblatt ist neben dem Deckblatt stets in 4 verschiedene Teile gegliedert, die in den folgenden Ausführungen vorgestellt und besprochen werden:

Bestandsverzeichnis

Das Bestandsverzeichnis enthält Informationen über die Zusammensetzung und Lage des Grundstückes wie Gemarkung, Flur und Flurstücke sowie die Art des Grundstückes (bebaut oder unbebaut) sowie schließlich die postalische Adresse des Grundstückes.

Das folgende Beispiel eines Bestandsverzeichnisses eines Grundbuchblattes möge das illustrieren:

Einlegblatt

Amtsgericht Musterstadt

Grundbuch von Musterstadt **Blatt** 374 **Bestandsverzeichnis**

Laufende Nummer der Grundstücke	Bisherige laufende Nummer der Grundstücke	Bezeichnung der Grundstücke und der mit dem Eigentum verbundenen Rechte					Größe		
		Gemarkung (Vermessungsbezirk)	Karte: Flur	Karte: Flurstück	Liegenschaftsbuch	Wirtschaftsart und Lage	ha	a	qm
		a	b		c/d	e			
1	2	3					4		
1	**1**	**Nordstadt**	**3**	**543** **544**	**40**	**Hof- und Gebäudefläche, Sonnenstrasse 97**		5	50

Diesem Beispiel eines Bestandsverzeichnisses kann entnommen werden, dass es sich um ein Grundstück handelt, welches aus zwei Flurstücken besteht, und zwar aus den Flurstücken 543 und 544 (siehe grau hinterlegte Felder).

Das Grundstück ist insgesamt 550 m^2 groß und mit einem Gebäude bebaut, was aus den Eintragungen in den letzten drei Spalten geschlossen werden kann.

Darüber hinaus kann man ersehen, dass das Grundstück an der Sonnenstrasse 97 in Musterstadt gelegen ist. Wer Eigentümer des Grundstückes ist, kann man aus dem Bestandsverzeichnis **nicht** ersehen. Diese Information erschließt sich erst aus den nachfolgenden Seiten des Grundbuchblattes.

Abteilung I – vormalige und gegenwärtige Eigentümer

Wer gegenwärtig Eigentümer des Grundstückes ist und wer zuvor Eigentümer war, kann man aus der Abteilung I des Grundbuchblattes entnehmen.

Ich möchte Ihnen das das anhand des nachfolgenden Grundbuchblattbeispiels erläutern:

Einlegbogen **Abt. I**

Amtsgericht Musterstadt **Grundbuch von** Musterstadt **Blatt** 374

Laufende Nummer der Eintragungen	Eigentümer	Laufende Nummer der betroffenen Grundstücke im Bestandsverzeichnis	Grundlage der Eintragung
1	2	3	4
1	**Eheleute Heinz Muster, geb. am 18. Juni 1943 und Lisa Muster, geb. Meier, geb. am 13. Juli 1945, beide wohnhaft in Musterstadt - zu je ½ Anteil**	**1**	**Auf Grund des Erbscheins vom 5. Juli 1956 (Az xy AG Musterstadt) eingetragen am 19. Oktober 1956** [Unterschrift Grundbuchbeamter]
2	**Eheleute Klaus Musterkäufer, geb. am 15. April 1962 und Karla Musterkäufer, geb. Müller, geb. am 23. April 1961, beide wohnhaft in Musterstadt – zu je ½ Anteil**	**1**	**Aufgelassen am 4. September 1986 und eingetragen am 27. September 1986** [Unterschrift Grundbuchbeamter]
3	**Kevin Musterkäufer, geb. am 27. Mai 1988, wohnhaft in Musterstadt**	**1**	**Auf Grund des Erbscheins vom 9. Juli 2008 (Az xy AG Musterstadt) eingetragen am 19. Juli 2008** [Unterschrift Grundbuchbeamter]

In der ersten Spalte der Abteilung I des Grundbuchblattes ist die laufende Nummer der Eintragungen vermerkt. Hier gibt es insgesamt 3 fortlaufende Eintragungen, die mit den Nummern 1 bis 3 durchnummeriert sind.

Aus der zweiten Spalte kann entnommen werden, wer zuvor Eigentümer des Grundstückes gewesen ist und wer derzeit Eigentümer ist. Dabei sind gelöschte und veraltete Eintragungen unterstrichen oder durchgestrichen. Die letzte (nicht durchgestrichene und nicht unterstrichene) Eintragung der zweiten Spalte weist den aktuellen Eigentümer aus (im obigen Beispiel Herr Kevin Musterkäufer). Aus dem oben eingefügten Beispielauszug kann darüber hinaus abgelesen werden, dass zunächst die Eheleute Heinz und Lisa Muster zu je $\frac{1}{2}$ Eigentümer des Grundstückes gewesen sind. Danach sind die Eheleute Klaus und Karla Musterkäufer Eigentümer gewesen. Schließlich ist Kevin Musterkäufer Eigentümer geworden, der es auch heute (Zeitpunkt der Erstellung des Grundbuchauszuges) noch ist.

Aus der dritten Spalte kann schließlich abgelesen werden, auf welches Grundstück des Bestandsverzeichnisses sich die Eintragung in der zweiten Spalte bezieht. Wenn nur ein Grundstück im Bestandsverzeichnis verzeichnet ist, wird hier durchgängig nur die Nummer 1 auftauchen, was im Beispielauszug der Fall ist.

In der letzten Spalte ist schließlich verzeichnet, was der Grund für den Eigentümerwechsel war. Hier kann im Beispielauszug abgelesen werden, dass die Eheleute Heinz und Lisa Muster das Grundstück zunächst im Jahre 1956 durch Erbschaft erworben haben. Im Jahre 1986 haben die Eheleute Klaus und Karla Musterkäufer das Grundstück von Heinz und Lisa Muster gekauft. Danach hat es schließlich der Sohn der Eheleute Musterkäufer von seinen Eltern im Jahre 2008 geerbt.

Abteilung II – Lasten und Beschränkungen

In der Abteilung II des Grundbuchblattes werden dingliche Lasten und Beschränkungen des Grundstückes eingetragen. Dazu gehören z. B. Eigentumsvormerkungen, Dienstbarkeiten (Wegerecht etc.), Reallasten (Grundrenten) und schließlich Zwangsverwaltungs- oder Zwangsversteigerungsvermerke.

Zur Verdeutlichung diene das folgende Beispiel:

Einlegbogen **Abt. II**

Amtsgericht Musterstadt

Grundbuch von Musterstadt **Blatt** 374

Laufende Nummer der Eintragungen	Laufende Nummer der betroffenen Grundstücke im Bestandsverzeichnis	Lasten und Beschränkungen
1	2	3
1	**1**	**Ein Recht auf das Legen und die Unterhaltung von Hochspannungsleitungen sowie ein Betretungsrecht für die Elektrizitätswerke Musterstadt. Unter Bezugnahme auf die Bewilligung vom 19. Februar 1956 eingetragen am 09. März 1956.** [Unterschrift Grundbuchbeamter]
2	**1**	**Eigentumsvormerkung für a) Herrn Klaus Musterkäufer, geb. am 15. April 1962 zu ½ Anteil und b) Frau Karla Musterkäufer, geb. Müller, geb. am 23. April 1961, zu ½ Anteil. Unter Bezugnahme auf die Bewilligung vom 4. Oktober 1986 eingetragen am 9. Oktober 1986.** [Unterschrift Grundbuchbeamter]

Hier ist in der Abteilung II des Mustergrundbuchauszuges unter der laufenden Nummer 1 eine Dienstbarkeit eines Energieversorgers eingetragen, die diesen berechtigt, eine Hochspannungsleitung über das Grundstück zu verlegen und zu unterhalten.

Unter der laufenden Nummer 2 ist eine ***Eigentumsvormerkung*** für die Eheleute Musterkäufer eingetragen worden, die aber wieder gelöscht worden ist, was an der Unterstreichung der Eintragung zu erkennen ist. Belastungen in Form von Eigentumsvormerkungen sind von großer praktischer Bedeutung für die Grundstücksübertragung. Eine Eigentumsvormerkung für den Käufer eines Grundstückes sichert schon in einem sehr frühen Stadium des Erwerbsvorganges seinen Anspruch aus dem Kaufvertrag auf Eintragung als neuer Eigentümer des Grundstückes und verhindert den Eigentumserwerb eines Dritten, an den ein etwaiger Zwischenverkauf erfolgt. Wegen der Einzelheiten wird auf die Ausführungen weiter unten verwiesen.[2]

Grundpfandrechte (Grundschulden oder Hypotheken) wird man in der Abteilung II jedoch vergeblich suchen. Obwohl die Grundpfandrechte dingliche Belastungen von Grundstücken darstellen, sind sie nicht in der Abteilung II des Grundbuchblattes eingetragen sondern in einer eigenen Abteilung III. Wegen der großen praktischen Bedeutung der Grundpfandrechte für den Grundstücksverkehr und für die Erlangung von Immobiliendarlehen hat der Gesetzgeber den Grundpfandrechten eine eigene Abteilung im Grundbuchblatt gewidmet.

Aber bedenken Sie, dass die oben angesprochenen ***Baulasten*** hier **nicht** vermerkt sind. Systematisch würden sie in die Abteilung II des Grundbuchblattes hineingehören, da sie wie dingliche Lasten wirken und mit dem Grundstück fest verknüpft sind, d.h. auch ohne besondere Erwähnung und selbst bei abweichenden Regelungen im Kaufvertrag auf den neuen Eigentümer des Grundstückes übergehen. Baulasten sind gleichwohl nur im Baulastenverzeichnis vermerkt, so dass das Schweigen der Abteilung II des Grundbuches nicht die Schlussfolgerung zulässt, dass es keine Baulasten gibt. Es ist daher Vorsicht geboten und eine Einsichtnahme in das Baulastenverzeichnis beim Bauaufsichtsamt ist unbedingt anzuraten.[3]

In Abteilung II des Grundbuchblattes können auch ***Vorkaufsrechte*** eingetragen werden, um diese dinglich abzusichern. Das Vorkaufsrecht ist in den §§ 463 ff. BGB geregelt und stellt das Recht dar, im Falle der Veräußerung des Grundstückes anstelle des Käufers in den Kaufvertrag einzutreten. Die dingliche Absicherung des

[2] Siehe Abschn. 8.1.2. (Seite 152 ff.).

[3] Zur Vermeidung von Wiederholungen verweise ich insoweit auf die Ausführungen in Abschn. 5.1.2. (Seite 61 ff.).

Vorkaufsrecht durch Eintragung als Belastung in der Abteilung II des Grundbuchblattes ist gemäß §§ 1094 ff. BGB möglich und bewirkt, dass die Eintragung eines Erwerbers als neuer Eigentümer gegenüber dem Vorkaufsberechtigten unwirksam ist. Der Käufer des Grundstückes kann gegenüber dem Vorkaufsberechtigten nicht einwenden, er habe keine Kenntnis von dem Vorkaufsrecht gehabt, wenn dieses im Grundbuch als Belastung in der Abteilung II eingetragen war. Insofern erlangt der Vorkaufsberechtigte durch die Eintragung eine zusätzliche Sicherheit, wenn sehr großer Wert auf die Möglichkeit zum Erwerb eines Grundstückes gelegt wird, weil dieses z. B. eine wichtige strategische Bedeutung für die Erweiterung eines Gewerbebetriebes hat.

Gemäß §§ 24 ff. BauGB haben auch die Gemeinden, in denen das Grundstück liegt, unter bestimmten Voraussetzungen ein gesetzliches Vorkaufsrecht. Daher holt der Notar in der Regel bei der Gemeinde die Erklärung ein, dass die Gemeinde von dem Vorkaufsrecht keinen Gebrauch machen will. Allerdings beziehen sich die gesetzlichen Vorkaufsrechte der Gemeinden nur auf den Verkauf von vollständigen Grundstücken und nicht auf den Verkauf einer einzelnen Eigentumswohnung, bei dem kein Vorkaufsrecht der Gemeinde besteht.[4]

Auf die Darstellung der Spalten 4–7 wurde bei dem oben eingefügten Beispiel einer Abteilung II eines Grundbuchblattes verzichtet. Die nicht abgebildeten Spalten 4–7 enthalten weitere Informationen über Veränderungen und insbesondere Löschungen der Rechte.

Abteilung III – Grundpfandrechte

In der Abteilung III des Grundbuchblattes sind schließlich die Grundpfandrechte vermerkt. Hierzu zählen ***Grundschulden*** und ***Hypotheken***, die in aller Regel zugunsten von Banken bestellt sind, die einen Kredit zur Finanzierung des Immobilienkaufes gegeben haben.

Bei der Absicherung von Immobilienkrediten kommen fast ausschließlich Grundschulden vor, weil sie gegenüber Hypotheken praktischer sind. Hypotheken sind akzessorisch, d. h. sie sind vom rechtlichen Bestand der gesicherten Forderung abhängig, wohingegen Grundschulden abstrakt und damit unabhängig vom Bestand der Forderung sind.

Mögliche Eintragungen in der Abteilung III sind auch Zwangssicherungshypotheken, die auf Betreiben von Gläubigern des Grundstückseigentümers im Wege der Zwangsvollstreckung in das Grundbuch eingetragen wurden.

Zur Illustration und Verdeutlichung diene das folgende Beispiel einer Abteilung III eines Grundbuchblattes, welches das obige Beispiel fortsetzt:

[4] Siehe § 24 Abs. 2 BauGB.

Einlegbogen **Abt.**

Amtsgericht Musterstadt

Grundbuch von Musterstadt **Blatt** 374 **III**

Laufende Nummer der Eintragungen	Laufende Nummer der betroffenen Grundstücke im Bestandsverzeichnis	Betrag	Hypotheken, Grundschulden, Rentenschulden
1	2	3	4
1	1	**135.000,00 DM**	**Hundertfünfunddreißigtausend Deutsche Mark Grundschuld, verzinslich mit 13 % jährlich für die Musterbank in Musterstadt. Der jeweilige Eigentümer ist der sofortigen Zwangsvollstreckung unterworfen. Unter Bezugnahme auf die Bewilligung vom 17. August 1986 brieflos eingetragen am 27. August 1986.** [Unterschrift Grundbuchbeamter]
2	1	**40.000,00 EURO**	**Vierzigtausend Euro Grundschuld, verzinslich mit 15 % Jahreszinsen und einer einmaligen Nebenleistung von 8 % des Grundschuldbetrages für die Mustersparkasse in Musterstadt. Der jeweilige Eigentümer ist der sofortigen Zwangsvollstreckung unterworfen. Brieflos – unter Bezugnahme auf die Bewilligung vom 20. Juli 2009, eingetragen am 30. Juli 2009.** [Unterschrift Grundbuchbeamter]

Das hier eingefügte Beispiel einer Abteilung III eines Grundbuchblattes weist die vormaligen und gegenwärtigen Grundpfandrechte und deren Gläubiger aus.

Den hier ausgewiesenen Eintragungen kann entnommen werden, dass zunächst im Jahre 1986 eine Grundschuld für die Musterbank in Musterstadt in Höhe von DM 135.000 bestellt wurde. Diese Eintragung korrespondiert mit dem Eigentümerwechsel im Jahre 1986, der im Bestandsverzeichnis unter der laufenden Nummer 2 in der zweiten Spalte vermerkt ist. Die Eheleute Musterkäufer hatten offenbar zur Finanzierung des Kaufpreises einen Kredit bei der Musterbank aufgenommen, für den zur Sicherung diese Grundschuld über DM 135.000 in die Abteilung III eingetragen wurde. Diese Grundschuld ist jedoch mittlerweile erloschen, was durch die Unterstreichung der Eintragung ersichtlich wird.

Der Hintergrund der zweiten Grundschuldbestellung über € 40.000 ist aus dem Grundbuchblatt nicht zu erschließen. Denkbar ist die Finanzierung einer durchgreifenden Renovierung der Immobilie durch die Mustersparkasse. Denkbar ist aber auch der Kauf einer anderen Immobilie durch Kevin Musterkäufer, der das in diesem Grundbuchblatt verzeichnete Hausgrundstück in 2008 geerbt hatte.

Auf die Darstellung der Spalten 5–7 wurde bei dem oben eingefügten Beispiel einer Abteilung III eines Grundbuchblattes verzichtet. Die nicht abgebildeten Spalten 5–7 enthalten weitere Informationen über Veränderungen und insbesondere Löschungen der Rechte.

Grundakten

Beim Grundbuchamt werden darüber hinaus Grundakten zu jedem Grundbuchblatt geführt, in denen die Urkunden chronologisch abgeheftet werden, die den Eintragungen und Änderungen im Grundbuch zugrunde liegen wie z. B. Auflassungen, Bewilligungen von Grundschuldeintragungen etc.

5.2.1.3 Publizität und Gutglaubensschutz des Grundbuches

Obwohl das Grundbuch ein öffentliches Register ist, darf nicht jeder darin lesen wie in einem Telefonbuch. Vielmehr wird von den Grundbuchämtern bei den Amtsgerichten nur dann Einsicht in das Grundbuch gewährt, wenn ein berechtigtes Interesse nachgewiesen werden kann.

Die Einsichtnahme wird in der Regel dadurch ersetzt, dass das Grundbuchamt dem Interessenten kostenpflichtig eine Kopie des einschlägigen Grundbuchblattes fertigt und zuschickt. Dabei wird zwischen unbeglaubigten Grundbauzügen und beglaubigten Grundbuchauszügen unterschieden. Die beglaubigten Grundbuchauszüge sind etwas teurer, bieten jedoch dafür Gewähr für die Richtigkeit der gefertigten Kopie.

Ein berechtigtes Interesse zur Einsichtnahme in das Grundbuch liegt nach der Rechtsprechung in folgenden Fällen vor:

- Der Eigentümer oder der Grundpfandrechtsgläubiger (in der Regel eine Bank) möchte in das Grundbuchblatt schauen, in dem sein Recht eingetragen ist.
- Der Interessent steht mit dem Eigentümer in **konkreten** Kaufvertragsverhandlungen oder Mietverhandlungen. Bloßes Kaufinteresse/Mietinteresse reicht nicht, d.h. der Interessent muss die konkreten Vertragsverhandlungen nachweisen.
- Tatsächlicher oder potentieller Gläubiger des Eigentümers, der in das Grundstück vollstrecken will.[5] Dazu gehören auch Bauhandwerker, die gemäß § 648 BGB eine Bauhandwerkersicherungshypothek eintragen lassen wollen.

Der Gutglaubensschutz des Grundbuches bewirkt, dass sich jedermann auf die Richtigkeit des Inhaltes des Grundbuches verlassen kann. Dieses Ziel erreicht der Gesetzgeber dadurch, dass der Erwerber eines im Grundbuch verzeichneten Rechtes dieses auch dann wirksam erwirbt, wenn sich später herausstellt, dass der Inhalt des Grundbuches sachlich falsch war und der Verkäufer z. B. gar nicht Eigentümer des Grundstückes war. Diese Regelungen sind in § 892 BGB niedergelegt. Dieser so genannte gutgläubige Erwerb vom Nichtberechtigten funktioniert aber nur dann, wenn der Erwerber keine Kenntnis von der mangelnden Berechtigung des Verkäufers hatte.

[5] Siehe OLG Zweibrücken, Beschluss vom 18.10.1988, abgedruckt in *Neue Juristische Wochenschrift* 1989, S. 531.

Der große Vorteil dieser Regelung ist, dass der Erwerber eines Grundstückes keine aufwändigen Recherchen und Nachforschungen anstellen muss, um sich ein Bild davon zu machen, ob der Verkäufer auch tatsächlich der Grundstückseigentümer ist. Ohne den öffentlichen Glauben des Grundbuches, der auch die mangelnde Berechtigung eines im Grundbuch eingetragenen Eigentümers gemäß § 892 BGB überwindet, müsste der Käufer aber genau das tun und viel Zeit und wohlmöglich Geld investierten, um Nachforschungen anzustellen.

Zur Verdeutlichung der Funktionsweise des Gutglaubensschutzes des Grundbuches diene das folgende Beispiel:

Beispiel:

Ausgehend von dem obigen Grundbuchauszug ist Kevin Musterkäufer ausweislich des Grundbuchblattes als Erbe seiner Eltern im Jahre 2008 Eigentümer des Grundstückes an der Sonnenstrasse 97 geworden und als solcher gegenwärtig im Grundbuch eingetragen. Er verkauft nun im Jahre 2009 mit notariellem Kaufvertrag das Grundstück an Sabine Schön, die im Jahre 2009 im Grundbuch als neue Eigentümerin eingetragen wird.

Im Jahre 2010 taucht ein Testament der Eltern des Kevin Musterkäufer auf, in dem sie ihren Sohn Kevin enterbt und stattdessen die Freundin der Eltern Frau Gerda Gefällig als Alleinerbin eingesetzt haben. Der Erbschein, der Kevin Musterkäufer in 2008 als Alleinerben ausgewiesen hatte, wird vom Amtsgericht eingezogen und Frau Gerda Gefällig wird stattdessen ein Erbschein erteilt, der sie als Alleinerbin ausweist.

Damit steht rechtlich fest, dass Kevin Musterkäufer tatsächlich niemals Eigentümer des Grundstückes gewesen ist, weil er nicht Erbe war. Folglich war der Inhalt des Grundbuches falsch, der ihn als Eigentümer ausgewiesen hat.

Gleichwohl ist jedoch Sabine Schön durch das Veräußerungsgeschäft und durch die Eintragung als neue Eigentümerin im Grundbuch wirksam Grundstückseigentümerin geworden. Sabine Schön wird insoweit durch den Inhalt der Grundbucheintragungen geschützt, die Kevin Musterkäufer im Jahre 2009 noch als vermeintlichen Eigentümer ausgewiesen haben. Wegen der Regelung des § 892 BGB konnte sie wirksam das Grundstückseigentum von Kevin Musterkäufer erwerben, weil sie keine Kenntnis von der inhaltlichen Unrichtigkeit des Grundbuches hatte.

5.2.1.4 Rechte an Grundstücken, Gebäuden und weiteren Bestandteilen

Im vorhergehenden Abschnitt wurde der Grundstücksbegriff und der Aufbau und Inhalt des Grundbuches erklärt.

Der Zusammenhang zwischen Rechten an Grundstücken und den darauf erbauten Gebäuden und Gebäudeteilen wurden hingegen noch nicht erklärt.

Dieser Zusammenhang ist im Gesetz dergestalt geregelt, dass der Eigentümer des Grundstückes automatisch auch der Eigentümer der mit dem Grundstück fest verbundenen Gebäude und Gebäudeteile ist.[6] Das heißt, dass das Eigentum am Gebäude und das Eigentum am Grundstück nicht voneinander getrennt werden können.[7] Beide sind rechtlich untrennbar miteinander verbunden und beide können nur zusammen übertragen werden indem das Eigentum am Grundstück übertragen wird und das Eigentum am Gebäude automatisch folgt.

Die feste Verbindung eines Gebäudes oder Gebäudeteiles mit dem Grundstück liegt in aller Regel vor. Insbesondere bei unterkellerten Gebäuden besteht kein Zweifel an der festen Verbindung. Aber auch für eine Fertiggarage, die lediglich durch die Schwerkraft auf dem Grundstück ruht, wurde von der Rechtsprechung eine hinreichend feste Verbindung mit dem Grundstück angenommen.

Darüber hinaus werden die fest in ein Gebäude eingefügten Sachen ebenfalls zu ***wesentlichen Bestandteilen*** des Gebäudes und fallen damit wiederum automatisch kraft Gesetzes unter das Eigentumsrecht des Grundstückseigentümers, sobald diese in das Gebäude eingefügt worden sind.

Bei Gebäudeteilen gibt es mitunter Abgrenzungsschwierigkeiten, wenn nicht eindeutig zu beantworten ist, ob ein Teil in ein Gebäude fest eingefügt worden ist oder nicht. Nach der maßgeblichen Auslegung des Bundesgerichtshofes sind all diejenigen Gebäudeteile zur Herstellung in das Gebäude fest eingefügt, ohne die das Gebäude nach der Verkehrsanschauung noch nicht als fertiggestellt anzusehen ist.[8]

Demnach sind z. B. wesentliche Bestandteile von Gebäuden:

- Aufzug
- Fenster und Türen nach Einbau
- Eingebaute Rohrleitungen und elektrische Leitungen
- Einbauküche, wenn Spezialanfertigung oder besonders eingepasst (aber regionale Unterschiede in Norddeutschland einerseits und West- und Süddeutschland andererseits)
- Zentralheizungsanlage
- Schwimmbecken
- im Erdreich eingelassener Sichtschutzzaun
- Warmwasserbereiter

Praktische Folge dieser Regelung ist, dass der Erwerber des Grundstückes diese Gegenstände automatisch mit erwirbt, egal ob darüber eine Regelung im Kaufvertrag enthalten ist oder nicht.

---

[6] Siehe §§ 92 und 94 BGB.

[7] Die einzige Ausnahme hiervon stellt das Erbbaurecht dar, welches oben im Abschn. 4.3. (Seite 38 f.) besprochen wurde.

[8] Siehe BGH, *Urteil* v. 27.9.1978, abgedruckt in *Neue Juristische Wochenschrift* 1979, S. 712.

Hiervon zu unterscheiden sind die ***Scheinbestandteile***, die nur vorübergehend in das Gebäude eingefügt sind. Dazu gehören etwa die vom Mieter eingebrachte Ladeneinrichtung ohne Vereinbarung, dass diese nach Ablauf der Mietzeit vom Eigentümer übernommen wird. Die Scheinbestandteile fallen nicht automatisch unter das Eigentum des Grundstückes, sondern können separat veräußert werden. Über diese Gegenstände sollte daher im Kaufvertrag unbedingt eine Vereinbarung getroffen werden, wenn das Grundstück verkauft und übertragen wird.

Darüber hinaus ist von den wesentlichen Bestandteilen des Grundstückes und Gebäudes das ***Zubehör*** eines Grundstückes zu unterscheiden. Dabei handelt es sich um Gegenstände, die nicht mit dem Grundstück oder Gebäude fest verbunden werden, die aber dem wirtschaftlichen Zweck des Grundstückes zu dienen bestimmt sind. Dazu gehört z. B. der Maschinenpark und das sonstige Inventar eines land- oder fortwirtschaftlichen Betriebes wie Traktoren, Werkzeuge und Landmaschinen. Diese Gegenstände fallen nicht kraft Gesetzes unter das Eigentum des Grundstückseigentümers. Es besteht jedoch die Besonderheit, dass diese Gegenstände gemäß § 311c BGB als mitverkauft gelten, wenn Sie in dem Kaufvertrag über das Grundstück nicht ausdrücklich ausgenommen werden.

5.2.2 Mehrheit von Eigentümern und Eigentumswohnungen

Da Immobilien beträchtliche Vermögenswerte darstellen, kommt es häufig vor, dass mehrere Personen zusammen Eigentümer sind. Hierbei sind verschiedene Formen des Gemeinschaftseigentums möglich.

5.2.2.1 Gemeinschaftseigentum nach Bruchteilen

Eine recht häufige Form ist das Gemeinschaftseigentum nach Bruchteilen. Das kommt dadurch zum Ausdruck, dass in der Abteilung I des Grundbuchblattes mehrere Personen als Eigentümer eingetragen sind und jeweils vermerkt ist, welchen Bruchteil die jeweilige Person hält (z. B. $^1/_2$).

In dem Beispielgrundbuchauszug waren die Eheleute jeweils zu $^1/_2$ Eigentümer des Grundstücks, was aus den grau hinterlegten Textpassagen abgelesen werden kann:

Einlegbogen **Abt. I**

Amtsgericht Musterstadt **Grundbuch von** Musterstadt **Blatt** 374

Laufende Nummer der Eintragungen	Eigentümer	Laufende Nummer der betroffenen Grundstücke im Bestandsverzeichnis	Grundlage der Eintragung
1	2	3	4
1	Eheleute Heinz Muster, geb. am 18. Juni 1943 und Lisa Muster, geb. Meier, geb. am 13. Juli 1945, beide wohnhaft in Musterstadt – zu je ½ Anteil	1	Auf Grund des Erbscheins vom 5. Juli 1956 (Az xy AG Musterstadt) eingetragen am 19. Oktober 1956. [Unterschrift Grundbuchbeamter]
2	Eheleute Klaus Musterkäufer, geb. am 15. April 1962 und Karla Musterkäufer, geb. Müller, geb. am 23. April 1961, beide wohnhaft in Musterstadt – zu je ½ Anteil	1	Aufgelassen am 4. September 1986 und eingetragen am 27. September 1986. [Unterschrift Grundbuchbeamter]
3	Kevin Musterkäufer, geb. am 27. Mai 1988	1	Auf Grund des Erbscheins vom 9. Juli 2008 (Az xy AG Musterstadt) eingetragen am 19. Juli 2008 [Unterschrift Grundbuchbeamter]

Eine solche Eigentumsgemeinschaft nach Bruchteilen bedeutet, dass jedem der Eigentümer ein ideeller Anteil an der Immobilie zusteht. Es findet grundsätzlich keine Aufteilung von Nutzungsrechten auf einzelne Räume oder Gebäudeteile statt, es sei denn, dass darüber eine vertragliche Regelung getroffen wird, was möglich ist. Die Bruchteile sind verkehrsfähig, d.h. sie können einzeln veräußert oder belastet werden. Eine Zwangsvollstreckung in den Bruchteil durch Gläubiger ist ebenfalls möglich.

Jedes Mitglied der Eigentumsgemeinschaft nach Bruchteilen kann die Auflösung der Eigentumsgemeinschaft verlangen. Die Auflösung kann dabei durch Verkauf der Bruchteile der Miteigentümer an ein Mitglied der Eigentumsgemeinschaft erfolgen, welches dadurch Alleineigentümer wird. Möglich ist auch der Verkauf der gesamten Bruchteile an einen Dritten und die Aufeilung des Verkaufserlöses unter den Mitgliedern der Eigentumsgemeinschaft.

Ein typischer Fall einer Auflösung ist die Ehescheidung. Wenn einer der Ehepartner die Immobilie behalten möchte, aber nicht das Geld hat, um dem anderen Ehepartner seinen hälftigen Anteil abzukaufen, dann bleibt in der Regel nur der

Verkauf an einen Dritten, der durch den anderen Ehepartner sogar im Wege der ***Auseinandersetzungszwangsversteigerung*** erzwungen werden kann.[9]

Leider wissen die wenigsten, dass es die Möglichkeit gibt, das Recht jedes Mitgliedes der Eigentumsgemeinschaft auszuschließen, die Auflösung der Eigentumsgemeinschaft zu verlangen. Diese Möglichkeit ist in § 1010 BGB verankert. Dazu bedarf es einer vertraglichen Regelung der Mitglieder der Eigentumsgemeinschaft und einer Eintragung im Grundbuch, wenn diese Vereinbarung auch gegenüber Dritten wirken soll.

5.2.2.2 Teileigentum nach Wohnungseigentumsgesetz (WEG)

Eine Besonderheit stellt das Teileigentum nach dem Wohnungseigentumsgesetz dar. Es ermöglicht Gemeinschaftseigentum an einem Hausgrundstück zu einem bestimmten Bruchteil in Kombination mit Sondereigentum an bestimmten Räumen des Gebäudes in Form von Eigentumswohnungen.

Da die Anzahl der Miteigentümer bzw. Teileigentümer bei Wohnungseigentumsanlagen in der Regel größer ist als bei normalen Einfamilienhäusern, wird die Stückelung der Miteigentumsanteile kleiner gewählt (in der Regel ausgedrückt in Brüchen mit 1.000 oder 10.000 als Nenner). Die Details der Aufteilung in Teileigentum und Gemeinschaftseigentum sind in der ***Teilungserklärung*** geregelt.

[9] Siehe § 180 Zwangsversteigerungsgesetz.

Nicht jedes Haus eignet sich für die Aufteilung in Eigentumswohnungen. Erforderlich ist dafür die Abgeschlossenheit der einzelnen Wohnungen, die von der Bauaufsichtsbehörde bescheinigt werden muss. Jede Eigentumswohnung wird auf einem gesonderten Grundbuchblatt geführt, welches ebenfalls über ein Bestandsverzeichnis und 3 Abteilungen verfügt wie auch das Grundbuchblatt zu einem normalen Grundstück. Die Eigentumswohnung ist genau wie ein normales Grundstück übertragbar und mit Grundpfandrechten belastbar.

Konzept des Teileigentums nach WEG

Das BGB weist rechtlich alle auf einem Grundstück errichteten Gebäude als wesentliche Bestandteile des Grundstücks dem Eigentümer bzw. den Eigentümern dieses Grundstücks nach ideellen Bruchteilen zu, so dass nach der Konzeption des Gesetzes an Gebäudeteilen eigentlich kein selbständiges Eigentum bestehen kann.

Diese Regelung des BGB erwies sich jedoch als zu unflexibel, da insbesondere nach dem zweiten Weltkrieg der massive Wohnraumbedarf die Notwendigkeit nach sich zog, die finanziellen Kräfte für den Wohnungsbau zu bündeln. Dazu war es aber erforderlich, denjenigen einen realen Gegenwert zu bieten, die mangels ausreichender finanzieller Mittel kein ganzes Haus allein errichten konnten und daher mit anderen Geld zusammengelegt haben, um gemeinsam ein Haus zu errichten. Das ***Sondereigentum*** an einer Wohnung stellt diesen realen Gegenwert für den finanziellen Beitrag zum Bau eines Hauses durch mehrere Parteien dar. Diese Konzeption hat seine Ausprägung im Wohnungseigentumsgesetz (WEG) gefunden.

Die Regelungen des WEG haben sich bis heute bewährt und ermöglichen insbesondere in Ballungszentren und hochpreisigen innerstädtischen Lagen auch heute noch durchschnittlich betuchten Menschen eine erschwingliche Form des Wohnimmobilieneigentums.

Das Wohnungseigentumsgesetz regelt insbesondere:

- die Begründung des Wohnungseigentums (§ 2 bis § 9 WEG)
- die Rechtsverhältnisse der Wohnungseigentümer untereinander (§ 10 bis § 19 WEG)
- die Verwaltung des Wohnungseigentums (§ 20 bis § 29 WEG)
- Regelungen für Rechtsstreitigkeiten im Zusammenhang mit Wohnungseigentum (§ 43 bis § 50 WEG)

Bei einem Haus, welches in Eigentumswohnungen aufgeteilt ist, wird zwischen Gemeinschaftseigentum und Sondereigentum unterschieden.

Das ***Gemeinschaftseigentum*** gehört allen Miteigentümern nach einem ideellen Bruchteil ohne Zuweisung bestimmter Gebäudeteile an einzelne Miteigentümer. Zum Gemeinschaftseigentum gehören z. B. die Außenwände, die Fassade, das Dach, das Treppenhaus, Gemeinschaftsflächen und Gemeinschaftsräume wie Waschräume oder Hof- und Gartenflächen (soweit daran kein Sondereigentum begründet ist).

Zum ***Sondereigentum*** gehören die einzelnen abgetrennten Eigentumswohnungen mit Ausnahme der Außenwände und Fenster, die ebenfalls Gemeinschaftseigentum darstellen. Die Abgrenzung von Gemeinschaftseigentum und Sondereigentum spielt eine erhebliche Rolle für die Unterhaltungspflichten und für die Kostentragung von Reparatur- und Sanierungsmaßnahmen.

Kompetenzen in der Eigentümergemeinschaft

Soweit nur die Eigentumswohnung selbst betroffen ist, kann der Inhaber der Eigentumswohnung schalten und walten wie er will, ohne sich mit den anderen Eigentümern abstimmen zu müssen. Das betrifft z. B. die Ausstattung des Badezimmers, die Wahl der Tapeten und Bodenbeläge und dergleichen mehr.

Wenn hingegen das Gemeinschaftseigentum (Außenwände, Fassaden, Treppenhaus, Dach, Zentralheizung etc.) betroffen ist, so liegt die Zuständigkeit für Entscheidungen bei der ***Eigentümergemeinschaft***. Die Eigentümergemeinschaft ist das „*Parlament*" der Wohnungseigentümer. Sie tagt mindestens einmal jährlich, wofür sich der Begriff ***Wohnungseigentümerversammlung*** eingeschliffen hat. Dort werden die wichtigsten Weichenstellungen für das Gemeinschaftseigentum in Form von Beschlüssen der Eigentümer vorgenommen.

Für die Beschlussfassungen der Wohnungseigentümerversammlung sind in Abhängigkeit von der Tragweite der Entscheidung unterschiedliche Mehrheitsanforderungen im Gesetz geregelt:

Für normale Maßnahmen der Verwaltung reicht die einfache Stimmenmehrheit für eine Beschlussfassung aus.[10] Dazu gehören etwa Maßnahmen zur ordnungsgemäßen Instandhaltung und Instandsetzung des Gemeinschaftseigentums.[11]

Darüber hinaus gibt es Regelungen, die einer doppelt qualifizierten Mehrheit bedürfen. Dazu gehören z. B. Modernisierungsmaßnahmen, die über die ordnungsgemäße Instandhaltung und Instandsetzung hinausgehen. Die doppelt qualifizierte Mehrheit ist erfüllt, wenn drei Viertel aller stimmberechtigten Wohnungseigentümer und mehr als die Hälfte aller Miteigentumsanteile zustimmen.[12]

Bei der Beschlussfassung über bauliche Veränderungen müssen alle Wohnungseigentümer zustimmen, die durch die Maßnahmen erheblich beeinträchtigt werden.[13]

Beschlüsse der Eigentümerversammlung können innerhalb eines Monats gerichtlich angefochten werden.[14]

Aufgaben des Verwalters

Die Entscheidungen der Wohnungseigentümerversammlung werden von einem ***Verwalter*** ausgeführt, der auch die gesamte Verwaltung der Immobilie leistet. Zu seinen

[10] Siehe § 21 Abs. 3 und Abs. 5 WEG.

[11] Siehe § 21 Abs. 5 Nr. 2 WEG.

[12] Siehe § 22 Abs. 2 WEG.

[13] Siehe § 22 Abs. 1 WEG.

[14] Siehe § 46 WEG.

Aufgaben gehören u. a. die Aufteilung der Betriebskosten und die Einziehung der Kostenbeiträge der Wohnungseigentümer für Verwaltung und Instandhaltung des Gemeinschaftseigentums (= ***Hausgeld***).

Der Verwalter wird von der Wohnungseigentümerversammlung mit einfachem Mehrheitsbeschluss bestellt und abberufen.[15] Es ist möglich und bei größeren Wohnungseigentumsanlagen auch üblich, einen Beirat aus 3 Mitgliedern aus dem Kreise der Wohnungseigentümer zu bestellen, der den Verwalter überwacht und bei seiner Arbeit unterstützt.

Relativ häufig sind leider Streitigkeiten der Eigentümergemeinschaft mit dem Verwalter, wenn dieser seine Pflichten nicht erfüllt und sich die Verwaltung als ineffizient erweist. Ein ineffizienter Verwalter kann für einen Wohnungseigentümer mittelfristig bis langfristig zum Ärgernis werden.

Ich rate daher dazu, bereits vor der Entscheidung über den Kauf einer Eigentumswohnung die vom Verwalter jährlich erstellten Kostenabrechnungen durchzusehen, um sich einen Eindruck zu verschaffen, ob der Verwalter effizient arbeitet und die monatlichen Kostenbeiträge der Eigentümer sinnvoll verwendet wurden für werterhaltende oder wertsteigernde Maßnahmen.

Wenn Sie als neues Mitglied der Eigentümergemeinschaft versuchen, den ständigen Erhöhungen der Verwaltervergütung und der Beauftragung von Instandhaltungsmaßnahmen zu überhöhten Preisen durch den Verwalter Einhalt zu gebieten, so müssen Sie dafür in der Eigentümergemeinschaft Überzeugungsarbeit leisten und Mehrheiten organisieren. Es kann sehr frustrierend für einen neuen Eigentümer sein, wenn er mit seinen Bemühungen zur Durchsetzung wirtschaftlicher Vernunft scheitert, weil die anderen Eigentümer den Verwalter nicht richtig überwachen und sich bereits an ihn und seinen ineffizienten Arbeitsstil gewöhnt haben.

Gemeinschaftsordnung

Die grundlegenden Vereinbarungen über Rechte und Pflichten in der Eigentümergemeinschaft werden in der ***Gemeinschaftsordnung*** festgeschrieben.

Dazu gehören etwa die Art der erlaubten Nutzung der Eigentumswohnungen (rein private Nutzung oder auch gewerbliche Nutzung) und die grundsätzliche Regelung der Beitragspflichten der Mitglieder der Eigentümergemeinschaft zur Unterhaltung des Gemeinschaftseigentums. Häufig sind die Gemeinschaftsordnung und die Teilungserklärung in einer Urkunde zu einem Text zusammengefasst. Die Gemeinschaftsordnung kann nur durch die gesamte Eigentümergemeinschaft geändert werden, d. h. dass sich alle Eigentümer einig sein müssen.

In der Gemeinschaftsordnung können auch Änderungen der erforderlichen Mehrheiten für Beschlüsse der Eigentümergemeinschaft enthalten sein. So ist es z. B. möglich, abweichend vom WEG für einen Beschluss von Modernisierungsmaßnahmen am Gemeinschaftseigentum die Zustimmung sämtlicher Wohnungseigentümer vorzuschreiben. Das würde im Ergebnis dazu führen, dass ein einziger

[15] Siehe § 26 Abs. 1 WEG.

Abweichler in der Eigentümergemeinschaft z. B. die Durchführung einer energiesparenden Fassadendämmung blockieren könnte.

Es ist daher ratsam, die Gemeinschaftsordnung vor dem Entschluss über den Kauf einer Eigentumswohnung gründlich zu lesen, um insoweit Klarheit darüber zu haben, welche Abweichungen von den gesetzlichen Regelungen vereinbart worden sind.

Konfliktpotential in der Eigentümergemeinschaft

In Wohnungseigentumsanlagen gibt es leider immer wieder interne Streitigkeiten unter den Eigentümern. Dabei geht es häufig um die zulässige Nutzung des Sondereigentums und um Baumaßnahmen an Balkonen, die natürlich auch Einfluss auf das Erscheinungsbild des gesamten Gebäudes haben. Nicht selten sind auch Streitigkeiten der Eigentümergemeinschaft mit Handwerkern über die Ausführung von Reparatur- und Sanierungsmaßnahmen am Gemeinschaftseigentum.

Beim Kauf einer Eigentumswohnung sollten Sie sich daher einen Überblick über die von der Eigentümergemeinschaft in der Vergangenheit gefassten Beschlüsse und die ausgetragenen Konflikte verschaffen. Aus den Protokollen können Sie auch Informationen entnehmen, die Rückschlüsse auf das Klima in der Eigentümergemeinschaft zulassen. Wenn es ernsthafte Streitigkeiten unter den Eigentümern oder mit dem Verwalter gegeben hat, so wird das sicherlich seinen Niederschlag im Text der Protokolle der Eigentümerversammlungen gefunden haben.

Solche Streitigkeiten unter den Eigentümern können für die gesamte Eigentümergemeinschaft sehr belastend sein und im Ergebnis auch zu einer Blockadesituation führen, in der auch sinnvolle und erforderliche Maßnahmen der Eigentümergemeinschaft keine Mehrheit mehr finden und infolgedessen auch nicht getroffen werden können.

Die Streitigkeiten in der Eigentümergemeinschaft sind in der Regel so komplex, dass die Beteiligten ohne anwaltliche Hilfe nicht zu einer tragfähigen Lösung gelangen.

Kapitel 6
Steuerrechtliche Behandlung und Staatliche Förderung der Immobilie

Im Folgenden möchte ich auf die steuerrechtlichen Aspekte eines Immobilienkaufes eingehen, um Ihnen deutlich zu machen, dass auch hier die Immobilie gegenüber anderen Geldanlagen sehr gut abschneidet.

Die Steuervorteile werden immer wieder von Immobilienmaklern und Anlageberaten plakativ beschworen. Aber leider werden die genauen Inhalte und Zusammenhänge in aller Regel nicht erklärt. Diese Informationslücke soll durch die nachfolgende Darstellung geschlossen werden. Dadurch werden Sie in den Stand versetzt, zu erkennen worauf es wirklich ankommt und was steuerrechtlich erreichbar ist und was nicht.

Zunächst werde ich Ihnen die einkommensteuerrechtlichen Wirkungen eines Immobilienkaufes erklären, wozu die laufenden Erträge und Veräußerungsgewinne zu rechnen sind (siehe nachfolgende Ausführungen unter Abschn. 6.1).

Im Anschluss daran werde ich Ihnen die erbschafts- und schenkungssteuerrechtlichen Zusammenhänge darstellen (siehe nachfolgende Ausführungen unter Abschn. 6.2). Anschließend werde ich die Grunderwerbsteuer und die Grundsteuer erläutern (siehe nachfolgende Ausführungen unter Abschn. 6.3 und 6.4).

Schließlich werde ich Ihnen am Ende dieses Kapitels die staatliche Förderung des Erwerbes einer Wohnimmobilie für die Eigennutzung vorstellen (siehe nachfolgende Ausführungen unter Abschn. 6.5).

G. Rennert, *Praxisleitfaden Immobilienanschaffung und Immobilienfinanzierung*,
DOI 10.1007/978-3-642-22622-9_6, © Springer-Verlag Berlin Heidelberg 2012

6.1 Einkommensteuer

Bei der Einkommensteuer sind zunächst Erträge aus der Vermietung einer Immobilie (Einkünfte aus Vermietung und Verpachtung) und Erträge aus der Veräußerung einer Immobilie (Veräußerungsgewinne) zu unterscheiden.

6.1.1 Laufende Erträge aus Vermietung und Verpachtung

Bei laufenden Erträgen aus der Vermietung der Immobilie stellt sich die Rechtslage steuerrechtlich wie folgt dar:

6.1.1.1 Funktionsweise der Besteuerung von Mieteinnahmen

Die Mieteinnahmen sind steuerpflichtiges Einkommen aus Vermietung und Verpachtung und sind als solche (ebenso wie z. B. Arbeitslohn) grundsätzlich der Einkommensteuer unterworfen.[1] Von diesen Einkünften dürfen aber die so genannten Werbungskosten und Sonderausgaben abgezogen werden. Tatsächlich steuerpflichtig ist somit nur die Differenz aus Mieteinnahmen einerseits und Werbungskosten und Sonderausgaben andererseits.

Zu den abziehbaren Werbungskosten gehören insbesondere die ***Abschreibungen für Abnutzung (AfA)***. Dabei handelt es sich um einen pauschalen Ansatz einer Wertminderung des Gebäudes aufgrund von Abnutzung der Bausubstanz im Laufe der Zeit.[2] Die Wertminderung wird jährlich pauschal in Höhe eines Prozentsatzes der Anschaffungs- bzw. Herstellungskosten des Gebäudes angesetzt.

Neben Abschreibungen können darüber hinaus Kreditzinsen für die Finanzierung des Immobilienerwerbs bei Renditeobjekten als Werbungskosten angesetzt werden. Die gezahlten Bankkreditzinsen reduzieren somit den tatsächlich der Steuer unterworfenen Anteil der Einkünfte aus Vermietung nochmals. Wichtig ist jedoch in diesem Zusammenhang, dass die Kreditzinsen eindeutig einer Immobilie zuzuordnen sind. Ich empfehle daher dringend, die Zahlungen über separate Konten laufen zu lassen. Das gilt insbesondere dann, wenn Sie mehrere Darlehen laufen haben und vielleicht sogar mehrere Immobilien gleichzeitig durch verschiedene Darlehen finanzieren. Das Finanzamt erkennt die Darlehenszinsen nur dann als Werbungskosten an, wenn diese eindeutig einer Immobilie zuzuordnen sind.

Beispiel:

Sie kaufen zeitgleich ein Einfamilienhaus für € 250.000 zur Nutzung als Eigenheim und eine Eigentumswohnung für € 125.000 zur Vermietung als

[1] Siehe § 2 Absatz 1 Nr. 6 EStG.

[2] Dazu siehe die Ausführungen weiter unten unter Abschn. 6.1.1.2.

Renditeobjekt und setzen insgesamt € 100.000 Eigenkapital ein. Sie nehmen ein einziges Bankdarlehen für beide Immobilienkäufe auf.

Steuerrechtlich ist es für Sie am Besten, wenn Sie das Eigenkapital nur für den Erwerb des Eigenheims einsetzen und das Bankdarlehen nur für das Renditeobjekt, um die Bankkreditzinsen möglichst steuermindernd ansetzen zu können.

Wenn Sie nun gegenüber dem Finanzamt nicht eindeutig dokumentieren können, dass Sie das Eigenkapital nur für die Bezahlung des Eigenheims eingesetzt haben, werden Sie Probleme haben, die günstigste Variante vom Finanzamt anerkannt zu bekommen. Das könnte z. B. passieren, wenn die Darlehensvaluta zunächst auf ein Konto fließt, auf dem auch das Eigenkapital liegt und von diesem Konto sämtliche Kaufpreise überwiesen werden.

Wenn Sie hingegen mit getrennten Konten arbeiten, können Sie gegenüber dem Finanzamt jederzeit dokumentieren, welchen Teil des Darlehens Sie für welche Immobilie eingesetzt haben. Damit wird auch die Zuordnung der Kreditzinsen zu Einnahmen aus der Vermietung problemlos möglich, um die Steuerlast zu drücken.

Darüber hinaus können auch solche Kosten als Werbungskosten anerkannt werden, die im Zusammenhang mit der Kreditfinanzierung stehen. Dazu gehören z. B. die Kosten der Bestellung eines Grundpfandrechtes für die Bank sowie die Abschlussgebühr für einen Bausparvertrag.

6.1.1.2 Abschreibung für Abnutzung (AfA)

Ein besonders wichtiges Thema bei der Besteuerung von Einnahmen aus Vermietung und Verpachtung von Immobilien sind die Abschreibungen für Abnutzung (AfA). Dahinter verbirgt sich der jährliche Wertverzehr der Bausubstanz einer Immobilie, der in Höhe eines pauschalen Prozentsatzes von den Anschaffungskosten bzw. Herstellungskosten der Immobilie (**genauer:** des Gebäudes ohne Grundstücksanteil) angesetzt wird.

Das Einkommentsteuergesetz legt grundsätzlich einen pauschalen Prozentsatz einer jährlichen Abschreibung fest, der ohne Rücksicht darauf angewendet wird, ob ein Wertverzehr der Bausubstanz in dieser Höhe tatsächlich stattgefunden hat oder nicht. Da die pauschal angesetzten Abschreibungsbeträge relativ großzügig bemessen sind, ist der tatsächliche Wertverzehr durch Abnutzung häufig geringer. Die Abschreibung kann auch dann genutzt werden, wenn die Immobilie tatsächlich keinen Wertverzehr erfahren hat sondern einen Wertzuwachs aufgrund der Steigerung der Immobilienwerte. Durch diesen Effekt werden die Mieteinnahmen damit rechnerisch in der Regel stärker gedrückt als tatsächlich Kosten aufgelaufen bzw.

Wertminderungen eingetreten sind. Aus diesen Effekten ergeben sich Steuervorteile für Erträge aus Vermietung und Verpachtung von Immobilien. Wenn durch diesen Effekt die Einnahmen aus Vermietung negativ werden, können sie darüber hinaus die Steuerlast auf andere Einkunftsarten (z. B. Arbeitslohn aus unselbständiger Arbeit) mindern.

Die Abschreibung für Abnutzung (AfA) wird nach derzeit geltender Rechtslage für Wohngebäude mit konstant 2% gestattet, die nach dem 01.01.2006 gebaut wurden und nicht im Betriebsvermögen gehalten werden.[3] Das entspricht einer unterstellten Lebensdauer der Bausubstanz von 50 Jahren. Zuvor konnten vermietete Neubauimmobilien wahlweise degressiv, d.h. in den ersten Jahren mit einem erhöhten Satz von 4% pro Jahr abgeschrieben werden. Durch die Neuregelung wurden Neubauten und Altbauten hinsichtlich der Abschreibung für Abnutzung steuerrechtlich gleichgestellt soweit es sich um Gebäude handelt, die nach dem 01.01.2006 gebaut worden sind oder gebaut werden.

Für Gebäude, die vor dem 01.01.2006 gebaut worden sind, gelten abhängig vom Jahr der Erteilung der Baugenehmigung unterschiedliche Abschreibungssätze, die in den Anfangsjahren bis zu 10% pro Jahr betragen konnten. Die entsprechenden Regelungen sind in § 7 Abs. 4 und 5 EStG enthalten und leider sehr kompliziert.

Für Gebäude, die vor dem 1.1.1925 fertig gestellt worden sind, gilt ein Abschreibungssatz von linear 2,5% pro Jahr.

Eine degressive Abschreibung mit höheren Abschreibungssätzen in den ersten Jahren ist nach aktueller Rechtslage nur noch in Sonderfällen möglich. Dazu gehören z. B. denkmalgeschützte Gebäude (siehe § 7 i EStG)[4], Gebäude in städtebaulichen Entwicklungsgebieten (siehe § 7 h EStG) oder Wohnungen mit Sozialbindung (siehe § 7 k EStG).

Darüber hinaus wird von den Immobilienerwerbern auch häufig außer Acht gelassen, dass hohe Sonderabschreibungen in den Anfangsjahren natürlich erkauft sind durch niedrigere Abschreibungsraten in späteren Jahren, denn die Abschreibungsbasis kann ja nicht mehr als 100% betragen. Bei Lichte betrachtet sind also durch die Sonderabschreibungen in den ersten Jahren Steuerlasten nur in die Zukunft verschoben worden, was natürlich neben dem Vorteil aus der Steuerprogression auch einen Vorteil in Form eines Steuerstundungseffektes bringt, aber keinesfalls dauerhafte operative Verluste kompensieren kann.

Die Abschreibungssätze sind jedoch in den vergangenen Jahrzehnten häufig geändert worden, so dass diese Rechtslage nicht für alle Ewigkeit in Stein gemeißelt sein dürfte.

[3] Siehe § 7 Abs. 4 und 5 EStG.

[4] Die steuerrechtlichen Besonderheiten bei Denkmalschutzimmobilien werden weiter unten im Abschn. 6.1.1.5 detailliert vorgestellt. (Seite 88 f.).

Da nur auf Gebäude und Gebäudeteile und nicht auf das Grundstück selbst eine jährliche Abschreibung für Abnutzung (AfA) erfolgen kann, ist es für Renditeobjekte sinnvoll, die Anschaffungskosten beim Kauf der Immobilie zu einem möglichst großen Teil auf das Gebäude und Bestandteile des Gebäudes zu verteilen und einen möglichst kleinen Teil auf das Grundstück selbst. Damit wird die Abschreibungsbasis betragsmäßig möglichst groß, welches positive Wirkungen auf den Betrag der jährlich ansetzbaren Abschreibungen hat. Allerdings muss die Aufteilung realistisch sein, da sie ansonsten vom Finanzamt nicht anerkannt wird. Grundsätzlich soll die Aufteilung im Verhältnis der tatsächlichen Verkehrswerte von Grund und Boden und aufstehendem Gebäude erfolgen.

Die Erwerbsnebenkosten (Grunderwerbsteuer, Maklerprovision und Notar- und Gerichtskosten) gehören ebenfalls zu den Anschaffungskosten und erhöhen die Abschreibungsgrundlage.

Bei neu errichteten Gebäuden stellen die Herstellungskosten die Abschreibungsbasis dar. ***Herstellungskosten*** sind diejenigen Kosten, die für die Errichtung des Gebäudes aufgewendet wurden, um es in einen gebrauchsfähigen Zustand zu versetzen. Dazu gehören Kosten für Dienste eines Architekten und Baustatikers sowie für Handwerkerleistungen und Baumaterial. Ebenfalls erfasst sind die Kosten für den Anschluss des Grundstückes an Versorgungsnetze. Keine abschreibungsfähigen Herstellungskosten sind hingegen die öffentlich-rechtlich erhobenen Erschließungskosten und Kanalanschlussgebühren.

6.1.1.3 Instandhaltungskosten und anschaffungsnaher Aufwand

Instandhaltungskosten sind ebenfalls anerkannte Werbungskosten, die das zu versteuernde Einkommen aus Vermietung und Verpachtung reduzieren und damit die Steuerlast mindern.

Dazu gehören unter anderem:

- Erneuerungen von Innen- und Außenanstrichen und Wandbekleidungen
- Reparatur und Erneuerung sanitärer Anlagen
- Dachreparatur und Dacherneuerung
- Reparatur oder Erneuerung der Heizungsanlage
- Erneuerung von Fußböden

Instandhaltungskosten können grundsätzlich in dem Jahr voll abgesetzt werden, in dem sie anfallen. Das gilt auch dann, wenn die Erneuerung von Bauteilen und Anlagen mit einer Modernisierung verbunden ist (z. B. Ersetzung der Fenster mit Einfachverglasung durch Fenster mit Doppelverglasung und Austausch von Gasetagenheizungen durch eine Zentralheizung).

Eine Einschränkung gilt jedoch insoweit, als in den ersten 3 Jahren nach Anschaffung des Gebäudes die Instandhaltungskosten maximal 15% der Anschaffungskosten betragen dürfen. Soweit die Instandhaltungskosten diese Grenze übersteigen, wird von ***anschaffungsnahem Aufwand*** gesprochen, der nicht sofort steuermindernd abgezogen werden darf, sondern den Anschaffungskosten zugerechnet werden muss. Die Konsequenz ist steuerrechtlich nachteilig, da diese Kosten dann nicht sofort steuermindernd wirken, sondern als Bestandteil der Abschreibungsgrundlage nur ratierlich in Höhe des jährlichen Abschreibungssatzes (in der Regel 2%) zu Buche schlagen.

Eine weitere Einschränkung besteht für Instandsetzungskosten, die aufgewendet werden, um das erworbene Gebäude in einen betriebsbereiten Zustand zu versetzen. Diese Kosten sind ebenfalls den Anschaffungskosten zuzuschlagen und können nicht sofort als Werbungskosten abgesetzt werden.

Die Abgrenzung der Instandhaltungskosten von Herstellungskosten bzw. Anschaffungskosten ist nicht immer ganz einfach. So stellt sich die Frage der Abgrenzung z. B. bei der Erneuerung von Gebäudeteilen, die mit einer erheblichen Erweiterung oder Verbesserung des Gebäudes einhergehen. Diese Abgrenzung ist jedoch steuerrechtlich von großer Bedeutung, da davon abhängt, ob diese Kosten sofort steuermindernd angesetzt werden können (so bei Instandhaltungskosten) oder ob diese der Abschreibungsgrundlage zugerechnet werden müssen (so bei Herstellungskosten).

Zur Abgrenzung wurden daher neben der oben angesprochenen 15% – Grenze bei anschaffungsnahem Aufwand die folgenden Kriterien entwickelt:

Herstellungskosten liegen dann vor, wenn ein Gebäude in seiner Substanz wesentlich vermehrt wird oder wenn das Gebäude in seinem Wesen verändert wird oder wenn das Gebäude in seinem Zustand insgesamt wesentlich verbessert wird.

Kompliziert wird es bei gemischter Nutzung von Gebäuden. Wenn z. B. ein Raum als häusliches Arbeitszimmer oder gewerblicher Büroraum genutzt oder vermietet wird und ein anderer Teil der Immobilie vom Eigentümer selbst bewohnt wird, so ist eine Aufteilung der Werbungskosten erforderlich, die den tatsächlichen Nutzungsverhältnissen entsprechen muss.

Dazu ist es erforderlich, die Verteilung der entsprechenden Werbungskosten auf die Gebäudeteile durch Belege auch sauber dokumentieren zu können.

6.1.1.4 Vermeintliche und tatsächliche Steuersparmodelle

Immer wieder werden Immobilien als Steuersparmodelle angepriesen. Dabei wird landläufig auch immer wieder die Behauptung aufgestellt, dass eine als Renditeobjekt erworbene Immobilie dann besonders lukrativ ist, wenn damit besonders kräftige Verluste eingefahren werden. Frei nach dem Motto:

Je höher die Verluste, desto besser!

Diese pauschale Behauptung ist falsch und gefährlich, wenn nicht differenziert wird. Immobilienkäufer wurden leider durch unausgegorene Steuerargumente häufig verleitet, die eigentlich entscheidenden Faktoren für die Rentabilität der Immobilie aus dem Blick zu verlieren.

Die entscheidenden Zusammenhänge stellen sich wie folgt dar:

Wenn über Verluste im Zusammenhang mit Immobilienbewirtschaftung gesprochen wird, dann muss differenziert werden, ob es sich um rechnerische Buchverluste aus Abschreibungen handelt oder ob es um tatsächliche operative Verluste geht.

Rechnerische Buchverluste können sich daraus ergeben, dass Abschreibungen auf die Immobilie für Abnutzung (AfA) höher ausfallen als die Einnahmen aus der Immobilie. Diese Konstellation tritt häufig bei Immobilien auf, die in den ersten Jahren erhöhte Sonderabschreibungen ermöglichen (z. B. denkmalgeschützte Gebäude oder Mietshäuser mit Sozialbindung).[5]

Von diesen rechnerischen Buchverlusten zu unterscheiden sind ***tatsächliche operative Verluste***. Damit sind solche Verluste gemeint, die sich nicht rechnerisch aus Abschreibungen als Abzugsposten der Mieteinkünfte ergeben, sondern aus einem tatsächlichen Überhang aus echten Kosten (z. B. Darlehenszinsen und Reparaturaufwand) gegenüber den Mieteinkünften. Operative Verluste treten z. B. im Falle eines Leerstandes sehr schnell auf, weil die Einnahmen wegbrechen, aber die Kosten weiterlaufen.

Während sich aus rechnerischen Buchverlusten in der Tat attraktive Steuervorteile ergeben können, sind tatsächliche operative Verluste schädlich und können über die steuerrechtliche Berücksichtigung den Verlust nur begrenzen, aber keineswegs voll kompensieren.

Der Immobilienkäufer muss sich darüber im Klaren sein, dass Verluste aus einer Immobilie nur teilweise durch Steuererstattungen kompensiert werden können und zwar maximal in Höhe des Spitzensteuersatzes des Immobilieneigentümers. Wenn Sie also einen Spitzensteuersatz von 40% haben, dann können Sie über Steuererstattungen auch nur maximal 40% von aufgelaufenen Verlusten aus der Vermietung kompensieren, aber niemals 100% oder gar mehr. Verluste verwandeln sich über die Steuer eben nicht wie von Zauberhand in Gewinne.

Daher sollten Sie als Immobilienkäufer selbstverständlich das Ziel haben, operative Gewinne und keine Verluste zu erzielen. Operative Gewinne lassen sich unter normalen Umständen nur mit gut vermietbaren Immobilien nachhaltig erzielen, die über eine gute Lage, einen guten Zuschnitt und eine gute Bausubstanz verfügen.

Wer Ihnen etwas anderes weiß machen will, handelt nicht seriös. Lassen Sie sich daher keinesfalls durch unausgegorene Steuerargumente dazu verleiten, sich auf eine Immobilie einzulassen, die bei Anlegung objektiver Qualitätskriterien einer Prüfung nicht standhält.

[5] Höhere Abschreibungssätze als linear 2% pro Jahr sind nur noch für bestimmte Immobilien möglich. Dazu gehören z. B. Gebäude in städtebaulichen Entwicklungsgebieten und Entwicklungsbereichen (siehe § 7 h EStG), denkmalgeschützte Gebäude (siehe § 7 i EStG) oder Wohnungen mit Sozialbindung (siehe § 7 k EStG).

Nach meinen Eindrücken aus der Beratungspraxis als Rechtsanwalt haben Anlageberater, Immobilienmakler und Bankberater leider allzu häufig das Scheinargument von Steuerspareffekten benutzt, um wankelmütige Käufer und Kreditnehmer zu einer raschen Entscheidung zu drängen, ohne die Investition zu Ende gedacht zu haben.

6.1.1.5 Steuerprivilegien bei Denkmalschutzimmobilien

Eine besondere einkommensteuerrechtliche Privilegierung bei den Einkünften aus Vermietung und Verpachtung genießen Denkmalschutzimmobilien. Diese Privilegierungen stellen eine Gegenleistung des Staates für die denkmalschutzrechtlichen Auflagen und Einschränkungen des Eigentümers dar.

Vermietete Denkmalschutzimmobilie als Renditeobjekt

Eine Privilegierung von vermieteten Denkmalschutzimmobilien ergibt sich aus der Möglichkeit erhöhter Abschreibungssätze gemäß § 7 i EStG.

Zu bedenken ist dabei, dass nicht die gesamte Bausubstanz der erhöhten Abschreibung unterliegt. Vielmehr können nur solche Herstellungskosten mit erhöhten Jahressätzen abgeschrieben werden, die nach Art und Umfang erforderlich sind, das Gebäude als Baudenkmal zu erhalten **oder** sinnvoll zu nutzen. Die Anschaffungskosten für den Erwerb der Altbausubstanz können nicht erhöht nach § 7 i EStG abgeschrieben werden.

Ausgangspunkt und übergreifender Gesichtspunkt ist die Erhaltung des Gebäudes als Baudenkmal. Nur diese im öffentlichen Interesse liegende denkmalpflegerische Aufgabe soll mit steuerrechtlichen Anreizen gefördert werden.[6] Bauliche Maßnahmen zur Anpassung eines Baudenkmals an einen zeitgemäßen Nutzungsstandard sind ebenfalls begünstigt. Dazu gehören u. a. Aufwendungen für eine zeitgemäße Haustechnik, Heizungsanlage und sanitäre Anlagen. Damit trägt der Gesetzgeber dem Gedanken Rechnung, dass das Interesse der Eigentümer an der Erhaltung der Bausubstanz bei einer sinnvoll genutzten Denkmalimmobilie natürlich größer ist als bei einer reinen Museumsimmobilie.

Aufwendungen für die sinnvolle Umnutzung eines Denkmalschutzgebäudes sind jedoch nur dann der erhöhten Abschreibung gemäß § 7 i EStG zugänglich, wenn die historische Bausubstanz und die denkmalbegründenden Eigenschaften der Immobilie erhalten bleiben, die Aufwendungen für die Umnutzung ***erforderlich*** sind und die Umnutzung unter denkmalrechtlichen Gesichtspunkten vertretbar ist. Die erhöhten Abschreibungssätze sind im Jahr der Herstellung und in den folgenden sieben Jahren jeweils bis zu 9% pro Jahr und in den folgenden vier Jahren jeweils bis zu 7% der Herstellungskosten nutzbar.

Welche Aufwendungen nach diesen Kriterien begünstigt sind, kann regelmäßig nur im Einzelfall beurteilt werden. Zu beachten ist dabei, dass das Merkmal ***erforderlich*** einen strengen Maßstab an die Aufwendungen legt. Es reicht nicht aus, dass die Aufwendungen aus denkmalpflegerischer Sicht angemessen oder vertretbar sind. Die Erforderlichkeit der Baumaßnahme muss sich aus dem Zustand des Baudenkmals vor Beginn der Baumaßnahme und aus dem denkmalpflegerisch erstrebenswerten Zustand ergeben.[7]

Das Vorliegen dieser Voraussetzung muss vor Ausführung der Baumaßnamen mit der Denkmalschutzbehörde abgestimmt werden. Nur mit einer Bescheinigung der Denkmalschutzbehörde können die Steuervorteile in Anspruch genommen werden.

Hinsichtlich des Erhaltungsaufwandes gelten die allgemeinen Grundsätze für Renditeimmobilien. Allerdings besteht optional zusätzlich die Möglichkeit, Erhaltungsaufwand auf zwei bis fünf Jahre zu verteilen.[8]

Selbstgenutzte Denkmalschutzimmobilie

Eine bemerkenswerte steuerrechtliche Besonderheit der Denkmalschutzimmobilie besteht darin, dass Herstellungskosten und Erhaltungsaufwand steuermindernd auch dann geltend gemacht werden können, wenn die Immobilie selbst genutzt und nicht vermietet wird. Das ist insofern eine Besonderheit als bei der Eigennutzung keine Einkunftserzielungsabsicht gegeben ist und damit an sich steuerrechtlich irrelevante Aufwendungen vorliegen.

---

[6] Siehe „*Steuertipps für Denkmaleigentümerinnen und Denkmaleigentümer*" der Landesregierung von Nordrhein Westfalen, Stand 2009, S. 11. Dieses Dokument finden Sie zum kostenlosen Download unter http://www.mbv.nrw.de/Staedtebau/container/Brosch_SteuertippsDenkmal_09.pdf.

[7] Siehe „*Steuertipps für Denkmaleigentümerinnen und Denkmaleigentümer*" der Landesregierung von Nordrhein Westfalen, Stand 2009, S. 14.

[8] Siehe § 11b EStG.

Der Gesetzgeber erlaubt, solche Aufwendungen als Sonderausgaben steuerrechtlich geltend zu machen. Demnach können Herstellungskosten unter den näheren steuerrechtlichen und denkmalfachlichen Voraussetzungen des § 7 i EStG im Jahr des Abschlusses der Baumaßnahme und in den neun folgenden Jahren jeweils bis zu 9% wie Sonderausgaben abgezogen werden.[9] Das gleiche gilt für Aufwendungen, die als Erhaltungsaufwand zu qualifizieren sind.[10]

6.1.2 Veräußerungsgewinne

Veräußerungsgewinne aus Immobiliengeschäften sind nach wie vor einkommensteuerfrei, wenn die Immobilie mindestens 10 Jahre im ***Privatvermögen*** gehalten und vermietet wurde oder bereits nach kürzerer Zeitspanne, wenn die Immobilie selbst bewohnt wird.[11]

Veräußerungsgewinn beim Immobilienverkauf ist dabei die Differenz aus Einkaufspreis zuzüglich Erwerbsnebenkosten und Verkaufspreis abzüglich Verkaufsnebenkosten (z. B. Maklerkosten etc).

Eine Immobilie stellt dann **kein** Privatvermögen sondern Umlaufvermögen eines gewerblichen Grundstückshandels dar, wenn die so genannte ***Drei-Objekte-Grenze*** überschritten wird.[12] Der Gesetzgeber geht davon aus, dass ab dem Kauf der vierten Renditeimmobilie keine private Vermögensverwaltung mehr gegeben ist, sondern gewerblicher Grundstückshandel. Die Einordnung einer Immobilie als Umlaufvermögen eines gewerblichen Grundstückshandels hat gravierende Auswirkungen auf die Besteuerung und sollte daher unter allen Umständen vermieden werden. Eine wesentliche Auswirkung ist die, dass die Steuerfreiheit von Veräußerungsgewinnen vollständig entfällt.

Wenn jedoch die Grenzen der privaten Vermögensverwaltung eingehalten werden, stellen sich damit Veräußerungsgewinne aus Immobiliengeschäften insbesondere seit 2009 steuerrechtlich deutlich günstiger dar als Veräußerungsgewinne aus Aktien oder anderen Finanzprodukten, die seit 2009 überhaupt nicht mehr

[9] Siehe § 10 f Abs. 1 EStG.

[10] Siehe § 10 f Abs. 2 und § 11b EStG.

[11] Siehe § 23 Abs. 1, Satz 1 Nr. 1 Einkommensteuergesetz (EStG). Zur Auslösung der Steuerfreiheit eines Veräußerungsgewinnes genügt, dass die Immobilie entweder zwischen der Anschaffung oder Fertigstellung und der Veräußerung ausschließlich zu eigenen Wohnzwecken genutzt wurde oder alternativ im Jahr der Veräußerung und den beiden vorangegangen Jahren selbst bewohnt wurde.

[12] Neben der ***Drei-Objekte-Grenze*** gibt es weitere Kriterien, die die Einordnung als gewerblicher Grundstückshandel nach sich ziehen können, welche gravierende steuerrechtliche Konsequenzen hat, auf die ich hier nicht weiter eingehen will. Zur richtigen Zählweise bei der ***Drei-Objekte-Grenze*** verweise ich auf ein aktuelles Urteil des Bundesfinanzhofes vom 17.12.2008 (abgedruckt in Neue Juristische Wochenschrift 2009, S. 2624).

steuerfrei vereinnahmt werden können. Sie werden neuerdings in jedem Fall von der Abgeltungssteuer erfasst.[13]

6.1.3 Abgeltungssteuer

Zum 01.01.2009 sind im Zuge der Einführung der Abgeltungssteuer umfangreiche Änderungen der Besteuerung von Kapitalerträgen und von Erträgen aus privaten Veräußerungsgeschäften in Kraft getreten.

Seitdem sind z. B. Veräußerungsgewinne, die mit Aktien oder Aktienfondsanteilen erzielt wurden, auch dann voll steuerpflichtig, wenn die Anteile vor der Veräußerung länger als 1 Jahr gehalten worden sind. Sie werden in jedem Fall von der Abgeltungssteuer erfasst, die pauschal in Höhe von 25% zzgl. Solidaritätszuschlag und evt. Kirchensteuer anfällt. Die Abgeltungssteuer erfasst darüber hinaus nunmehr auch nahezu alle anderen Finanzprodukte wie z. B. Erträge aus Kapitallebensversicherungen.

Die gute Nachricht für Immobilienerwerber: Die Abgeltungssteuer fällt für Veräußerungsgewinne aus Immobiliengeschäften **nicht** an. Damit stellen sich Immobilien seit 2009 in einkommensteuerrechtlicher Hinsicht günstiger dar als Aktien oder Kapitallebensversicherungen.

Fazit

Die Immobilie schneidet unter einkommensteuerrechtlicher Betrachtung gegenüber Aktien und Kapitallebensversicherungen insbesondere nach der seit 2009 geltenden Rechtslage erheblich besser ab. Wer also dem Finanzamt ein Schnippchen schlagen will, ist mit einem Immobilienkauf nach wie vor gut beraten.

Das gilt insbesondere im Hinblick auf Veräußerungsgewinne. Bei Veräußerungsgewinnen aus Renditeobjekten gilt jedoch die Einschränkung, dass diese vor dem Weiterverkauf mindestens 10 Jahre gehalten werden müssen, während Veräußerungsgewinne bei einer selbst bewohnten Immobilie auch innerhalb einer Haltedauer von 10 Jahren steuerfrei sein können.

Durch die einkommensteuerrechtlich günstigere Behandlung von Immobilien im Vergleich zu Aktien und Kapitallebensversicherungen nach der seit 2009 geltenden Rechtslage dürften Immobilienkäufe steuerrechtlich deutlich interessanter geworden sein.

Einkommensteuervorteile für Immobilien entbinden jedoch nicht von der Pflicht, die Immobilie hinsichtlich Qualität, Lage, Zustand und Rentabilität vor einem Kauf

[13] Dazu siehe Abschn. 6.1.3. (Seite 91 f.).

sehr kritisch zu prüfen. Eine schlechte Immobilie, die operative Verluste und Veräußerungsverluste einfährt, kann über damit erzielte Steuererstattungen keinesfalls zu einer guten Investition werden.

Lassen Sie sich daher keinesfalls durch unausgegorene Steuerargumente dazu verleiten, sich auf eine Immobilie ein zu lassen, die bei Anlegung objektiver Qualitätskriterien einer Prüfung nicht standhält.

6.2 Erbschaftsteuer und Schenkungssteuer

Da Immobilien in der Regel den größten Vermögensteil eines Menschen ausmachen und längerfristig gehalten werden, sollte der Immobilienerwerber auch über erbschaftsteuerrechtliche Auswirkungen eines Immobilienerwerbes nachdenken.

Wichtig ist zunächst die Erkenntnis, dass nicht nur der Erwerb einer Immobilie im Erbfall dem Erbschaft- und Schenkungsteuergesetz unterliegt, sondern auch die Schenkung einer Immobilie zu Lebezeiten. In beiden Fällen wird die Steuer prinzipiell identisch berechnet.[14] Im Erbfall wird sie Erbschaftsteuer genannt und im Schenkungsfall zu Lebzeiten Schenkungssteuer. Beide Steuern sind im ***Erbschaft- und Schenkungsteuergesetz (ErbStG)*** geregelt.

Getrieben von der letzten Grundsatzentscheidung des Bundesverfassungsgerichtes vom 07.11.2006 zur Besteuerung von Immobilien und anderen Vermögensmassen hat der Gesetzgeber die Grundlage der Bewertung von Immobilien zur Berechnung der Erbschaft- und Schenkungssteuer grundlegend überarbeitet.[15] Darüber hinaus sind erhebliche Änderungen bei den Freibeträgen und bei den Steuersätzen eingeführt worden. Das Gesetz zur Reformierung der Erbschaft- und Schenkungssteuer ist zum 1.1.2009 in Kraft getreten. Im Folgenden werden die Grundsätze und relevanten Aspekte nach neuer Rechtslage dargestellt. Auf die wichtigen und praxisrelevanten Änderungen im Vergleich zur alten Rechtslage wird bei der nachfolgenden Darstellung besonders hingewiesen.

Die Erbschaftsteuer fällt an, wenn Vermögensgegenstände durch Erbfall erworben werden. Dabei wird nicht der Nachlass des Verstorbenen als Ganzes belastet, sondern Anknüpfungspunkt ist der Vermögensteil, der auf einen Erben übergeht. Das bedeutet, dass die Steuer bei dem Erben auf den Teil der Erbmasse anfällt, der ihm vom Erblasser zugewendet worden ist und nicht auf die Erbschaft als Ganzes. Wenn z. B. ein Mietshaus mit 10 Wohnungen an 2 Kinder zu je ½ vererbt wird, dann fällt die Erbschaftsteuer bei jedem Kind an und bezieht sich dann auf ½ der Erbmasse, d.h. auf die Hälfte des Wertes des Mietshauses und nicht auf das ganze Mietshaus.

Der Schenkungssteuer unterliegen Schenkungen unter Lebenden, die hinsichtlich der Belastung mit Steuern gleich behandelt werden wie ein Erwerb im Wege einer Erbschaft. Bei Schenkungen besteht allerdings die Besonderheit, dass die Steuerfreibeträge alle 10 Jahre erneut ausgenutzt werden können, so dass durch eine

---

[14] Siehe § 7 in Verbindung mit § 1 Abs. 1 Nr. 1 ErbStG.

[15] Die Entscheidung des Bundesverfassungsgerichtes vom 07.11.2006 (abgedruckt in *Neue Juristische Wochenschrift* 2007, S. 573 ff) hat den Gesetzgeber gezwungen, die Bewertungsgrundlagen von Immobilien für die Berechnung der Erbschaft- und Schenkungssteuer zu reformieren. Das Bundesverfassungsgericht hatte die Bewertung von Immobilien im Vergleich zu anderen Vermögensarten für die Berechnung der Erbschaft- und Schenkungssteuer als Verstoß gegen den Gleichheitssatz des Grundgesetzes (Art. 3 GG) bemängelt und dem Gesetzgeber eine Frist zur Abhilfe bis zum 31.12.2008 gesetzt.

ratenweise Schenkung zu Lebzeiten in 10-Jahresabständen unter Umständen in erheblichem Umfang Steuern gespart werden können. Auf die Einzelheiten gehe ich an späterer Stelle noch ein.

Da beide Steuern nach einem identischen Verfahren berechnet und erhoben werden, sind bei den folgenden Ausführungen immer beide Steuern gemeint, wenn nicht ausdrücklich auf einen Unterschied hingewiesen wird.

6.2.1 Bemessungsgrundlage bei Immobilienvermögen

Bei der Heranziehung zur Erbschafts- oder Schenkungssteuer muss zunächst der steuerrechtlich relevante Wert des verschenkten oder vererbten Vermögens ermittelt werden. Bei Geldvermögen ist das natürlich sehr einfach, weil einfach nur festgestellt werden muss, wie viel Geld auf Konten oder in bar vorhanden ist.

Bei Immobilien als Bestandteil des Vermögens ist das schwieriger. Die richtige Ermittlung des steuerrechtlich relevanten Wertes von Immobilien war lange Zeit ein Zankapfel und ist Gegenstand mehrerer Entscheidungen des Bundesverfassungsgerichtes gewesen, welches wiederholt die Rechtslage als verfassungswidrig bemängelt hatte, weil Immobilien anders bewertet worden waren, als andere Vermögensbestandteile. Die Privilegierung von Immobilien bei der Erbschaft- und Schenkungssteuer ergab sich daraus, dass diese durch ein unrealistisches Bewertungsverfahren für steuerrechtliche Zwecke mit einem viel niedrigeren Wert veranlagt wurden als andere Vermögensbestandteile.

Nach der bis zum 31.12.2008 geltenden Rechtslage wurden Immobilien im Durchschnitt nur mit ca. 50% des tatsächlichen Wertes zur Erbschaft- und Schenkungssteuer veranlagt, was zu einer Ungleichbehandlung mit anderem Vermögen (z. B. Aktien oder Kapitallebensversicherungen) geführt hat.[16] Durch die Bewertung von Immobilienvermögen in Höhe von ca. 50% unterhalb des tatsächlichen Wertes war die Bemessungsgrundlage für die Erbschaft- und Schenkungssteuer bei Immobilien geschmälert worden mit der Folge, dass die Steuer nur auf einen Bruchteil des tatsächlichen Wertes der Erbmasse bzw. Schenkungsmasse anfiel.

Aufgrund der neuen Rechtslage seit 2009 sind diese Steuervorteile für Immobilien reduziert worden, da nunmehr auch für Immobilienvermögen Bewertungsverfahren steuerrechtlich festgeschrieben wurden, die zu einer realistischeren Bewertung der Immobilie führen.

Für die Bewertung von Eigentumswohnungen sowie von Ein- und Zweifamilienhäusern ist nunmehr das Vergleichswertverfahren vorgeschrieben. Danach wird der Wert einer Immobilie durch den Vergleich mit tatsächlichen Verkäufen vergleichbarer Immobilien ermittelt. Statt des Vergleiches mit anderen Immobilien kann auch der Wertansatz mit Vergleichsfaktoren (Quadratmeterpreise) erfolgen, die ebenfalls vom Gutachterausschuss der Gemeinde ermittelt werden, in der die Immobilie liegt. Da die Vergleichsfaktoren der Gutachterausschüsse anhand

[16] Siehe Beschluss des Bundesverfassungsgerichtes v. 07.11.2006, abgedruckt in *Neue Juristische Wochenschrift* 2007, S. 573 (579 f.).

tatsächlich erfolgter Verkäufe ermittelt werden, bilden die so ermittelten Wertfaktoren den Wert der Immobilie relativ realistisch ab. Mit der grundsätzlichen Festschreibung des Vergleichswertverfahrens ist damit ein Wertansatz gewählt worden, der zu realistischeren Ergebnissen führt, da er auf tatsächliche Marktpreise abstellt.

Falls solche Vergleichswerte für eine Immobilie nicht vorliegen, ist nach neuer Rechtslage hilfsweise auf das Ertragswertverfahren zurück zu greifen.

Das Erbschaft- und Schenkungssteuergesetz enthält jedoch auch nach der vom Bundesverfassungsgericht erzwungenen Korrektur der Bewertungsvorschriften noch immer Privilegierungen von Immobilienvermögen.

So sieht z. B. das Erbschaftsteuergesetz neuer Fassung vor, dass im Privatvermögen gehaltene und vermietete Wohnimmobilien nur mit 90% des ermittelten Marktwertes anzusetzen sind.[17] Das dürfte einen ganz erheblichen Teil des Immobilienvermögens in Deutschland betreffen. Dieser Wertansatz mit 90% liegt zwar schon erheblich höher als die Ansätze von durchschnittlich 50% nach alter Rechtslage, aber immer noch unterhalb der für andere Vermögensarten üblichen 100%. Darüber hinaus gibt es weitere Privilegierungen, die weiter unten dargestellt werden.

Es ist somit auch nach der Erbschaft- und Schenkungssteuerreform noch immer der Wille des Gesetzgebers zu erkennen, Immobilieneigentümern etwas Gutes zu tun und den Erwerb von Immobilien nach wie vor auch erbschaft- und schenkungssteuerrechtlich attraktiv auszugestalten. Die Erbschaft- und Schenkungssteuerreform bedeutet also im Ergebnis keineswegs, dass Immobilien steuerrechtlich gegenüber anderen Geldanlagen nunmehr benachteiligt wären. Sie sind lediglich hinsichtlich der Bewertung für die Heranziehung zur Erbschaft- und Schenkungssteuer stark angenähert worden und profitieren nicht mehr ganz so stark wie zuvor von einer günstigen Bewertung.

6.2.2 Freibeträge und Steuersätze

Neben der oben dargestellten durchgreifenden Änderung der Bewertungsansätze von Immobilienvermögen sind bei der Reform des Erbschaft- und Schenkungssteuerrechtes auch die Steuersätze und die persönlichen Freibeträge verändert worden.

Jeder Steuerpflichtige kann innerhalb von 10 Jahren einen persönlichen Freibetrag für eine Erbschaft oder eine Schenkung in Anspruch nehmen. Die Höhe des Freibetrages hängt vom Verwandtschaftsgrad des Erben oder Beschenkten zu dem Erblasser oder Schenker ab. Daraus ergibt sich eine Einteilung der Verwandten und Begünstigten in insgesamt 3 Steuerklassen.

Die nachfolgende Tabelle 6.1 weist die Freibeträge für die jeweiligen Steuerklassen und Verwandtschaftsgrade aus, wobei zum Vergleich die Freibeträge nach alter und neuer Rechtslage gegenüber gestellt sind:

---

[17] Siehe § 13c ErbStG n. F.

Tabelle 6.1 Freibeträge für Schenkungen und Erbschaften

	Verwandtschaftsgrad	Freibetrag (neu)	Freibetrag (alt)	Differenz
Steuerklasse I	Ehepartner	500.000 €	307.000 €	+ 193.000 €
	Eingetragene Lebenspartner[18]	500.000 €	5.200 €	+ 494.800 €
	Kinder	400.000 €	205.000 €	+ 195.000 €
	Enkel und Urenkel	200.000 €	51.200 €	+ 148.800 €
	Eltern und Großeltern (Erbfall)	100.000 €	51.200 €	+ 48.800 €
Steuerklasse II	Geschwister, Nichten und Neffen, Schwiegersohn, Schwiegertochter, Schwiegereltern, Geschiedener Ehepartner, Eltern und Großeltern (Schenkung)	20.000 €	10.300 €	+ 9.700 €
Steuerklasse III	Sonstige	20.000 €	5.200 €	+ 14.800 €

Die Reform des Erbschaftsteuer- und Schenkungsteuerrechtes hat also nicht nur Nachteile für Immobilienerwerber auf der Bewertungsebene gebracht, sondern auch Vorteile für Erben und Beschenkte in Form von Erhöhungen der persönlichen Freibeträge. Die jeweilige Erhöhung im Vergleich zur alten Rechtslage können Sie der letzten Spalte der vorstehenden Tabelle entnehmen.

Zur Verdeutlichung diene das folgende Beispiel:

Beispiel:

Witwe Gerda Gefällig hinterlässt bei ihrem Tod ihren 2 erwachsenen Kindern (30 und 35 Jahre alt) ein im Privatvermögen gehaltenes und vermietetes Einfamilienhaus mit 250 m² Wohnfläche mit einem Marktwert von € 888.888. Nach Kürzung dieses Wertes auf 90%, da es sich um eine im Privatvermögen gehaltene Wohnimmobilie handelt, ergibt sich für die Heranziehung zur Erbschaftsteuer nach neuem Recht ein Wert von € 800.000.[19]

[18] Nach der zum 1.1.2009 in Kraft getretenen Fassung waren Lebenspartner noch in die Steuerklasse III einsortiert. Durch das Jahressteuergesetz 2010 wurden sie auf Anordnung des Bundesverfassungsgerichtes im Beschluss vom 21.07.2010 (Az 1 BvR 611/07 und 1 BvR 2464/07) schließlich mit Wirkung zum 14.12.2010 mit Ehegatten vollständig gleichgestellt und werden jetzt in der Steuerklasse I geführt.

[19] Siehe insoweit die Ausführungen unter Ziffer 6.2.1. dieses Abschnittes sowie § 13c ErbStG n. F.

Gerda Gefällig hat kein Testament gemacht, so dass die Kinder zu je ½ als gesetzliche Erben in der Steuerklasse I erben. Da jedes der beiden Kinder den persönlichen Freibetrag in Höhe von € 400.000 in Anspruch nehmen kann, erben beide Kinder nach der neuen Rechtslage erbschaftssteuerfrei.

Nach der alten Rechtslage konnten beide Kinder von der Erbschaft in Höhe von € 400.000 lediglich € 205.000 steuerfrei erben und mussten auf die überschüssigen € 195.000 Erbschaftsteuer in Höhe von jeweils € 21.450 zahlen.

Damit würde durch die Erbschaftsteuerreform für diesen Fall im Vergleich zur alten Rechtslage rechnerisch eine Entlastung in Höhe von 2 × € 21.450, d.h. von insgesamt € 42.900 eintreten. Die geringere Bewertung von Immobilienvermögen nach altem Recht ist dabei natürlich außer Betracht gelassen.

Die Steuersätze für die Erbschaft- und Schenkungssteuer sind durch die Steuerreform zum 1.1.2009 in den Steuerklassen II und III angehoben worden, wie die nachfolgende Tabelle 6.2 ausweist:

Tabelle 6.2 Steuersätze für Schenkungen und Erbschaften

Steuersatzstufen	Steuerklasse I		Steuerklasse II		Steuerklasse III	
	Steuersatz (neu)	Steuersatz (alt)	Steuersatz (neu)	Steuersatz (alt)	Steuersatz (neu)	Steuersatz (alt)
alt: bis 52.000 € neu: bis 75.000	7%	7%	30%	12%	30%	17%
alt: bis 256.000 € neu: bis 300.000 €	11%	11%	30%	17%	30%	23%
alt: bis 512.000 € neu: bis 600.000 €	15%	15%	30%	22%	30%	29%
alt: bis € 5.113.000 € neu: bis 6.000.000 €	19%	19%	30%	27%	30%	35%
alt: bis 12.783.000 € neu: bis 13.000.000	23%	23%	50%	32%	50%	41%
alt: bis 25.565.000 neu: bis 26.000.000	27%	27%	50%	37%	50%	47%
Darüber	30%	30%	50%	40%	50%	50%

Da die Steuersätze jedoch nur auf das Vermögen zur Anwendung kommen, welches die (massiv erhöhten) persönlichen Freibeträge überschreitet, dürfte sich die Anhebung der Steuersätze nur für die Vererbung bzw. Schenkung größerer Vermögen auswirken. Die Anhebung der Steuersätze wird des Weiteren durch Steuerbefreiungstatbestände für Eigenheime abgefedert:

Der Erwerb einer selbst bewohnten Immobilie durch Erbschaft vom verstorbenen Ehegatten oder Lebenspartner ist unabhängig vom Wert der Immobilie in jedem Fall steuerfrei.[20] Auch Kinder können die vom verstorbenen Erblasser zu eigenen Wohnzwecken genutzte Immobilie erbschaftssteuerfrei erwerben, wenn die Immobilie von den Erben unverzüglich zur Selbstnutzung bezogen wird und die Wohnfläche 200 Quadratmeter nicht überschreitet.[21]

Immobilien bleiben unter gewissen Voraussetzungen auch dann ganz oder teilweise erbschaftssteuerfrei, wenn es sich um Denkmalschutzimmobilien handelt.[22]

Wie das obige Beispiel und die Darstellung der Befreiungstatbestände für Eigenheime zeigen, dürfte sich die Steuerreform trotz Anhebung der Steuersätze insgesamt für die breite Masse der Immobilieneigentümer entlastend und nicht belastend auswirken. Daher bleiben Immobilien auch im Hinblick auf die Erbschaft- und Schenkungsteuer weiterhin attraktiv in Deutschland.

Fazit

Durch die zum 1.1.2009 in Kraft getretene Erbschaft- und Schenkungssteuerreform sind steuerrechtliche Privilegierungen auf der Bewertungsebene von Immobilienvermögen zwar nicht unerheblich zurückgestutzt worden. Diese Änderungen sind jedoch von einer massiven Anhebung der persönlichen Freibeträge und von weiterhin gewährten Bewertungsabschlägen für Wohnimmobilien begleitet worden.

In Kombination mit weiteren Befreiungstatbeständen für die Vererbung von Eigenheimen dürfte sich im Ergebnis für den Normalfall keine größere Belastung von Immobilieneigentümern ergeben, sondern bei kleinen und mittleren Vermögen sogar eine Entlastung.

Immobilien bleiben daher auch nach der zum 1.1.2009 in Kraft getretenen Reform der Erbschaft- und Schenkungsteuer steuerrechtlich noch immer attraktiv.

[20] Siehe § 13 Abs. 1 Nr. 4b ErbStG n. F.

[21] Siehe § 13 Abs. 1 Nr. 4c ErbStG n. F.

[22] Siehe § 13 Abs. 1 Nr. 2 ErbStG n. F.

6.3 Grunderwerbsteuer

Die Grunderwerbsteuer ist im Grunderwerbsteuergesetz (GrEStG) geregelt. Sie fällt grundsätzlich bei jeder Übertragung eines Grundstückes an. Ausnahmen gelten z. B. für die Übertragung von Grundstücken unter Ehegatten.[23]

Für die Fälligkeit der Steuer reicht der formwirksame Abschluss eines Grundstückskaufvertrages aus, obwohl der Eigentumsübergang damit noch nicht bewirkt ist.[24]

Werden Anteile an einer Gesellschaft übertragen, die Grundstücke hält, so wird die Anteilsübertragung dann grunderwerbssteuerpflichtig, wenn mindesten 95% der Anteile übertragen werden.

Die Grunderwerbsteuer fällt in Höhe des Steuersatzes auf die Gegenleistung für die Grundstücksübertragung an. Die Gegenleistung ist dabei der Kaufpreis für das Grundstück. Bei Verkauf eines bebauten Grundstückes gehört dazu auch der Anteil des Kaufpreises, der auf das Gebäude entfällt, da dieses eine rechtliche Einheit mit dem Grundstück bildet. Teile des Kaufpreises, die auf mitverkauftes Mobiliar entfallen, sind hingegen nicht grunderwerbsteuerpflichtig.

Mit Wirkung zum 01.01.2006 ist hinsichtlich des Grunderwerbsteuersatzes eine wichtige Änderung in Kraft getreten. Seitdem haben die Bundesländer die Gesetzgebungskompetenz erhalten, den für das Land gültigen Grunderwerbsteuersatz abweichend festzulegen.[25] Die folgende Tabelle weist aus, welche Bundesländer von dieser Möglichkeit bisher Gebrauch gemacht haben.

Grunderwerbsteuersätze in den Bundesländern

	gültig seit	Steuersatz
Berlin	01.01.2007	4,5 %
Baden-Württemberg	05.11.2011	5,0 %
Brandenburg	01.01.2011	5,0 %
Bremen	01.01.2011	4,5 %
Hamburg	01.01.2009	4,5 %
Mecklenburg-Vorpommern	geplant zum 01.07.2012	5,0 %
Niedersachsen	01.01.2011	4,5 %
Nordrhein-Westfalen	01.10.2011	5,0 %
Rheinland-Pfalz	01.03.2012	5,0 %
Saarland	01.01.2012	4,5 %
Sachsen-Anhalt	01.03.2010	4,5 %
Schleswig-Holstein	01.01.2012	5,0 %
Thüringen	07.04.2011	5,0 %
Übrige Bundesländer		3,5 %

[23] Siehe § 3 GrEStG.

[24] Siehe § 1 Abs. 1 GrEStG.

[25] Siehe Art. 105 Abs. 2a GG.

Soweit die Bundesländer von der Möglichkeit zur abweichenden Festsetzung des Grunderwerbssteuersatzes keinen Gebrauch machen, verbleibt es bei der bundesgesetzlichen Festlegung des Steuersatzes auf 3,5%.[26]

Nach dem Gesetz sind sowohl der Käufer als auch der Verkäufer Schuldner der Grunderwerbsteuer.[27] Da jedoch nach dem Willen der Vertragsparteien der Käufer die Grunderwerbsteuer tragen soll, ist es empfehlenswert, diese Vereinbarung auch im Kaufvertrag festzuhalten. Das Finanzamt wendet sich zwar ohnehin in der Praxis zunächst an den Erwerber mit dem Erlass eines Grunderwerbsteuerbescheides. Da jedoch nach der gesetzlichen Regelung auch der Verkäufer für die Grunderwerbsteuer herangezogen werden kann, wird das Finanzamt auch auf ihn zukommen können, wenn der Käufer die Grunderwerbsteuer nicht zahlt.

Da der Käufer nur dann als neuer Eigentümer im Grundbuch eingetragen wird, wenn die Grunderwerbsteuer gezahlt worden ist, wird er seiner Verpflichtung in aller Regel nachkommen, ohne dass der Verkäufer je etwas vom Finanzamt hört.

Probleme können jedoch dann auftreten, wenn der Vollzug des Kaufvertrages scheitert. Denn die Grunderwerbsteuer wird bereits mit Abschluss des notariellen Kaufvertrages zur Zahlung fällig. Insoweit kann eine ausdrückliche Regelung im Kaufvertrag hilfreich sein, dass im Verhältnis der Vertragsparteien zueinander nur der Käufer zur Zahlung der Grunderwerbssteuer verpflichtet ist, um Problemen in einem solchen Fall vorzubeugen.

[26] Siehe § 11 Abs. 1 GrEStG.

[27] Siehe § 13 GrEStG.

6.4 Grundsteuern

Die Grundsteuer fällt auf alle Grundstücke an. Sie wird von der Gemeinde festgesetzt, in der das Grundstück liegt.

Bemessungsgrundlage für die Grundsteuer ist der festgestellte Wert des Grundstückes nach dem Bewertungsgesetz und der von der Gemeinde festgelegte Grundsteuerhebesatz. Dieser kann von Gemeinde zu Gemeinde unterschiedlich sein, da er von der Gemeinde autonom festgelegt wird und auch autonom verändert wird.

Auf die Grundsteuer werden quartalsweise Vorauszahlungen erhoben.

6.5 Staatliche Förderung des Immobilienerwerbs

Die staatliche Förderung des Immobilienerwerbs konzentriert sich in erster Linie auf selbstgenutzte Wohnimmobilien. Die Art und der Umfang der staatlichen Förderung unterliegen dabei ständigen Veränderungen.

Es gab in der Vergangenheit sowohl Förderungen in Form von direkten Subventionen als Geldprämien (z. B. die Eigenheimzulage) als auch Förderungen in Form von Steuererleichterungen (z. B. Sonderausgabenabzug nach § 10e EStG a. F.).

Die neue Generation staatlicher Förderung (z. B. Wohn-Riester) beruht auf einem kombinierten Ansatz von Steuererleichterungen und Geldprämien, die allerdings nicht mehr so üppig ausfallen, wie die alten Regelungen.

Die Einzelheiten werde ich Ihnen in den folgenden Abschnitten darstellen.

6.5.1 Eigenheimzulage

Bis Ende 2005 hat der Staat Immobilienerwerbern unter bestimmten Voraussetzungen eine Eigenheimzulage gewährt. Die Eigenheimzulage hat durchaus beachtliche Summen betragen, die in Form von jährlichen Zahlungen für einen Förderzeitraum von insgesamt 7 Jahren gewährt wurden.

Mit Wirkung zum 01.01.2006 ist die Eigenheimzulage jedoch abgeschafft worden. Entscheidend für diesen Stichtag ist dabei der Abschluss des notariellen Kaufvertrages bzw. der Bauantrag für die Errichtung einer selbstgenutzten Immobilie. Vor diesem Hintergrund wird die Eigenheimzulage nur noch für Altfälle gewährt. Auf eine vertiefte Darstellung in diesem Praxisleitfaden wird daher verzichtet.

Die Abschaffung der Eigenheimzulage mögen Immobilienerwerber als ungerecht empfinden, die erst nach dem 01.01.2006 eine Immobilie erworben haben oder erwerben möchten. So ist jedoch die geltende Rechtslage.

Als Trost für diejenigen, die nicht in den Genuss der Eigenheimzulage gekommen sind, mögen die folgenden Überlegungen dienen: Nach meinem Eindruck ist der Erwerb von selbstgenutzten Wohnimmobilien auch nach Abschaffung der Eigenheimzulage noch immer attraktiv. Zum einen gibt es neue Förderprodukte (z. B. Wohn-Riester). Zum anderen spricht vieles dafür, dass die Eigenheimzulage in den damaligen Immobilienpreisen eingepreist war.

6.5.2 Sonderausgabenabzug nach § 10e EStG a.F.

Lediglich der Vollständigkeit halber möchte ich an dieser Stelle den Vorgänger der Eigenheimzulage erwähnen: Die Sonderabschreibungsmöglichkeit von selbstgenutzten Wohnimmobilien gemäß § 10e EStG a. F. Diese Regelung ist im Jahre 1996 ausgelaufen.

Nach § 10e EStG a. F. konnten selbstgenutzte Wohnimmobilien mit jährlichen Abschreibungssätzen als Sonderausgaben von der Einkommensteuer abgesetzt werden, wobei systemwidrig sogar Anteile der Anschaffungskosten für Grund und Boden in die Abschreibung einbezogen worden waren.

6.5.3 Wohn-Riester

Der neue Förderansatz des Gesetzgebers beruht auf einer Kopplung von Altersvorsorgeaspekten mit der Förderung von Wohnimmobilienerwerb für die Eigennutzung. Das ist der zugrunde liegende Leitgedanke der Wohn-Riester-Förderung, die mit Inkrafttreten des Eigenheimrentengesetzes am 01.08.2008 eingeführt wurde. Die entsprechenden Regelungen sind in das Einkommensteuergesetz (EStG) eingefügt worden.[28]

Förderberechtigte können demnach das in einem Riester-Altersvorsorgevertrag gebildete und geförderte Kapital bis zu 75% (in bestimmten Fällen sogar bis zu 100%) bis zum Beginn der Auszahlungsphase (= Renteneintritt) verwenden.
Das Geld kann eingesetzt werden für

- für die Anschaffung oder Herstellung einer Wohnung **oder**
- zur Entschuldung einer Wohnung **oder**
- unmittelbar für den Erwerb von Geschäftsanteilen (Pflichtanteilen) an einer eingetragenen Genossenschaft für die Selbstnutzung einer Genossenschaftswohnung.

Weitere Voraussetzung ist, dass die Wohnung die Hauptwohnung oder den Mittelpunkt der Lebensinteressen des geförderten Immobilienerwerbers darstellt und im Inland liegt. Unter keinen Umständen begünstigt sind somit im Ausland gelegene oder Ferien- oder Wochenendwohnungen.

Für den Einsatz von gefördertem Altersvorsorgekapital zum Immobilienerwerb müssen darüber hinaus die Grundvoraussetzungen für alle Riester-Altersvorsorgeprodukte in der Person des Immobilienerwerbers vorliegen.

Demnach sind nur bestimmte Personen förderfähig. Die Voraussetzungen, die der Antragssteller in seiner Person erfüllen muss, sind die folgenden:

Der Antragssteller ist unbeschränkt steuerpflichtig **und**[29]

- rentenversichtungspflichtiger Arbeitnehmer **oder**
- rentenversicherungspflichtiger Selbständiger **oder**
- pflichtversicherter Landwirt **oder**
- Bezieher von Arbeitslosengeld **oder**
- Bezieher von Krankengeld **oder**

---

[28] Siehe § 10a, §§ 79 ff. und §§ 92a ff. EStG.

[29] Siehe § 10a EStG. In der nachfolgenden Liste **nicht** enthalten sind z. B. Studenten und Versicherte in Einrichtungen berufsständischer Versorgungswerke (z. B. Ärzte, Apotheker, Rechtsanwälte, Architekten).

- nicht erwerbstätige Pflegeperson von Angehörigen **oder**
- Beamter oder Richter oder Soldat **oder**
- Kinder erziehend (bis zur Vollendung des 3. Lebensjahres).

Die Förderung erfolgt in Form eines Sonderausgabenabzuges von jährlich bis zu € 2.100 vom zu versteuernden Einkommen oder alternativ in Form einer Vorsorgezulage.[30] Das Finanzamt prüft insoweit, ob der Sonderausgabenabzug oder die Vorsorgezulage für den Antragssteller günstiger ist und legt im Steuerbescheid die günstigere Variante zugrunde.

Der grundsätzliche Leitgedanke der Riester-Produkte, die zusätzliche Altersvorsorge zu begünstigen, findet seine Ausprägung darin, dass Auszahlungen aus dem geförderten und aufgebauten Vermögen in Form einer zusätzlichen Rente erst **nach** Renteneintritt bzw. in zeitlichem Zusammenhang mit dem Renteneintritt möglich sind.

Dieser Grundsatz wird jedoch bei der Wohn-Riester-Förderung durchbrochen. Der Einsatz der geförderten Beträge zum Aufbau einer Altersvorsorge (Sonderausgabenabzug oder alternativ Vorsorgezulage) kann bereits **vor** dem Eintritt in das Rentenalter für den Kauf oder die Entschuldung einer selbstgenutzten Immobilie eingesetzt werden. Damit trägt der Gesetzgeber dem Umstand Rechnung, dass Menschen sinnigerweise Immobilien schon vor dem Renteneintritt in jüngeren Jahren erwerben.

Dieser Umstand stellt in zweifacher Hinsicht eine signifikante Privilegierung gegenüber anderen Riester-Förderprodukten dar. Denn bei Inanspruchnahme der Wohn-Riester-Förderung wird der Betrag vorzeitig in Anspruch genommen und darüber hinaus bei der Entnahme nicht versteuert, denn die Steuerfreiheit der Förderung ist ja gerade der Kern des Förderansatzes. Riester-Renten sind hingegen ab dem Renteneintritt künftig vollständig steuerpflichtig.

Vor diesem Hintergrund musste der Gesetzgeber zur Gleichstellung der Wohn-Riester-Förderung mit den anderen Altersvorsorgeförderprodukten eine nachgelagerte Besteuerung der entnommenen Geldbeträge für den Immobilienerwerb regeln.

Diese ***nachgelagerte Besteuerung*** wird durch ein Wohnförderkonto erreicht, auf dem die Entnahmebeträge der Wohn-Riester-Förderung verbucht und später der Besteuerung zugeführt werden. Vom 62. bis zum 85. Lebensjahr unterliegt das Wohnförderkonto dann mit einem jährlichen Betrag der Besteuerung, wobei der individuelle Steuersatz zur Anwendung kommt. Alternativ kann statt der jährlichen Besteuerung eine einmalige Besteuerung des Kapitals des Wohnförderkontos gewählt werden.

Als weitere Ausgleichsmaßnahme für die vorzeitige Nutzung des Altersvorsorgekapitals wird der in das Wohnförderkonto eingestellte und später bei Eintritt in das Rentenalter der Besteuerung zuzuführende Betrag jährlich um 2% erhöht. Diese Erhöhung soll den Vorteil kompensieren, dass die Riester-Mittel bereits vor Renteneintritt entnommen werden können zur Finanzierung einer Immobilie. Allerdings

[30] Siehe § 10a und §§ 79 ff. EStG.

kompensiert diese jährliche Erhöhung um 2% die Vorteile des Wohn-Riesterns gegenüber anderen Riester-Produkten nur teilweise. Der Vorteil, die Finanzierung der Immobilie bereits viele Jahre vor dem Renteneintritt aus unversteuertem Geld zu speisen, überwiegt die jährliche Erhöhung des bei Renteneintritt zu versteuernden Wohnförderkontos um 2% erheblich.

Damit hat der Gesetzgeber insgesamt leider eine relativ komplizierte Struktur der Anschlussförderung des Immobilienkaufes nach Wegfall der Eigenheimzulage gewählt. Gleichwohl dürfte es jedoch lohnend sein, sich der Mühe zu unterziehen, die Wohn-Riester-Förderung zu beantragen und in den Immobilienkauf einzubinden, wenn die Voraussetzungen erfüllt sind.

6.5.4 Wohn-Rürup?

Für den Personenkreis, der die persönlichen Anforderungen an die Riester-Förderung nicht erfüllt (z. B. Architekten, Ärzte, Apotheker oder Rechtsanwälte, die in berufsständischen Versorgungswerken rentenversichert sind) steht die so genannte Rürup-Rente als steuerrechtlich gefördertes Altersvorsorgeprodukt zur Verfügung.

Allerdings gibt es für die Rürup-Rente trotz wiederholter Forderungen leider **keine** Möglichkeit, gefördertes Kapital **vor** dem Renteneintritt für den Erwerb oder die Entschuldung einer Wohnimmobilie zu nutzen.

Zusammenfassend lässt sich damit festhalten, dass es „Wohn-Rürup" leider nicht gibt.

6.5.5 Sonstige Förderung

Über die oben dargestellten Förderprodukte hinaus gibt es noch umfangreiche Förderungen in Form von Kreditsubventionierungen durch staatliche Förderbanken. Gefördert werden demnach z. B. energiesparende Bau- und Sanierungsmaßnahmen.

Diese Förderprogramme sind schnelllebig und unterliegen ständigen Veränderungen. Auf eine Darstellung der komplexen und zahlreichen Förderprogramme wird daher in diesem Praxisleitfaden verzichtet und insoweit auf die stets aktuellen Informationen auf den Internetseiten der Förderbanken verwiesen. Eine Einführung in die Materie und eine Liste der einschlägigen Förderinstitute und deren Internetadressen finden Sie in dem Kapitel 7 dieses Praxisleitfadens dargestellt.[31]

Darüber hinaus gibt es einen Gesetzentwurf der Bundesregierung zur steuerrechtlichen Förderung von energetischen Wohngebäudesanierungen vom 06.06.2011. Der Gesetzentwurf sieht eine steuerrechtliche Förderung sowohl von vermieteten als auch von eigengenutzten Wohnimmobilien vor, wenn diese vor 1995 errichtet

[31] Siehe Abschn. 7.3.3. (Seite 131 f.).

worden sind und ein Sachverständiger bescheinigt, dass die Sanierungsmaßnahmen geeignet sind, gewisse Energieeinsparungen zu erzielen. Die Förderung erfolgt in Form einer Abschreibung der Sanierungskosten als Werbungskosten über 10 Jahre bzw. in Form der Anerkennung von entsprechenden Sonderausgaben über 10 Jahre bei Eigennutzung.

Bei Drucklegung dieses Buches befand sich der zunächst vom Bundesrat abgelehnte Gesetzentwurf im Vermittlungsausschuss. Der erste Einigungsversuch im Vermittlungsausschuss ist am 22.11.2011 gescheitert.[32] Es dürfte sich jedoch lohnen, das Gesetzgebungsverfahren weiter zu beobachten.

[32] Siehe http://www.bundesrat.de/cln_161/SharedDocs/Auschuesse-Termine-To/va/ergebnis/17wp/2011-11-22_20Ergebnis.templateId=raw.property=publicationFile.pdf/2011-11-22%20Ergebnis.pdf

Kapitel 7
Finanzierungsformen und Auswahl der Richtigen Finanzierung

7.1 Einleitung

Die richtige Finanzierung für den Erwerb einer Immobilie ist fast genau so entscheidend wie die richtige Auswahl der Immobilie selbst. Eine schlechte Finanzierung kann einen ansonsten günstigen Kauf einer Immobilie zu einer schlechten Investition machen.

Daher ist mein Rat an Sie: Informieren Sie sich gründlich über die Finanzierungskonditionen und die tatsächlichen Kosten einer Finanzierung. Die Ausführungen in den nachfolgenden Kapiteln werden Ihnen helfen, die entscheidenden Faktoren zu erkennen und sich Schritt für Schritt zu einem guten Kreditangebot vorzuarbeiten.

Für die Bereitstellung einer Immobilienfinanzierung sind in Deutschland grundsätzlich nur bestimmte Anbieter gesetzlich zugelassen: Banken und Sparkassen, Bausparkassen, Direktbanken, Lebensversicherungen und Förderbanken. Besonderheiten bestehen bei den Angeboten von Bausparkassen, Förderbanken und Lebensversicherungen, auf die ich in den folgenden Kapiteln näher eingehen werde.

Zur Erlangung eines Finanzierungsangebotes können Sie sich direkt an die Banken wenden oder alternativ über einen Finanzmakler im Internet (z. B. Dr. Klein & Co. AG)[1] Angebote einholen. Eine Ausnahme stellen die staatlichen Förderbanken (z. B. Kreditanstalt für Wiederaufbau – KfW) dar, die in der Regel nur über andere Banken im Hausbankenverfahren ein Finanzierungsangebot machen. Dazu sollten Sie Ihre Hausbank rechtzeitig auf die Einbindung von Förderdarlehen ansprechen, um entsprechende Angebote zu erhalten.

Die Erfahrung zeigt, dass man gut beraten ist, möglichst breit gefächert Angebote einzuholen, um die günstigsten Konditionen im Markt ausfindig zu machen und schließlich mit dem favorisierten Anbieter zielführend verhandeln zu können. Das ist zwar mit mehr Aufwand verbunden, zahlt sich jedoch in aller Regel aus.

Um die Angebote möglichst vergleichbar zu halten, ist es ratsam, bei der Einholung der Angebote bereits bestimmte Festlegungen und Vorgaben zu machen (z. B. hinsichtlich der Länge einer Festzinsperiode und hinsichtlich der Einräumung von Sondertilgungsrechten).

[1] www.drklein.de.

G. Rennert, *Praxisleitfaden Immobilienanschaffung und Immobilienfinanzierung*,
DOI 10.1007/978-3-642-22622-9_7, © Springer-Verlag Berlin Heidelberg 2012

Unter bestimmten Voraussetzungen kann auch eine Kombination von Teilfinanzierungen verschiedener Anbieter sinnvoll sein, um so einen Finanzierungsmix zusammenzustellen. Häufig ist die Kombination eines normalen Annuitätendarlehens mit einem Förderdarlehen der KfW und mit einem Bauspardarlehen.

Zu den Einzelheiten verweise ich auf die nachfolgenden Kapitel, in denen ich Ihnen systematisch und einprägsam die einzelnen Darlehensformen und Kombinationsmöglichkeiten vorstellen werde. Darüber hinaus werde ich Ihnen in den folgenden Ausführungen die abzuarbeitenden Schritte bis zur Unterschriftsreife des Darlehensvertrages erklären.

7.2 Ablauf einer Immobilienfinanzierung und Einholung von Angeboten

Der Abschluss einer Finanzierung läuft üblicherweise in verschiedenen Phasen ab. Diese Phasen werden in den folgenden Ausführungen in der Reihenfolge dargestellt, in der sie in der Praxis ablaufen.

7.2.1 Ermittlung des Kreditbedarfes

In der ersten Phase müssen Sie zunächst ermitteln, in welcher Höhe Sie den Immobilienkredit benötigen, denn nur wenn Sie die Höhe Ihres Kreditbedarfes kennen, können Sie entsprechende Angebote einholen.

Die Höhe Ihres Kreditbedarfes hängt von zwei anderen Zahlen ab, die Sie zuvor ermitteln müssen. Das ist zum ersten die Höhe des verfügbaren Eigenkapitals und zum zweiten die Höhe der Kosten für den Immobilienkauf. Wenn Sie von den Kosten für den Immobilienkauf das verfügbare Eigenkapital abziehen, ergibt sich daraus die Höhe des benötigten Immobilienkredites.

7.2.1.1 Eigenkapital

An erster Stelle steht also die Ermittlung Ihres Eigenkapitals, d.h. die Höhe der kurzfristig verfügbaren Geldmittel, die nicht für andere Ausgaben oder anstehende Investitionen benötigt werden. Dazu zählen Kontoguthaben, aber auch Wertpapiere (z. B. Aktien, Aktienfondsanteile), die Sie kurzfristig verkaufen können um diese zu Geld zu machen.

Es ist wichtig, dass Sie bei der Ermittlung des Eigenkapitals wirklich nur freie Geldmittel heranziehen und das Eigenkapital im Zweifel lieber zu niedrig ansetzen, wenn Sie sich nicht sicher sind, ob Sie bestimmte Finanzmittel tatsächlich längerfristig zur freien Verfügung haben. Denken Sie dabei auch an Dinge, die Sie lieber verdrängen wie z. B. Kosten für eine Autoreparatur oder die Anschaffung eines neuen Autos, wenn das alte voraussichtlich nicht mehr lange halten wird. Wenn Sie die Höhe des Eigenkapitals zu positiv ermitteln, wird dadurch als Folgefehler die Errechnung Ihres Immobilienkreditbedarfes zu gering ausfallen und Sie müssen am Ende des Tages dann eine mit viel Arbeit und auch Kosten verbundene Nachtragsfinanzierung bei der Bank beantragen. Wenn Sie hingegen vorsichtig kalkulieren, sind Sie auf der sicheren Seite und bleiben auch bei unvorhergesehenen Ereignissen voll handlungsfähig, ohne die Finanzierung neu strukturieren zu müssen.

7.2.1.2 Gesamtkosten für den Kauf

Die zweite entscheidende Größe für die Ermittlung des Kreditbedarfes stellen die Gesamtkosten für den Kauf der Immobilie dar. Dazu gehört natürlich zunächst der zu zahlende Kaufpreis für die Immobilie. Dieser allein reicht jedoch nicht.

Darüber hinaus müssen auch die so genannten ***Erwerbsnebenkosten*** bezahlt werden. Dazu gehören die Grunderwerbssteuer in Höhe von in der Regel 3,5%[2] des Kaufpreises für die Immobilie sowie Kosten für die notarielle Beurkundung des Kaufvertrages und der Grundschuldbestellung und schließlich die Gerichtskosten für die Eigentumsumschreibung im Grundbuch. Die Notarkosten und die Gerichtskosten für die Eigentumsumschreibung im Grundbuch betragen zusammen ca. 1,5% des Kaufpreises.

Häufig kommen zudem auch noch Kosten für die Maklerprovision hinzu, die im Regelfall mit 3,57% (incl. MWSt.) des Kaufpreises zu veranschlagen ist.

Die Erwerbsnebenkosten machen also zusammengenommen einen nicht zu unterschätzenden Kostenblock aus. Ich möchte Ihnen diese Erwerbsnebenkosten anhand eines Beispiels konkret vorrechnen.

Beispiel: Erwerb eines Hauses zum Kaufpreis von € 245.000

Erwerbsnebenkosten:

1. Notarielle Beurkundung Kaufvertrag und Grundschuldbestellung (1%)	*€ 2.450*
2. Eigentumsumschreibung im Grundbuch (0,5%)	*€ 1.225*
3. Grunderwerbssteuer (3,5%)	*€ 8.575*
4. Provision Immobilienmakler (3,57%)	*€ 8.747*
Summe	***€ 20.997***

Aus der Summe des Kaufpreises für die Immobilie und den Erwerbsnebenkosten ergeben sich die Gesamtkosten für die Anschaffung der Immobilie. In dem Beispiel hätten sich die Gesamtkosten damit bereits auf ca. € 266.000 erhöht.

Wenn die Immobilie noch renoviert oder umgebaut werden soll, ergeben sich natürlich weitere Kosten, die in die Berechnung eingestellt werden müssen. Bei der Kalkulation von Renovierungs- und Umbaukosten rate ich ebenfalls zur Vorsicht und im Zweifel eher zu einer Abrundung der Kosten nach oben, um eine Nachtragsfinanzierung zu vermeiden.

7.2.1.3 Errechnung des Kreditbedarfes

Ihren Kreditbedarf können Sie nun ganz einfach aus den vorhergehenden Zahlen ermitteln, in dem Sie von den ermittelten Gesamtkosten für die Anschaffung und Herrichtung der Immobilie das ermittelte Eigenkapital abziehen. Daraus ergibt sich dann rechnerisch der Kreditbedarf.

[2] In einigen Bundesländern gelten allerdings höhere Grunderwerbsteuersätze. Ich verweise insoweit auf die Ausführungen im Abschn. 6.3. (Seite 99 f.).

Wenn man bei dem obigen Beispiel bleibt und ein Eigenkapital von € 50.000 annimmt, dann ergäbe sich ein Kreditbedarf in Höhe von rund € 216.000, wenn keine Renovierungskosten veranschlagt werden:

Kaufpreis Haus:	*€ 245.000*
zzgl. Erwerbsnebenkosten:	*€ 20.997*
Zwischensumme (Gesamtkosten):	*€ 265.997*
abzüglich Eigenkapital:	*€ 50.000*
Differenz (= Kreditbedarf)	***€ 215.997***

Für die Berechnung der Erwerbsnebenkosten und des Kreditbedarfes können Sie auch das im Lieferumfang dieses Buches enthaltenen Berechnungstool verwenden, welches ich Ihnen im Kap. 10. detailliert vorstelle.[3]

Damit steht nun mit dem Kreditbedarf die wichtigste Größe für die Darlehenskalkulation fest. Auf dieser Grundlage können Sie nun Angebote von Banken für einen Bankkredit einholen. Welche weiteren Punkte dabei zu beachten sind, erfahren Sie in den folgenden Kapiteln.

7.2.2 Ermittlung des maximalen Kreditbetrages und der maximalen Objektkosten

Die oben dargestellte Berechnung des Kreditbedarfes setzt voraus, dass der Kaufpreis der Zielimmobilie bereits feststeht.

Denkbar ist aber auch der umgekehrte Fall, dass Sie noch keine geeignete Immobilie gefunden haben, aber bereits Überlegungen anstellen möchten, welchen Kaufpreis Sie maximal aufbringen können. Diese Überlegung ist insbesondere dann wichtig, wenn Sie noch in der Orientierungsphase sind und noch gar nicht wissen, ob Sie sich ein ganzes Haus leisten können oder besser auf eine Eigentumswohnung als Einstiegsimmobilie setzen sollten. Daher möchte ich Ihnen zeigen, wie Sie bei der Berechnung des maximal finanzierbaren Kaufpreises vorgehen müssen.

7.2.2.1 Maximaler Kreditbetrag

Zunächst ermitteln Sie das sichere monatliche Nettoeinkommen und ziehen davon Ihre laufenden Kosten ab, um daraus den freien monatlichen Geldbetrag zu ermitteln, den Sie zur Bedienung eines Bankkredites zur Verfügung haben.

[3] Siehe Kap. 10. (Seite 215 ff.).

Beispiel:

Monatliches Nettoeinkommen:	*€ 2.350*
Kindergeld:	*€ 250*
Summe:	*€ 2.600*
abzüglich Kosten für Lebenshaltung, Urlaub und Auto etc.:	*€ 1.600*
Differenz (= freier Betrag):	***€ 1.000***

Aus diesem monatlich frei verfügbaren Betrag für Zins und Tilgung lässt sich nun nach folgender Formel der maximale Darlehensbetrag errechnen, der bei einem bestimmten Zinssatz und einem bestimmten Tilgungssatz maximal zu schultern ist:

$$\frac{\text{Freies monatliches Einkommen x 12}}{\text{Nominalkreditzinssatz} + \text{Tilgungssatz}} = \textbf{maximaler Kreditbetrag}$$

Wenn wir nun mit den obigen Beispielswerten rechnen und einen Darlehenszinssatz von 4% pro Jahr und eine anfängliche Tilgung von 1% pro Jahr unterstellen, ergibt sich daraus folgende Berechnung:

$$\frac{1.000\,€ \text{ x } 12}{4\% + 1\%} = \textbf{240.000 €}$$

Rechnet man hingegen mit einem um 1% höheren Kreditzinssatz (= 5% pro Jahr), reduziert sich der maximal darstellbare Kreditbetrag bereits erheblich:

$$\frac{1.000\,€ \text{ x } 12}{5\% + 1\%} = \textbf{200.000 €}$$

Es ist also wichtig, dass Sie bei dieser Berechnung vorsichtig kalkulieren und den Darlehenszinssatz auf keinen Fall zu niedrig ansetzen, weil Sie ansonsten bei einer Zinssatzsteigerung nach Auslaufen der ersten Festzinsperiode die Rate nicht mehr zahlen könnten und massiv in Schwierigkeiten geraten würden.

Das gleiche gilt für die Errechnung ihres monatlich freien Geldbetrages. Diesen sollten Sie ebenfalls konservativ ansetzen und im Zweifel lieber zu niedrig als zu hoch. Das ist auch deshalb anzuraten, weil Sie unerwartete Kosten einkalkulieren müssen wie z. B. Hausreparaturen, für die Sie als Immobilieneigentümer natürlich selbst verantwortlich sind.

Aus Gründen kalkulatorischer Vorsicht wird bei den nachfolgenden Beispielrechnungen mit einem Zinssatz von 5% und einem maximalen Darlehensbetrag in Höhe von € 200.000 gerechnet.

7.2.2.2 Errechnung der maximalen Objektkosten

Aus dem maximalen Kreditbetrag und Ihrem verfügbaren Eigenkapital können Sie nun den maximal verfügbaren Geldbetrag zum Erwerb einer Immobilie errechnen, indem Sie beide Beträge addieren:

	Eigenkapital
+	max. Darlehensbetrag
=	**max. Geldbetrag für Immobilienkauf**

Wenn wir bei dem obigen Beispiel bleiben und unterstellen, dass Sie ein Eigenkapital in Höhe von € 50.000 haben, dann ergibt sich daraus folgende Berechnung:

	50.000 € (Eigenkapital)
+	200.000 € (max. Darlehensbetrag)
=	**250.000 € (max. Geldbetrag für Immobilienkauf)**

Dieses Ergebnis bedeutet jedoch nicht, dass Sie eine Immobilie zum Kaufpreis von € 250.000 finanzieren könnten, da Sie ja noch die Erwerbsnebenkosten berücksichtigen müssen wie Grunderwerbssteuer, Notargebühren und Maklerkosten.

Aus dem maximalen Geldbetrag für den Immobilienkauf können Sie jedoch leicht den maximal finanzierbaren Kaufpreis ermitteln, wenn Sie mit folgender Formel die Erwerbsnebenkosten in die Rechnung einbeziehen:

$$\frac{\text{Max. Geldbetrag für Kauf x 100}}{100 + 3{,}57 + 3{,}5 + 1{,}5} = \textbf{maximaler Kaufpreis}$$

Wenn wir nun mit den obigen Beispielswerten weiterrechnen, ergibt sich daraus folgende Berechnung:

$$\frac{250.000\,€ \text{ x } 100}{100 + 3{,}57 + 3{,}5 + 1{,}5} = \mathbf{230.266\,€}$$

Mit diesem Rechenergebnis hätten Sie also für sich eine gute Orientierung dahingehend gewonnen, dass Sie maximal einen Kaufpreis in Höhe von rund € 230.000 finanzieren können.

Damit haben Sie sich einen wichtigen Informationsbaustein erarbeitet, der Ihnen Klarheit verschafft, wo die absoluten Grenzen liegen, die auf keinen Fall überschritten werden sollten und haben damit eine gute Orientierung für die Suche einer geeigneten Immobilie, die zu Ihrer Finanzkraft passt und Sie nicht überfordert.

Ich würde Ihnen jedoch davon abraten, dieses Limit voll auszuschöpfen. Es dürfte wirtschaftlich vorteilhafter sein, keine *„auf Kante genähte"* Finanzierung zu wählen, sondern Spielraum ein zu planen, der z. B. für einen von Anfang an höheren

Tilgungssatz genutzt werden kann, um die Gesamtzinslast zu drücken und die Darlehenslaufzeit zu verkürzen. Eine höhere Tilgung können Sie sich jedoch nur leisten, wenn Sie beim Kreditvolumen nicht an die äußersten Grenzen der Belastbarkeit gehen.

Mit einer von Anfang an höheren Tilgung reduzieren Sie zudem Ihr Risiko einer Überlastung bei einer Zinserhöhung nach Auslaufen der ersten Festzinsperiode, weil Sie dann aufgrund der erhöhten Tilgung einen erheblich reduzierten Darlehensbetrag haben. Wie gravierend sich die Höhe der anfänglichen Tilgung auf die Laufzeit einer Finanzierung und auf die Gesamtzinslast auswirken, können Sie detailliert weiter unten nachlesen.[4]

7.2.3 Eckdaten und Unterlagen für die Einholung von Kreditangeboten

Wenn Sie nun anhand der ermittelten Ergebnisse für das maximale Kreditvolumen und den maximalen Kaufpreis eine geeignete Zielimmobilie gefunden haben und sich bereits ein Kaufvertragsabschluss abzeichnet, können Sie beginnen, Finanzierungsangebote einzuholen da Sie nun die erforderlichen Eckdaten kennen, die von jeder Bank abgefragt werden.

Da die Bank den Kredit mit einem Grundpfandrecht in Form einer Grundschuld auf der Immobilie absichern lässt, verlangt die Bank auch Informationen über die Immobilie, um sich ein Bild vom Wert derselben zu machen. Auch deshalb können Sie vor der Festlegung auf eine Zielimmobilie noch keine verbindlichen Angebote von Banken einholen, weil die Bank ihr Kreditangebot und insbesondere auch die Konditionen des Kredites stark von der Werthaltigkeit der Immobilie abhängig macht, die ja als Sicherheit für den Kredit dienen muss. Im Vorfeld können Sie von Banken lediglich indikative Angebote einholen, die nicht verbindlich sind, aber gleichwohl eine grobe Orientierung bieten können, welche Banken höchstwahrscheinlich die günstigsten Konditionen vorhalten.

Darüber hinaus wird eine finanzierende Bank vor der Zusage eines Immobilienkredites auch umfangreiche Informationen über Ihre wirtschaftlichen Verhältnisse einfordern. Das tut die Bank nicht aus Neugier, sondern weil sie gesetzlich dazu verpflichtet ist[5] und weil die Kreditkonditionen auch von der Bonität und Wirtschaftskraft des Kreditnehmers abhängen. Bei Kreditnehmern mit guter Bonität wird der Zinssatz günstiger, weil der eingepreiste Risikoaufschlag geringer ausfällt während der Zinssatz bei Kreditnehmern mit schlechter Bonität höher wird.

Im Folgenden möchte ich Ihnen eine **Checkliste** an die Hand geben für die Unterlagen, die Sie für den Abschluss eines Immobilienkredites in jedem Falle benötigen und zusammentragen müssen:

---

[4] Siehe Abschn. 7.3.1.2. (Seite 119 f.).

[5] Siehe § 18 Abs. 2 Kreditwesengesetz (KWG).

7.2.3.1 Allgemeine Unterlagen zum Kreditnehmer

(1) Einkommensnachweise der letzten 3 Monate (Gehaltsabrechnungen, Rentenbescheid etc.)
(2) Einkommensteuerbescheide der letzten 3 Jahre
(3) Nachweis des vorhandenen Eigenkapitals (z. B. Kontoauszüge, Wertpapierdepotauszüge etc.)
(4) Unterlagen über Bausparverträge und / oder Lebensversicherungen
(5) Beidseitige Kopien der Personalausweise aller Kreditnehmer
(6) Unterlagen über bereits bestehende Kreditverbindlichkeiten

7.2.3.2 Unterlagen zur Immobilie

(1) Grundbuchauszug - nicht älter als 3 Monate
(2) Teilungserklärung (nur für Eigentumswohnungen)
(3) Grundstückskaufvertrag (Entwurf)
(4) Erbbaurechtsvertrag (nur bei Erbbaugrundstücken)
(5) Amtlicher Lageplan (Katasteramt)
(6) Bauzeichnungen, Berechnung umbauter Raum und der Wohnfläche, Baubeschreibung (Bauaufsichtsamt oder Verkäufer)
(7) Aussagekräftige Fotos der Immobilie (nur bei Bestandsimmobilien)
(8) Aufstellung durchgeführter Instandhaltungs- und Sanierungsmaßnahmen mit Daten
(9) Unterlagen über Gebäudeversicherung
(10) Bauvertrag für das Haus und Kostenberechnung des Architekten (nur bei Neubauten)
(11) Aufstellung von evtl. Eigenleistungen mit Bestätigung durch Ihren Architekten
(12) Baugenehmigung bzw. Bauanzeige (nur bei Neubauten)
(13) Mietverträge und Kontoauszüge bezüglich des Mieteinganges der letzten 3 Monate (nur bei vermieteten Immobilien)

Es ist empfehlenswert, diese Unterlagen vor der Kontaktierung von potenziellen Kreditgebern vollständig zusammenzutragen. Es macht einen schlechten Eindruck auf eine Bank, wenn der Darlehensnehmer Unterlagen nicht griffbereit hat. Des Weiteren kann die zeitliche Planung und der reibungslose Ablauf des Immobilienkaufes massiv gestört werden, wenn Unterlagen erst noch aufwendig besorgt oder gesucht werden müssen.

7.3 Marktgängige Formen von Immobilienfinanzierungen

Wenn Sie nun eine geeignete Zielimmobilie gefunden und die oben aufgelisteten Unterlagen für die Beantragung einer Finanzierung zusammengestellt haben, ist der Zeitpunkt gekommen, um gezielt Anbieter zu kontaktieren. Dazu müssen Sie zunächst Überlegungen anstellen, welche Anbieter Sie kontaktieren wollen und für welche Kreditvarianten Sie Angebote einholen wollen, damit Sie passende Angebote erhalten.

Natürlichen könnten Sie aus Bequemlichkeitsgründen einfach in die nächste Bankfiliale laufen, um sich dort beraten zu lassen bevor Sie eigene Überlegungen anstellen. Aus guten Gründen würde ich Ihnen jedoch davon abraten, einen solchen Schritt ohne vorab angestellte eigene Überlegungen zu tun. Denn nur ein hinreichender Marktüberblick und eine hinreichende Informationsgrundlage versetzen Sie in den Stand, sich selbst ein Urteil darüber zu bilden, ob die Beratung eines Bankmitarbeiters wirklich objektiv ist und Ihren Interessen dient. Leider zeigt die Erfahrung immer wieder, dass Bankberater einseitig beraten, um in erster Linie die bankeigenen Kredite zu verkaufen. Das gilt insbesondere dann, wenn diese Produkte einem objektiven Vergleich mit Konkurrenzprodukten nicht standhalten.

Sie werden jedoch nur dann in der Lage sein, ein schlechtes Angebot von einem guten zu unterscheiden, wenn Sie sich selbst eine solide Informationsgrundlage und einen Marktüberblick verschafft haben. Eine schlechte Beratung zu Anfang der Auswahl einer Finanzierung birgt zudem die Gefahr in sich, dass Ihre Überlegungen von Anfang an in eine falsche Richtung geleitet werden.

Ich möchte Ihnen daher zunächst die am Markt vertretenen Anbieter von Immobilienfinanzierungen und deren Produkte darstellen, um Ihnen notwendige Orientierung zu geben. Bei der Darstellung gehe ich auf die Besonderheiten der jeweiligen Anbieter sowie auf die Besonderheiten der angebotenen Produkte ein. Das sollte Ihnen helfen, eine erste Peilung zu bekommen, welche Finanzierungsvarianten für Sie interessant sein könnten und bei welchen Anbietern Sie die entsprechenden Produkte finden.

Grundsätzlich sollten Sie auch eine Kombination aus mehreren Darlehensvarianten in Erwägungen ziehen (z. B. Bauspardarlehen in Kombination mit einem gewöhnlichen Annuitätendarlehen). Eine solche Kombination kann sich unter bestimmten Umständen als besonders günstig erweisen. An den entsprechenden Stellen gehe ich auf Kombinationsmöglichkeiten der Finanzierungsvarianten ein.

7.3.1 Annuitätendarlehen mit Festzinssatzbindung

Das von den Banken am häufigsten vertriebene Kreditprodukt zur Immobilienfinanzierung stellt das ***Annuitätendarlehen*** mit Festzinssatzbindung dar. Diese Form des Kredites wird von allen Banken, Sparkassen und Direktbanken angeboten. Dabei handelt es sich um einen Kredit, der mit einer Festzinssatzbindung und einer ratierlichen laufenden Tilgung versehen ist. Er wird mit **gleich bleibend hohen Raten** bedient. Die gleich bleibend hohen Raten zur Abzahlung des Kredites enthalten sowohl die laufenden Zinsen auf den Darlehensbetrag als auch einen Tilgungsanteil zur Rückführung des Darlehens. In aller Regel wird das Annuitätendarlehen mit einer erstrangigen Grundschuld besichert.

Beim ***Ratendarlehen*** hingegen sind die monatlichen Raten nicht gleich bleibend, sondern ändern sich laufend. Das rührt daher, dass beim Ratendarlehen von vornherein ein fixer Tilgungssatz vereinbart wird. Mit fortschreitender Tilgung ändert sich beim Ratendarlehen die monatliche Zinslast, wohingegen der Tilgungsbetrag gleich bleibt. Dadurch nehmen die Raten im Laufe der Zeit mit fortschreitender Tilgung betragsmäßig ab.

Die dritte Variante ist das ***endfällige Darlehen***, welches sich dadurch auszeichnet, dass während der Laufzeit überhaupt keine Tilgungsleistungen erfolgen sondern nur Zinsen gezahlt werden. Die monatliche Rate ist genau wie bei Annuitätendarlehen konstant, enthält aber nur Zinsen und keine Tilgung. Diese Variante kommt insbesondere bei Darlehen von Lebensversicherungsgesellschaften in Kombination mit einer Kapitallebensversicherung vor.[6]

Im Folgenden möchte ich Ihnen zunächst die in der Praxis des Immobilienkaufes am häufigsten vorkommende Variante in Form des Annuitätendarlehens mit Festzinssatzbindung und ratierlicher Tilgung näher vorstellen. Bei einem solchen Darlehen sind neben dem Darlehensbetrag vier Stellgrößen wichtig:

- ***Nominalzinssatz in % pro Jahr***
- ***Anfänglicher Tilgungssatz in % des Darlehensbetrages***
- ***Zinsfestschreibungsdauer in Jahren***
- ***Sondertilgungsrechte***

Wenn von den Konditionen eines Darlehens die Rede ist, so sollten Sie Ihr Augenmerk vorrangig auf diese vier Stellgrößen richten, da diese maßgeblich sind für die Kosten eines Darlehens. Aus diesen Eckdaten können (fast) alle anderen Kosten und Belastungen berechnet werden, insbesondere die Gesamtzinslast und die Laufzeit des Darlehens bis zur Volltilgung.

7.3.1.1 Nominalzinssatz und Effektivzinssatz

Zunächst möchte ich auf den Kreditzinssatz zu sprechen kommen, der ja die markanteste Stellgröße des Immobilienkredites darstellt. Wenn Sie sich ein typisches Immobilienkreditangebot anschauen, werden Sie feststellen, dass dort mit einem Nominalzinssatz und einem Effektivzinssatz gearbeitet wird.

(1) Der ***Nominalzinssatz*** gibt den Zinssatz an, der auf den Darlehensbetrag für die jeweilige Zinsperiode berechnet wird. Der Nominalzinssatz ist die Größe, mit der Anbieter von Immobilienfinanzierungen ja auch in der Regel werben. Je

[6] Zur Vermeidung von Wiederholungen verweise ich wegen der Einzelheiten zum endfälligen Darlehen auf die Ausführungen unter Ziffer 7.3.4. (siehe Seite 132).

niedriger der Nominalzinssatz für einen Bankkredit ist, desto günstiger ist eine Finanzierung grundsätzlich.

Die Höhe des Nominalzinssatzes hängt neben der aktuellen Lage an den Finanzmärkten auch von Ihrer persönlichen Bonität und von der Werthaltigkeit der Immobilie ab, die finanziert werden soll. Darüber hinaus spielt die Ausschöpfung des so genannten Beleihungswertes der Immobilie eine große Rolle für die Höhe des Nominalzinssatzes.

Der ***Beleihungswert*** einer Immobilie ist der Wert, der erfahrungsgemäß unabhängig von vorübergehenden, etwa konjunkturell bedingten Wertschwankungen am maßgeblichen Grundstücksmarkt und unter Ausschaltung von spekulativen Elementen während der gesamten Dauer der Beleihung bei einer Veräußerung voraussichtlich sicher erzielt werden kann. Der Beleihungswert liegt daher unter dem Marktwert und wird durch entsprechende Abschläge vom Marktwert ermittelt.

Von dem festgelegten Beleihungswert wird ein maximaler Prozentsatz von der Bank beliehen, der als Beleihungsgrenze bezeichnet wird. Die Beleihungsgrenze liegt in der Regel zwischen 60 und 80% des Beleihungswertes. Das bedeutet, dass der Kreditbetrag nicht mehr als 60 bis 80% des Beleihungswertes der Immobilie betragen darf. Daraus ergibt sich wiederum die Notwendigkeit, diese Finanzierungslücke mit Eigenkapital aufzufüllen.

Je höher die Ausschöpfung des Beleihungswertes mit einer Kreditbelegung ist, desto größer ist das Risiko für die Bank, aus der Verwertung der Immobilie das Darlehen nicht vollständig zurückführen zu können. Daher wird der Nominalzinssatz höher, wenn der Beleihungswert zu einem höheren Anteil mit einer Kreditaufnahme belegt wird.

Aus diesem Grunde fragen alle Banken vor der Herauslegung eines Kreditangebotes für einen Immobilienkauf Informationen ab, aus denen der Beleihungswert berechnet werden kann, um den benötigten Kreditbetrag zu diesem Beleihungswert in Relation zu setzen.

(2) Der ***anfängliche effektive Jahreszinssatz*** hingegen beziffert den Zinssatz unter Einrechnung von Kosten. Er wird ebenfalls in Prozent pro Jahr ausgedrückt und ist naturgemäß höher als der Nominalzinssatz. Der effektive Jahreszinssatz ist in der Preisangabenverordnung (PAngV) beschrieben.

Er wird aus dem Nominalzinssatz errechnet, indem weitere Umstände eingerechnet werden, die Einfluss auf die Kreditkosten haben wie z. B. der Tilgungssatz, Tilgungsverrechnungstermine etc. Der Effektivzinssatz wurde vom Gesetzgeber entwickelt, um Bankkunden den Vergleich von mehreren Kreditangeboten zu ermöglichen. Mit Hilfe des Effektivzinssatzes können jedoch nur die Kreditkosten von Angeboten mit gleicher Zinsfestschreibungsdauer und identischem Tilgungssatz dergestalt verglichen werden, dass die Effektivzinssätze nebeneinander gestellt werden.

Der Effektivzinssatz sagt Ihnen jedoch noch nichts über die Gesamtzinslast in Euro und die Laufzeit eines Kredites bis zur vollständigen Tilgung. Mit der blanken Zahl eines Effektivzinssatzes können Sie m. E. noch nicht viel anfangen.

Daher vertrete ich die Auffassung, dass Sie sich mit dem Vergleich des jährlichen Effektivzinssatzes nicht zufrieden geben dürfen, sondern die tatsächliche

Gesamtzinslast bis zur vollständigen Rückführung des Kredites berechnen müssen, um wirklich belastbare Zahlen zu bekommen, auf die Sie Ihre Entscheidungen und Ihre Planungen aufbauen können.[7] Nur dieser Ansatz ermöglicht Ihnen, auch solche Angebote zu vergleichen, die unterschiedliche Zinsfestschreibungsfristen und unterschiedliche Tilgungssätze haben.

Lassen Sie sich daher nicht zu sehr von der blanken Zahl des effektiven Zinssatzes als Entscheidungskriterium leiten, sondern stellen Sie lieber eine Betrachtung der Gesamtzinslast an. Darüber hinaus sollten Sie auch auf hinreichende Flexibilität z. B. in Form von vertraglichen Sondertilgungsrechten achten, um das Darlehen schneller zurückführen zu können, weil das die Gesamtzinslast am effektivsten reduziert.[8]

7.3.1.2 Anfänglicher Tilgungssatz und monatliche Belastung

Der Nominalzinssatz allein ist jedoch nicht die einzige Stellgröße für die Kosten eines Annuitätendarlehens.

Ganz entscheidend für die Gesamtkosten einer Finanzierung ist auch die Höhe der anfänglichen Tilgung. Die Höhe der anfänglichen Tilgung eines Kredites wird mit einem % – Satz der Darlehenssumme festgelegt. Dieser % – Satz wird deshalb als **anfänglicher** Tilgungssatz bezeichnet, weil der Tilgungssatz nicht konstant bleibt, sondern mit fortschreitender Reduzierung des Darlehensbetrages infolge der gesunkenen Zinslast höher wird.

Die Höhe der monatlich gleich bleibenden Rate ergibt sich aus dem Nominalzinssatz und aus dem anfänglichen Tilgungssatz, der in dem Kreditvertrag vereinbart worden ist. Für die Berechnung kann folgende Formel verwendet werden:

$$\frac{\text{Kreditbetrag x (Zinssatz + Tilgungssatz)}}{12} = \textbf{Monatliche Rate}$$

Beispiel:

Kreditbetrag: *€ 150.000*
Nominalzinssatz: *4,5% pro Jahr*
Tilgungssatz: *1% anfängliche Tilgung*

[7] Wegen der Einzelheiten verweise ich auf die ausführliche Beschreibung des im Lieferumfang dieses Buches enthaltenen Berechnungstools zur Ermittlung der Gesamtzinslast und anderer Kennzahlen im Kap. 10 (Seite 215 ff.).

[8] Die Einzelheiten zu vertraglichen Sondertilgungsrechten und die Auswirkungen von Sondertilgungen auf die Gesamtzinslast und die Laufzeit des Darlehens werden weiter unten im Abschn. 7.3.1.4 detailliert besprochen (Seite 124 f.).

Bei diesen Eckdaten des Beispiels würde die monatlich gleich bleibende Rate für das Darlehen sich wie folgt errechnen:

$$\frac{€\ 150.000 \times (4{,}5\ \% + 1\ \%)}{12} = \textbf{€ 687,50}$$

Mit fortschreitender Tilgung des Darlehens wird natürlich der Zinsanteil der monatlich gleich bleibenden Rate kleiner und der Tilgungsanteil größer, weil die Bemessungsgrundlage für die monatlich anfallenden Kreditzinsen infolge der Tilgung immer kleiner wird. Daher steigt der Tilgungssatz von anfänglich 1% des Darlehensbetrags im Laufe der Zeit erheblich an. So erklärt sich, dass ein Kredit mit einer anfänglichen Tilgung von 1% nicht erst nach 100 Jahren zurückgezahlt ist, sondern bereits nach 30–40 Jahren.

Je höher der anfängliche Tilgungssatz gewählt wird, desto schneller ist das Darlehen zurückgezahlt und desto geringer fällt die Gesamtzinslast für den Kreditnehmer aus. Ich möchte Ihnen das durch ein einfaches Beispiel verdeutlichen, indem ich die Ihnen die Ergebnisse einer Finanzierung mit einem Annuitätendarlehen mit 1% anfänglicher Tilgung (**Variante 1**) und 2% anfänglicher Tilgung (**Variante 2**) auswerfe und tabellarisch gegenüberstelle. Die entscheidenden Werte finden Sie in den grau hinterlegten Feldern:

	Variante 1	Variante 2
Kreditbetrag	€ 150.000	€ 150.000
Zinssatz nominal p. a. (%)[9]	4,5%	4,5%
anfängliche Tilgung p. a. (%)	**1,00%**	**2,00%**
Monatliche Rate	€ 688	€ 813
Laufzeit in Jahren bis Volltilgung	**38 Jahre**	**26,3 Jahre**
Gesamtzinslast bis Volltilgung	**€ 163.123**	**€ 105.854**

Sie können an den Ergebnissen für die Laufzeit des Darlehens bis zur Volltilgung und an der Gesamtzinslast dieses Beispiels sehen, dass eine um 1% höhere anfängliche Tilgung sich ganz erheblich auswirkt: Bei anfänglich 2% Tilgung kann die Laufzeit gegenüber anfänglich 1% Tilgung um fast 12 Jahre verkürzt werden und die Gesamtzinslast verringert sich um beachtliche € 57.269.

Das Ergebnis dieser Berechnungen können Sie mit Hilfe des im Lieferumfang dieses Praxisleitfadens enthaltenen Berechnungstools selbst nachvollziehen, indem Sie die gewählten Eckdaten der obigen Beispiele dort eingeben.[10]

[9] Es wird vereinfachend unterstellt, dass der Darlehenszinssatz für die gesamte Laufzeit des Darlehens konstant 4,5% pro Jahr beträgt. Diese Annahme führt zu realistischen Ergebnissen, wenn über die Gesamtlaufzeit der Zinssatz um diesen Wert herum pendelt, d.h. bei den anschließenden Festzinssatzvereinbarungen mal darüber liegt und mal darunter.

[10] Eine detaillierte Anleitung zur Benutzung des im Lieferumgang enthaltenen Rechentools finden Sie in Kap. 10 des Buches (Seite 215 ff.).

Durch dieses Beispiel sollte Ihnen klar werden, welche entscheidende Auswirkung die Höhe der anfänglichen Tilgung auf die gesamten Kosten und die Laufzeit des Kredites hat.

Bei der Strukturierung Ihres Bankkredites für Ihren Immobilienkauf sollten Sie daher Ihr Augenmerk darauf richten, von Anfang an eine möglichst hohe Tilgung dar zu stellen. Auch in diesem Punkte können sich relativ überschaubare Differenzbeträge bei der monatlichen Belastung über die Gesamtlaufzeit zu extremen Effekten aufsummieren, wie das obige Rechenbeispiel eindrucksvoll zeigt.

7.3.1.3 Länge der Zinsfestschreibung

Bei einem Immobilienkredit legt die Länge der Zinsfestschreibung fest, wie viele Jahre der bei Abschluss gültige Zinssatz für das Darlehen konstant bleibt. Da die Laufzeiten von Immobilienkrediten auch Zeiträume von über 20 Jahren erreichen, wird der Zinssatz im Normalfall nicht von Anfang an für die ganze Zeit fixiert, sondern zunächst nur für die ersten 5, 10 oder 15 Jahre. In Ausnahmefällen kommen auch längere Zinsfestschreibungen vor.

Nach Auslaufen der ersten Festzinsperiode wird dann ein neuer Festzinssatz für eine weitere Periode festgeschrieben oder das Darlehen wird abgelöst. Bei sehr lang laufenden Finanzierungen können auch mehrere Festzinssatzanpassungen hintereinander erfolgen.

Der Kreditnehmer muss sich bei Abschluss eines Bankkredites entscheiden, wie lang er die erste Zinsfestschreibung wählt. Eine längere Zinsfestschreibung ist dabei mit einem Zinsaufschlag verbunden. Grund dafür ist, dass die Bank die längere Bindung an einen Festzinssatz laufzeitkongruent an den Kapitalmärkten refinanzieren und dafür höhere „Einkaufspreise" zahlen muss.

Bei Inanspruchnahme eines Bankkredites werden von der Bank grundsätzlich die zur Zeit des Vertragsabschlusses aktuellen Marktzinsen für den Kredit zugrunde gelegt, wobei es eine gewisse Streubreite unter den Anbietern gibt. Die von den Banken angebotenen Zinssätze für Immobilienkredite hängen von den Refinanzierungsmöglichkeiten der Banken an den Kapitalmärkten ab, die die „Einkaufspreise" der Banken für die Eindeckung mit Geld darstellen. Auf diese „Einkaufspreise" sattelt die Bank eine Marge und Risikokosten auf, woraus sich dann der Nominalzinssatz ergibt, der dem Bankkunden angeboten wird.

Je nach Entwicklung der Finanzmärkte entwickeln sich die Zinsen für Bankkredite aller Anbieter nach oben oder nach unten. Der von den Banken angebotene Zinssatz für einen Bankkredit hängt also maßgeblich von der Lage an den Finanzmärkten zum Zeitpunkt der Ausreichung eines Bankkredites ab.

Es gibt sowohl wirtschaftliche Argumente für eine möglichst lange Zinsfestschreibung als auch Argumente für eine möglichst kurze Zinsfestschreibung. Ausschlaggebend für die Entscheidung über die Länge der ersten Zinsfestschreibung ist das aktuelle Marktzinsniveau bei Abschluss des Darlehens und die Erwartung der zukünftigen Zinsentwicklung an den Kapitalmärkten.

In einer historischen Niedrigzinsphase spricht vieles dafür, dass die Zinsen mittelfristig bis langfristig wieder ansteigen werden, was ein Argument dafür wäre, die Zinsfestschreibung möglichst lang zu wählen, um sich das niedrige Zinsniveau lange zu sichern und sich gegen einen Anstieg der Kreditzinsen zu wappnen.

In einer historischen Hochzinsphase hingegen ist die Wahrscheinlichkeit größer, dass die Zinsen mittelfristig bis langfristig sinken werden. Das spricht eher dafür, kürzere Zinsbindungsfristen zu wählen, um sich nach Auslaufen der Zinsbindung möglichst zeitnah und ohne Vorfälligkeitsentschädigung auf ein niedrigeres Zinsniveau herunterschleusen zu können.

Aus diesen Überlegungen lassen sich folgende **Grundsatzempfehlungen** ableiten:

Wenn der Kreditnehmer kurzfristig oder mittelfristig sinkende Zinsen erwartet, sollte er möglichst kurze Zinsfestschreibungen wählen, um nicht zu lange an ein höheres Zinsniveau gebunden zu sein und von sinkenden Zinsen möglichst zeitnah profitieren zu können.

Erwartet der Kreditnehmer hingegen mittelfristig bis langfristig steigende Zinsen, so sollte er möglichst längere Zinsfestschreibungen wählen, um sich das gegenwärtig niedrigere Zinsniveau länger zu sichern.

Da die Entwicklung des Zinsniveaus an den Kapitalmärkten nicht sicher vorhergesagt werden kann, wird der Kreditnehmer nur später in der Rückschau wirklich sicher wissen, ob er es richtig gemacht hat.

Vorfälligkeitsentschädigung

Der Leser wird sich an dieser Stelle vielleicht fragen, warum er bei fallenden Zinsen nach Abschluss des Kreditvertrages nicht einfach vor Ablauf der Zinsbindungsfrist auf das gesunkene Marktzinsniveau wechselt. Die Antwort auf diese Frage fällt ebenso eindeutig wie unbefriedigend für den Kreditnehmer aus: Eine vorzeitige Rückzahlung des Kredites vor Ablauf einer Festzinsperiode ist (neben anderen Voraussetzungen) leider nur gegen eine Vorfälligkeitsentschädigung möglich.

Die ***Vorfälligkeitsentschädigung*** wird von der Bank in Rechnung gestellt als Kompensation für die Aufgabe der Festlegung auf das Zeitfenster der Zinsfestschreibung, welche für die Bank Kosten und darüber hinaus einen entgangenen Gewinn verursachen kann.[11] Die Vorfälligkeitsentschädigung kann erhebliche Summen erreichen, so dass Sie alles versuchen sollten, diese zu vermeiden.

Sollten Sie in eine Situation geraten, in der Sie um eine Vorfälligkeitsentschädigung nicht herumkommen, so dürfte es ratsam sein, fachliche Hilfe in Anspruch zu nehmen, um die Rechtmäßigkeit und die Höhe der Vorfälligkeitsentschädigung überprüfen zu lassen. Die praktische Erfahrung lehrt, dass nicht wenige Berechnungen von Vorfälligkeitsentschädigungen durch Banken fehlerhaft und überhöht sind. Eine Prüfung der Vorfälligkeitsentschädigung können Sie auch bei mir in Auftrag geben. Weitere Informationen und Auftragsformulare finden Sie auf www.kanzlei-rennert.de.

[11] Wegen der Einzelheiten verweise ich auf die detaillierte Darstellung in Abschn. 7.4.2 (Seite 137 ff.).

Aus diesen Überlegungen folgt die Erkenntnis, dass eine lange Zinsbindungsfrist auch Nachteile mit sich bringt, da Sie als Kreditnehmer bei einer vorzeitigen Rückzahlung eine Vorfälligkeitsentschädigung zahlen müssen und damit für einen sehr langen Zeitraum unflexibel bleiben, das Darlehen vorzeitig abzulösen. Das wird Sie besonders ärgern wenn Sie freie Mittel haben und diese nicht zur vorzeitigen Rückzahlung des Kredites einsetzen dürfen.

Sonderkündigungsrecht ohne Vorfälligkeitsentschädigung

In diesem Zusammenhang möchte ich auf eine Besonderheit hinweisen, die für Sie wichtig werden kann, wenn Sie Zinsfestschreibungen eingegangen sind, die länger als 10 Jahre sind.

Der Gesetzgeber räumt dem Kreditnehmer bei Zinsfestschreibungen für mehr als 10 Jahre ein kostenfreies Sonderkündigungsrecht nach 10 Jahren ein. Dieses Sonderkündigungsrecht kann vertraglich nicht beseitigt werden und besteht daher immer, egal was die Bank in das „*Kleingedruckte*" hineinschreibt.

Bei Ausübung dieses Sonderkündigungsrechtes müssen Sie auch dann **keine** Vorfälligkeitsentschädigung an die Bank zahlen, wenn die Zinsbindungsfrist noch nicht ausgelaufen ist. Wenn Sie also eine Zinsbindung von 15 oder 20 Jahren eingegangen sind und nach 10 Jahren feststellen, dass der vertragliche Festzinssatz deutlich höher liegt als der aktuelle Marktzins, haben Sie hiermit eine Möglichkeit, nach 10 Jahren kostenfrei die Reißleine zu ziehen und den Kreditvertrag entschädigungsfrei zu kündigen.[12]

Lösungsansatz: Aufteilung des Darlehens in Teilbeträge

Zur Abmilderung dieses Dilemmas, dass der Kreditnehmer immer erst in der Rückschau weiß, ob eine kurze oder lange Zinsfestschreibung die bessere Wahl gewesen wäre, haben Wirtschaftsfachleute einen Lösungsansatz entwickelt, der dem Darlehensnehmer größere Flexibilität ermöglicht, auf ein geändertes Zinsniveau zu reagieren, ohne auf eine gewisse Absicherung für den Fall steigender Zinsen gänzlich verzichten zu müssen: Der Ansatz besteht darin, den Darlehensbetrag auf zu teilen auf mehrere Teilbeträge und diese mit unterschiedlich langen Zinsfestschreibungen zu versehen. Damit bleibt der Kreditnehmer flexibel, zumindest einen Teil der Kreditsumme nach relativ kurzer Zeit auf ein niedrigeres Zinsniveau herunterzuschleusen, wenn die Zinsen fallen. Falls die Zinsen steigen, muss er hingegen nur einen Teil der Kreditsumme zum höheren Zinsniveau finanzieren und profitiert hinsichtlich des länger laufenden Teiles der Kreditsumme vom niedrigeren alten Zinsniveau.

[12] Wegen der Einzelheiten verweise ich auf die detaillierte Darstellung in Abschn. 7.4.2.3. (Seite 140 f.).

Der Kreditnehmer erreicht also damit eine relativ große Planungssicherheit der künftigen Belastungen und bleibt gleichwohl flexibel, zumindest einen Teil der Finanzierung an ein geändertes Zinsniveau anpassen zu können.

Des Weiteren ist zu berücksichtigen, dass Banken eine besonders lange Zinsfestschreibung in der Regel mit einem höheren Zinsaufschlag auf das Marktzinsniveau versehen, d.h. je länger die Zinsbindung, desto höher der Zinsaufschlag auf das aktuelle Marktniveau. Daher kann es u. U. sinnvoll sein, trotz der Erwartung steigender Zinsen nicht die maximale Länge der möglichen Zinsbindung zu wählen, sondern ab zu wägen, ob eine mittellange Zinsbindungsfrist (z. B. 10 Jahre statt 15 Jahre) günstiger ist, weil die Aufschläge für eine 10-jährige Zinsbindung deutlich geringer ausfallen als die Aufschläge für eine 15-jährige oder 20-jährige Zinsfestschreibung.

7.3.1.4 Vertragliche Sondertilgungsrechte

Ein weiterer wichtiger Punkt bei den Konditionen eines Annuitätendarlehens mit Festzinssatzbindung sind vertragliche ***Sondertilgungsrechte***. Dabei handelt es sich um das Recht des Kreditnehmers, jährlich einen bestimmten Betrag oder einen bestimmten Prozentsatz des Darlehensbetrages außerplanmäßig zurück zu zahlen, ohne eine Vorfälligkeitsentschädigung zahlen zu müssen.

Der Kreditvertrag beinhaltet ja die Überlassung der Kreditsumme auf Zeit an den Kreditnehmer und legt eine bestimmte zeitliche Staffelung der Rückzahlung des Geldes in monatlichen Raten fest. Ein vertragliches Sondertilgungsrecht greift in diesen starren „Fahrplan" ein, indem der Kreditnehmer die Option erhält, davon abweichend Teile der Darlehenssumme vorzeitig an die Bank zurück zu zahlen. Der entscheidende Punkt ist dabei, dass die vorzeitige Rückzahlung ohne Vorfälligkeitsentschädigung erfolgen kann. Der Kreditnehmer kann also jedes Jahr frei entscheiden, ob er den vertraglich vereinbarten Sondertilgungsbetrag außer der Reihe tilgt oder nicht. Er ist berechtigt, aber nicht verpflichtet, dies zu tun und bleibt somit flexibel.

Daher bieten sich vertragliche Sondertilgungsrechte immer dann an, wenn Sie als Kreditnehmer vorher noch nicht wissen, ob Sie zukünftig hinreichend freie Mittel haben werden, um eine erhöhte Tilgung zu schultern und darüber erst später entscheiden können oder wollen.

Der große Vorteil einer Sondertilgung ergibt sich daraus, dass sich diese sofort zinsmindernd auswirkt, weil die Bemessungsgrundlage für die Zinsen sofort abnimmt. Darüber hinaus ändert sich zu Gunsten des Kreditnehmers das Verhältnis von Zins- und Tilgungsanteil der monatlich gleich bleibenden Raten sofort, d.h. der Zinsanteil der monatlichen Rate sinkt und der Tilgungsanteil steigt an. Das kann die Laufzeit von Immobilienkrediten und die Gesamtzinslast ganz erheblich reduzieren.

Die nachfolgende Berechnung greift das oben vorgestellte Beispiel auf und nimmt statt einer erhöhten anfänglichen Tilgung eine jährliche Sondertilgung bei der Variante 2 an (siehe grau hinterlegte Felder):

	Variante 1	Variante 2
Kreditbetrag	€ 150.000	€ 150.000
Zinssatz nominal p. a.[13]	4,5%	4,5%
Anfängliche Tilgung in % p. a.	1,00%	1,00%
Sondertilgung in % des Kreditbetrages p. a.	***0,00%***	***2,00%***
Sondertilgung in € p. a.[14]	**€ 0**	**€ 3.000**
Monatliche Rate	€ 688	€ 688
Laufzeit in Jahren bis Volltilgung	**38 Jahre**	**20,8 Jahre**
Gesamtzinslast bis Volltilgung	**€ 163.123**	**€ 81.507**

Wie Sie aus diesem Berechnungsbeispiel ersehen können, verkürzt sich durch eine jährliche Sondertilgung in Höhe von 2% die Laufzeit des Darlehens um mehr als 17 Jahre und die Gesamtzinslast halbiert sich annähernd.

Das Ergebnis dieser Berechnungen können Sie mit Hilfe des im Lieferumfang dieses Praxisleitfadens enthaltenen Berechnungstools selbst nachvollziehen, indem Sie die gewählten Eckdaten der obigen Beispiele dort eingeben.[15]

Selbst wenn Sie sich für eine erhöhte anfängliche Tilgung entscheiden, so können Sie durch die zusätzliche Einräumung von vertraglichen Sondertilgungsrechten die Gesamtzinslast und die Laufzeit des Darlehens nochmals erheblich reduzieren, wenn Sie später mehr Liquidität zur Verfügung haben, als Sie geplant hatten.

Sie sollten daher auf keinen Fall auf die Einräumung eines vertraglichen Sondertilgungsrechtes verzichten. Bei der Verhandlung von Sondertilgungsrechten rate ich Ihnen jedoch auch, die Sondertilgungsrechte in realistischer Höhe zu verhandeln, da die Banken sich besonders hohe Sondertilgungsrechte in der Regel durch Aufschläge auf den Zinssatz vergüten lassen. Es wäre daher nicht sinnvoll, wenn Sie ein Sondertilgungsrecht in Höhe von jährlich 10% der Darlehenssumme mit einer Verschlechterung des Nominalzinssatzes erkaufen, aber absehbar ist, dass Sie von den jährlich 10% Sondertilgungsrecht maximal 5% werden ausnutzen können. Eine vorausschauende und realistische Liquiditätsplanung ist hier Voraussetzung für die Verhandlung von optimalen Sondertilgungsrechten.

Nach meiner Erfahrung ist die Vereinbarung eines jährlichen Sondertilgungsrechtes in Höhe von 5% der Kreditsumme ohne nennenswerte Zinssatzverschlechterung mittlerweile Marktstandard. In diesem Punkte sollten Sie daher bei den Verhandlungen mit Banken keine Schwierigkeiten bekommen.

---

[13] Es wird vereinfachend unterstellt, dass der Darlehenszinssatz für die gesamte Laufzeit des Darlehens konstant 4,5% pro Jahr beträgt. Diese Annahme führt zu realistischen Ergebnissen, wenn über die Gesamtlaufzeit der Zinssatz um diesen Wert herum pendelt, d.h. bei den anschließenden Festzinssatzvereinbarungen mal darüber liegt und mal darunter.

[14] Es wird bei den Berechnung unterstellt, dass die Sondertilgung im Dezember eines jeden Jahres erfolgt (z. B. im Zusammenhang mit Weihnachtsgeldzahlungen des Arbeitgebers).

[15] Eine detaillierte Anleitung zur Benutzung des im Lieferumgang enthaltenen Rechentools finden Sie in Kap. 10 des Buches (Seite 215 ff.).

7.3.1.5 Variabler Zinssatz

Abschließend möchte ich noch auf den Sonderfall zu sprechen kommen, dass auf eine Zinsbindung ganz verzichtet und mit einem variablen Zinssatz operiert wird. Das bedeutet im Ergebnis, dass der bei Vertragsschluss vereinbarte Zinssatz nur eine Momentaufnahme darstellt und schnelle Änderungen vorprogrammiert sind.

Die Bank wird den Zinssatz erhöhen, sobald die Marktzinsen steigen und senken sobald die Marktzinsen sinken. Der Zinnsatz für ein Darlehen mit variabler Verzinsung ist im Regelfall niedriger als der Zinssatz bei einer Zinsfestschreibung für einige Jahre, da die Bank nicht längerfristig disponieren muss, sondern Marktschwankungen sofort an den Kreditnehmer weitergeben kann. Eine Differenz von 1% zu einem Festzinssatzangebot ist nicht ungewöhnlich.

Die Wahl eines variablen Zinssatzes bietet sich insbesondere in einer extremen Hochzinsphase an, wenn mit hoher Wahrscheinlichkeit kurzfristig bis mittelfristig eine Zinssenkung zu erwarten ist. Dann kann der Kreditnehmer so lange mit einer Zinsfestschreibung warten, bis der Marktzins auf ein erträglicheres Niveau gefallen ist. Denn ein variables Darlehen kann jederzeit ohne Vorfälligkeitsentschädigung zurückgezahlt werden, wobei allerdings eine Kündigungsfrist von 3 Monaten einzuhalten ist. Sie sollten darauf achten, dass im Kreditvertrag mit variablem Zinssatz schon die Option des Kreditnehmers vorgesehen ist, diesen auf einen Vertrag mit Festzinssatz um zu stellen.

Steigt der Marktzins entgegen der Erwartungen weiter, geht diese Rechnung natürlich nicht mehr auf, so dass auch hier ein Risiko verbleibt.

Ein variabler Zinssatz hat den Nachteil für Sie als Kreditnehmer, dass Sie keine Planungssicherheit haben und, dass sich die monatlichen Belastungen erhöhen, wenn der Zinssatz ansteigt. Daher ist ein variabler Zinssatz für einen Immobilienkredit überhaupt nur dann zu verantworten, wenn der Kreditnehmer erheblichen finanziellen Spielraum hat, um Mehrbelastungen aufzufangen. Andernfalls droht eine Kündigung des Kredites und eine Zwangsversteigerung der Immobilie, wenn der Kreditnehmer die steigenden Belastungen nicht schultern kann und in Verzug gerät mit der Zahlung der Kreditraten.

Darüber hinaus soll nicht verschwiegen werden, dass bei den Banken die Neigung zu beobachten ist, Marktzinssenkungen nur mit erheblicher zeitlicher Verzögerung an den Kunden weiter zu geben während hingegen Marktzinssteigerungen außerordentlich zeitnah auf den Kreditnehmer abgewälzt werden. In einem solchen Fall bleibt Ihnen als Kreditnehmer nichts anderes übrig, als die Bankpraxis laufend zu beobachten und mit den Vorgaben der Rechtsprechung abzugleichen, nach der bei fallenden Zinsen mindestens quartalsweise eine Anpassung erfolgen muss, wenn der von der Bundesbank veröffentlichte Durchschnittszinssatz um mindestens 0,3% gefallen ist.[16]

[16] Siehe Landgericht Köln, Urteil v. 14.08.2002 (Az 20 O 152/99).

7.3.1.6 Forward-Darlehen

Seit Mitte der neunziger Jahre wird darüber hinaus noch das ***Forward-Darlehen*** als Darlehensvariante angeboten. Bei Lichte betrachtet handelt es sich dabei jedoch nicht um eine eigene Darlehensform sondern lediglich um einen zeitlich vorverlagerten Abschluss eines Annuitätendarlehens mit Festzinssatzbindung. Die Zeitspanne zwischen dem Vertragsabschluss und dem gewählten Laufzeitbeginn des Forward-Darlehens wird als Forward-Periode bezeichnet. Sie kann mehrere Jahre betragen und wird mit einem Zinsaufschlag auf das aktuelle Marktzinsniveau erkauft.

Eine solche Vereinbarung bietet sich dann für den Kreditnehmer an, wenn das Marktzinsniveau nach seiner Erwartung einen relativen Tiefpunkt erreicht hat und bis zum Ende der noch laufenden Festzinsperiode mit einem Ansteigen der Marktzinsen gerechnet wird. In dieser Situation kann es für den Kreditnehmer sinnvoll sein, mit dem Abschluss einer neuen Festzinssatzperiode nicht bis zum Ablauf der laufenden Festzinsperiode zu warten, sondern ein Forward-Darlehen abzuschließen. Die Forward-Periode ist in diesem Fall deckungsgleich mit der Restlaufzeit der laufenden Festzinsperiode.

Steigt das Marktzinsniveau erwartungsgemäß signifikant an, erlangt der Kreditnehmer mit dem Forward-Darlehen damit dann einen Zinssatz unterhalb des bei Auslaufen der Festzinsperiode gültigen Marktniveaus.

Da Kreditnehmer aber an das Forward-Darlehen gebunden und zu deren Abnahme verpflichtet sind, kann sich ein Forward-Darlehen in der Rückschau auch als schlechtes Geschäft herausstellen, wenn die Zinsen entgegen der Erwartung gefallen oder gleich geblieben sind. Kreditnehmer bezahlen in diesem Fall mit dem Forward-Darlehen also höhere Zinsen als wenn die Kreditverlängerung zum festen Termin planmäßig erfolgt und nicht vorgezogen worden wäre. Nimmt der Kreditnehmer den Kredit dann nicht ab, so muss er an die Bank eine Nichtabnahmeentschädigung zahlen. Die Nichtabnahmeentschädigung wird identisch berechnet wie die Vorfälligkeitsentschädigung.[17]

7.3.1.7 Disagio

Das Disagio stellt eine Vorabzahlung von Zinsen dar, mit welcher ein niedrigerer Nominalzinssatz über die Laufzeit des Darlehens erkauft wird. Er wird entweder in Prozent des Kreditbetrages angegeben (üblicherweise in einer Größenordnung von 5–10%) oder als Prozentsatz des um das Disagio reduzierten Auszahlungsbetrages des Darlehens ausgedrückt (z. B. 95% Auszahlungsbetrag, was einem Disagio von 5% entspricht).

Das Disagio wird vom Auszahlungsbetrag des Darlehens abgezogen und von der Bank direkt einbehalten. Der Kreditnehmer muss jedoch gleichwohl 100% der Darlehenssumme verzinsen und tilgen obwohl er nur einen geringeren Prozentsatz

---

[17] Zu den Einzelheiten der Vorfälligkeitsentschädigung verweise ich auf die Ausführungen im Abschn. 7.4.2 weiter unten (siehe Seite 137 ff.).

der Darlehenssumme ausgezahlt bekommt. Wegen des nicht ausgezahlten Disagios ist somit ein höherer Kreditbetrag aufzunehmen, zu verzinsen und zurückzuzahlen als bei einem Kredit ohne Disagio.

Die Vereinbarung eines Disagios ist nur sinnvoll, wenn man den Betrag des Disagios im Jahr der Kreditauszahlung als Werbungskosten steuerrechtlich geltend machen kann. Das ist grundsätzlich nur bei Renditeimmobilien der Fall und nicht bei selbst genutzten Wohnimmobilien. Weitere Voraussetzung der sofortigen steuerrechtlichen Absetzbarkeit ist nach derzeit gültiger Regelung, dass die Zinsen des Darlehens für mindestens 5 Jahre festgeschrieben werden und das Disagio maximal 5% der Darlehenssumme beträgt.

Der bei Renditeimmobilien durch das Disagio erzielte Steuervorteil besteht in einem Progressionseffekt und in einem Steuerstundungseffekt. Daher sind die persönlichen Einkommensverhältnisse des Kreditnehmers und Immobilienkäufers zu berücksichtigen, wenn die Entscheidung über ein Disagio zu treffen ist.

7.3.2 Bauspardarlehen

Für Immobilienerwerber stellt sich immer die Frage, ob ein Bauspardarlehen in die Finanzierung eingebaut werden sollte. Daher möchte ich Ihnen diese Finanzierungsform besonders ausführlich vorstellen.

Die von Bausparkassen angebotenen Bausparverträge beinhalten eine Kombination aus zinsgünstigem Darlehen und Ansparung eines Eigenkapitalbetrages. Bei Lichte betrachtet geht es also nicht nur um einen Immobilienkredit, sondern um ein kombiniertes Produkt aus Kredit und Sparvertrag.

Vor der Inanspruchnahme eines Bauspardarlehens ist zwingend eine Ansparphase vorgeschaltet, die in der Regel mehrere Jahre dauert. Daher steht ein Bausparlehen nur dann zur Verfügung, wenn einige Jahre im Voraus mit der Ansparung begonnen wurde.

Der Ansparbetrag und das zinsgünstige Darlehen zusammen ergeben die Bausparsumme, die in dem Bausparvertrag bei Vertragsabschluss festgelegt wird. Dabei entfallen üblicherweise 40% auf den angesparten Betrag und 60% auf das Darlehen.

Nach Abschluss der Ansparphase tritt die so genannte ***Zuteilungsreife*** des Bauspardarlehens ein, welches dann in der vereinbarten Höhe als zinsgünstiges Immobiliendarlehen in Anspruch genommen werden kann. Zum Zeitpunkt der Zuteilung zahlt die Bausparkasse dem Kunden den angesparten Betrag inklusive der aufgelaufenen Guthabenzinsen aus und stellt das Bauspardarlehen in der vereinbarten Höhe zum vereinbarten Zinssatz zur Verfügung. Es soll allerdings nicht verschwiegen werden, dass zwischen Zuteilungsreife und tatsächlicher Zuteilung eines Bauspardarlehens noch einige Zeit vergehen kann. Mehrere Monate sollten eingeplant werden. Sollte zwischen der bei Vertragsschluss angekündigten und der tatsächlich eintretenden Wartezeit auf die Zuteilung eine erhebliche Abweichung bestehen, sollten Sie Schadensersatzansprüche prüfen.

Der Bausparer hat also bei Zuteilung seines Bausparvertrages zwei Dinge erreicht: Er hat zum ersten einen Eigenkapitalstock in Höhe der Ansparsumme zuzüglich Guthabenzinsen aufgebaut und er hat zum zweiten einen Anspruch auf ein zinsgünstiges Darlehen erworben.

Eine weitere Besonderheit des Bauspardarlehens besteht darin, dass die Bausparkasse eine ***nachrangige Grundschuld*** als Sicherheit akzeptiert. Daher lässt sich ein Bauspardarlehen gut kombinieren mit einem normalen Bankdarlehen, welches nahezu ausnahmslos nur gegen Bestellung einer erstrangigen Grundschuld vergeben wird.

Bauspardarlehen sind (systematisch betrachtet) ebenfalls Annuitätendarlehen mit einer Festzinssatzbindung über die gesamte Darlehenslaufzeit. Eine Besonderheit des Bauspardarlehens besteht darin, dass die anfängliche Tilgung höher ist als bei einem normalen Annuitätendarlehen. Eine anfängliche Tilgung von 5% pro Jahr ist bei Bauspardarlehen Standard während anfängliche Tilgungen von 1 bis 2% bei normalen Annuitätendarlehen üblich sind.

Die hohe Tilgung und schnelle Rückführung des Bauspardarlehens reduziert natürlich über die Laufzeit des Darlehens die Gesamtzinslast erheblich. Die Kehrseite der Medaille ist der Umstand, dass sich aus der hohen Tilgung eine hohe monatliche Belastung für den Kreditnehmer ergibt. Daher ist die Vollfinanzierung eines Immobilienerwerbes mit einem Bauspardarlehen allein im Regelfall nicht möglich. Eine Vollfinanzierung mit einem Bauspardarlehen wäre auch schon deshalb wenig sinnvoll, weil damit die Ansparphase exorbitant lang würde.

Eine weitere Besonderheit des Bauspardarlehens besteht darin, dass Sondertilgungen in der Regel jederzeit und in beliebiger Höhe möglich sind.

Als Regelempfehlung ergibt sich aus diesen ganzen Besonderheiten des Bauspardarlehens, dass sich die Ausnutzung eines **bereits** zuteilungsreifen Bauspardarlehens für einen Immobilienkäufer fast immer lohnt. Lediglich in einer extremen Niedrigzinsphase kann es vorkommen, dass die bereits einige Jahre zuvor für das Bauspardarlehen festgelegten Kreditzinsen höher sind als die eines normalen Annuitätendarlehens bei Zuteilungsreife. Lediglich in einem solchen Sonderfall ist die Ausnutzung eines zuteilungsreifen Bauspardarlehens nicht sinnvoll.

Der Neuabschluss eines Bausparvertrages für einen kurzfristig geplanten Immobilienkauf ist hingegen in aller Regel nicht sinnvoll, da die Ansparsumme und die Darlehenssumme viel zu gering wären und der Vorteil niedriger Kreditzinsen durch die auflaufenden Gebühren und Kosten in der Regel aufgefressen wird.

Wenn ein Bausparvertrag abgeschlossen wird, sollte auch beachtet werden, dass größere Bausparsummen sich selten lohnen, da die Ansparphase mit einer sehr niedrigen Guthabenverzinsung sehr lang wird und erfahrungsgemäß die Zeitspanne zwischen Erreichen der Ansparsumme und der Zuteilung bei größeren Summen ebenfalls länger wird.

Darüber hinaus ist zu raten, die Aufteilung von Ansparbetrag und Darlehenskomponente so zu wählen, dass der Ansparbetrag maximal 40% und die Darlehenskomponente mindestens 60% ausmacht. Denn die Ansparsumme wird mit einem nur sehr niedrigen Guthabenzins verzinst und stellt praktisch den „Kaufpreis“ für das zinsgünstige Darlehen dar. Daher ist es grundsätzlich vorteilhaft, bei der Aufteilung den Darlehensbetrag so hoch wie möglich und die Ansparsumme so klein wie möglich zu wählen. Wenn eine derart optimierte Aufteilung von der Bausparkasse mit einem höheren Kreditzins „bestraft" wird, dann werden die Überlegungen komplizierter. In einem solchen Fall kann nur eine konkrete Berechnung im Einzelfall zu einem eindeutigen Ergebnis führen.

Ob der langfristig im Vorfeld zu tätigende Abschluss eines Bausparvertrages überhaupt lohnt, hängt von den Konditionen der Bausparkasse und von der Marktentwicklung ab.

Da das Bauspardarlehen kein reines Darlehen ist, sondern ein kombiniertes Produkt aus Sparvertrag und Darlehen, kann die Vorteilhaftigkeit auch nur durch eine Gesamtbetrachtung der beiden Komponenten beurteilt werden. Dabei müssen die relativ niedrigen Guthabenzinsen auf die angesparte Summe einerseits und die ebenfalls relativ niedrigen Zinsen auf den Darlehensbetrag andererseits in einem ausgewogenen Verhältnis stehen. Wenn z. B. die Guthabenzinsen für die angesparte Summe extremst niedrig sind, dann relativiert das natürlich die Vorteilhaftigkeit von niedrigen Darlehenszinsen für das Bauspardarlehen. Eine isolierte Betrachtung des Zinssatzes der Darlehenskomponente wäre daher nur die „halbe Miete". In diesem Zusammenhang ist zu bemängeln, dass die Bausparkassen in der Regel nur mit dem Darlehenszins werben, ohne auf die Vorteilhaftigkeit des Gesamtpaketes einzugehen.

Da sich bei der gebotenen Gesamtbetrachtung erhebliche Unterschiede bei verschiedenen Anbietern ergeben können, lohnt es sich, die Anbieter im Markt gründlich unter die Lupe zu nehmen und deren Angebote zu vergleichen.

Fazit

Das Bauspardarlehen stellt in aller Regel eine sinnvolle Beimischung für eine Immobilienfinanzierung dar, ist jedoch als alleinige Quelle für den erforderlichen Darlehensbetrag nicht ausreichend.

Das Bauspardarlehen ist keine kurzfristig zugängliche Lösung zur Beschaffung einer Finanzierung, sondern muss einige Jahre im Voraus bespart werden, um beim Immobilienerwerb zuteilungsreif zu sein. Es bedarf also vorausschauender Planung.

Der Einbau eines zuteilungsreifen Bausparvertrages in die Finanzierung bringt mehrere Vorteile:

- Durch das in der Ansparphase aufgebaute Eigenkapital wird der gesamte Kreditbedarf geringer.
- Durch die nachrangige Besicherung ist eine Kombination mit anderen (erstrangig besicherten) Bankdarlehen problemlos möglich.
- Durch die hohe Tilgung wird die Gesamtzinslast reduziert
- Durch die jederzeit möglichen Sondertilgungen ist Flexibilität zur vorzeitigen Rückführung des Bauspardarlehens gegeben, wenn später unerwartet größere Geldsummen zur Verfügung stehen.

7.3.3 Förderkredite von Förderbanken

Besonders günstige Zinsen sind auch bei Förderkrediten der KfW oder von Landesförderbanken möglich. Solche zinsgünstigen Kredite stellen (ähnlich wie Bauspardarlehen) eine sehr vorteilhafte Beimischung für einen Finanzierungsmix dar, sind aber in der Regel allein nicht ausreichend, um den gesamten Kreditbedarf für einen Immobilienkauf abzudecken.

Die Voraussetzungen für die Erlangung zinsgünstiger Förderkredite sind teilweise an die Person des Immobilienerwerbers (z. B. soziale Kriterien) und teilweise an die Immobilie geknüpft (z. B. bestimmte ökologische Kriterien und technische Standards).

Förderkredite können jedoch in der Regel nicht direkt bei den Förderinstituten beantragt werden, sondern nur über eine so genannte Hausbank (d.h. eine gewöhnliche Geschäftsbank mit Filialen), die zusätzlich zu einem eigenen Darlehen ein durchgereichtes Förderdarlehen einer Förderbank anbietet.

Obwohl die Banken gehalten sind, die zinsgünstigen Förderdarlehen bei Vorliegen der Voraussetzungen in die Finanzierung einzubauen und den Kreditnehmer auf die Möglichkeit der Inanspruchnahme aufmerksam zu machen, ist es ratsam dass Sie ausdrücklich darauf hinweisen, dass Sie daran interessiert sind. Denn leider kommt es nicht all zu selten vor, dass Banken die Möglichkeit der Inanspruchnahme von Förderdarlehen gar nicht oder nur sehr oberflächlich prüfen, um anstelle des Förderdarlehens ein teureres Bankdarlehen aus eigenem Hause zu vertreiben.

Ich würde Ihnen daher raten, selbst die Internetseiten der Förderinstitute einzusehen und sich über die angebotenen Förderdarlehen und die Förderkriterien zu informieren. Zu diesem Zweck finden Sie nachfolgend alle Internetadressen der in Deutschland ansässigen Förderbanken aufgelistet:

Bund:	http://www.kfw.de
Baden-Württemberg:	http://www.l-bank.de
Bayern:	http://www.lfa.de
Berlin:	http://www.ibb.de
Brandenburg:	http://www.ilb.de
Bremen:	http://www.bab-bremen.de
Hamburg:	http://www.wk-hamburg.de
Hessen:	http://www.wibank.de
Mecklenburg-Vorpommern:	http://www.lfi-mv.de
Niedersachsen	http://www.nbank.de
Nordrhein-Westfalen:	http://www.nrwbank.de
Rheinland-Pfalz:	http://www.isb.rlp.de
Saarland:	http://www.sikb.de
Sachsen:	http://www.sab.sachsen.de
Sachsen-Anhalt:	http://www.ib-sachsen-anhalt.de
Schleswig-Holstein:	http://www.ibank-sh.de
Thüringen:	http://www.aufbaubank.de

Wenn Sie sich selbst über die Möglichkeiten der Inanspruchnahme von Förderdarlehen informiert haben, können Sie in jedem Falle überprüfen, ob Ihnen die Hausbank auch tatsächlich alle verfügbaren Förderdarlehen benannt und diese wunschgemäß in die Finanzierung integriert hat. Erforderlichenfalls können Sie auch auf den Bankberater einwirken und von diesem den Einbau eines verfügbaren Förderdarlehens verlangen. Dann hätte sich die investierte Zeit für eigene Recherchen auf den Internetseiten der Förderbanken wahrlich gelohnt und ausgezahlt.

7.3.4 Lebensversicherung als Darlehensgeber

Neben den Banken werden Immobiliendarlehen auch von Lebensversicherungen angeboten. Bei diesen Angeboten besteht die Besonderheit, dass die Darlehen nicht laufend getilgt werden. Die Darlehen sind vielmehr endfällig zurückzuzahlen und während der Laufzeit werden lediglich Zinsen, aber keine Tilgungen gezahlt. Diese Darlehen werden in aller Regel mit einer Lebensversicherung kombiniert, mit der das Darlehen bei Endfälligkeit in einer Summe zurückgeführt wird.

Von dieser Form der Immobilienfinanzierung ist eher ab zu raten. Die Tilgungsaussetzung erweist sich ohne kompensatorische Steuervorteile, die Ende 2004 für Kapitallebensversicherungen ausgelaufen sind, in der Regel als gravierender Nachteil, der die Gesamtzinsbelastung über die Laufzeit erheblich erhöht. Die Zinsen fallen ja während der gesamten Laufzeit auf den gesamten Kreditbetrag an, da nicht getilgt wird.

Ein weiterer Nachteil ist, dass eine zu zahlende Vorfälligkeitsentschädigung bei vorzeitiger Rückzahlung des Darlehens (z. B. im Falle eines Verkaufes der Immobilie) deutlich höher ausfällt, weil sie auf den gesamten Kreditbetrag anfällt und nicht nur auf die Restvaluta.

Diese Nachteile werden durch die Rendite der Lebensversicherung nur in Ausnahmefällen kompensiert. Des Weiteren hat die Lebensversicherung den Nachteil, dass die Höhe der Ablaufleistung nur mit einem Sockelbetrag garantiert wird. Die Höhe des Überschussanteiles wird nur prognostiziert, aber nicht garantiert und hängt vom Anlagegeschick der Vermögensverwalter der Lebensversicherung und von der Entwicklung an den Finanz- und Aktienmärkten ab.

Bei vorzeitiger Auflösung der Lebensversicherung zum Rückkaufswert treten für den Darlehenskunden und Versicherungsnehmer weitere Verluste auf, weil der Rückkaufswert deutlich niedriger liegt als die Ablaufleistung.

Darüber hinaus ist zum 1.1.2005 der Steuervorteil für Erträge aus Kapitallebensversicherungen entfallen, so dass auch in dieser Hinsicht diese Konstruktion nachteiliger geworden ist. Für Kapitallebensversicherungen, die nach dem 31.12.2004 abgeschlossen wurden, gilt: Die bei der Auszahlung anfallenden Kapitalerträge (= Ablaufleistung abzüglich der Summe der eingezahlten Beiträge) unterliegen der Einkommensteuer. Das gilt auch bei Einbau in eine Finanzierung für eine selbst genutzte Immobilie.

Mit Einführung der Abgeltungssteuer zum 1.1.2009 wird auch die Ablaufleistung aus Kapitallebensversicherungen von dieser erfasst. Die Abgeltungssteuer fällt pauschal mit 25% zzgl. Solidaritätszuschlag und ggf. Kirchensteuer an.

Insgesamt ist daher festzustellen, dass es kaum noch Argumente dafür gibt, eine Kapitallebensversicherung in ein Immobiliendarlehen gegen Tilgungsaussetzung einzubauen.

Das endfällige Darlehen einer Lebensversicherung kann letztendlich nur bei Unterlegung mit einem alten Lebensversicherungsvertrag (Abschluss vor dem 1.1.2005) wirtschaftlich überhaupt noch sinnvoll sein. Wenn ein solcher Altvertrag nicht zur Verfügung steht, würde ich von solchen Darlehen mit Tilgungsaussetzung grundsätzlich abraten. Aber auch bei Verfügbarkeit einer Alt-Police dürfte diese Finanzierungsvariante in den allermeisten Fällen nachteilig sein, da die Tilgungsaussetzung die Gesamtzinslast exorbitant erhöht.

Schließlich wirken sich bei Abschluss einer Kapitallebensversicherung die Abschlussprovisionen und Gebühren negativ aus, die selbstverständlich für den Lebensversicherer und Makler abgezweigt werden.

Fazit

Endfällige Immobiliendarlehen von Lebensversicherern sind eher unattraktiv, weil die Tilgungsaussetzung die Gesamtzinsbelastung massiv erhöht und darüber hinaus bei vorzeitiger Ablösung der Finanzierung (z. B. im Verkaufsfall der Immobilie) weitere Nachteile in Form von erhöhter Vorfälligkeitsentschädigung nach sich zieht. Darüber hinaus besteht wegen der Tilgungsaussetzung ein erhöhtes Anschlusszinsrisiko eintreten.

Diese Nachteile werden auch keinesfalls mehr durch Steuerprivilegien kompensiert, weil Kapitallebensversicherungen seit dem 1.1.2005 nicht mehr steuerprivilegiert sind und seit dem 1.1.2009 von der Abgeltungssteuer hinsichtlich der Erträge erfasst werden.

Schließlich wirken sich Abschlussprovisionen und Gebühren für den Immobilienkäufer negativ aus.

7.3.5 Pfandbriefbanken

Beim Pfandbriefkredit handelt es sich um ein Annuitätendarlehen, welches zwingend mit einem erstrangigen Grundpfandrecht abgesichert ist. Darüber hinaus besteht die Besonderheit, dass der Kredit der Höhe nach auf 60% des Beleihungswertes der Immobilie begrenzt ist.[18]

[18] Siehe § 14 Pfandbriefgesetz.

Durch diese einschränkenden Vorgaben des Pfandbriefgesetzes wird sichergestellt, dass diese Kredite besonders risikoarm sind. Pfandbriefemissionen von Banken dürfen nur mit solchen Krediten als Sicherheit unterlegt sein, die diese Anforderung erfüllen.

Wenn ein Immobilienkreditnehmer es schafft, den Anteil der Kreditfinanzierung eines Immobilienkaufes unterhalb dieser gesetzlichen Grenze von 60% des Beleihungswertes der Immobilie zu halten, so kann er wegen des für die Bank reduzierten Risikos und der günstigen Refinanzierungsmöglichkeit der Bank durch Pfandbriefe mit besonders günstigen Kreditzinsen rechnen.

Der Sektor der Pfandbriefbanken (vormals Hypothekenbanken) ist im Jahre 2005 durch den Gesetzgeber vollständig neu geregelt worden durch das Pfandbriefgesetz, welches das Hypothekenbankgesetz ersetzt hat. Mit Inkrafttreten des Pfandbriefgesetzes am 19.07.2005 sind die Hypothekenbanken alter Prägung von der Bildfläche verschwunden. Nach der Neuregelung im Pfandbriefgesetz ist das Spezialbankprinzip für Hypothekenbanken aufgegeben worden.

Der Charakter des Hypothekenbankkredites mit seinen Besonderheiten ist jedoch auch nach den gesetzlichen Neuregelungen erhalten geblieben, wenn man von der Änderung der Bezeichnung in *Pfandbriefkredit* absieht.

Im Zuge der gesetzlichen Neuregelung ist der Kreis der Banken umfangreich erweitert worden, die Pfandbriefe emittieren dürfen. Eine Liste sämtlicher Banken in Deutschland, die pfandbrieffähige Immobilienkredite ausreichen und Pfandbriefe emittieren, wird auf der Internetseite der Deutschen Bundesbank bereitgehalten und laufend aktualisiert.[19]

7.3.6 Direktbanken und Finanzmakler

Unter ***Direktbanken*** versteht man Banken ohne Filialnetz, die nur über Internet oder Telefon erreichbar sind.[20] Aufgrund der kostengünstigen Vertriebswege ohne kostenaufwendiges Filialnetz bieten Direktbanken häufig günstigere Konditionen an als Filialbanken. Daher sollten Sie Direktbanken unbedingt in den Verteiler Ihrer Finanzierungsanfragen aufnehmen.

Finanzmakler hingegen bieten nicht selbst eine Finanzierung an, sondern sie vermitteln die Finanzierung zwischen Bank und Kreditnehmer. Bekannte Adressen sind z. B. Dr. Klein & Co. AG oder die Interhyp AG.

Nach meiner Einschätzung ist es ratsam, nur unabhängige Finanzmakler zu kontaktieren, die für eine Vielzahl von Banken als Vermittler tätig sind. Bei Finanzmaklern, die nicht unabhängig arbeiten, besteht die Gefahr, dass sie nur einen kleinen Ausschnitt der Angebote am Markt vermitteln können.

Prüfen Sie die von Finanzmaklern vermittelten Angebote ebenso kritisch und gründlich wie Direktangebote einer Bank. Die Einschaltung eines Finanzmaklers

[19] Siehe http://www.bundesbank.de/download/bankenaufsicht/pdf/verzschuld.pdf.

[20] z. B. comdirect bank AG oder ING DiBa AG.

ersetzt auf keinen Fall eine gründliche Analyse des Marktes und erspart Ihnen auch nicht die Mühe, die vermittelten Angebote kritisch zu überprüfen und die für Sie optimale Finanzierung zu erarbeiten. Bedenken Sie, dass der Finanzmakler keine Beratungsleistungen erbringt, sondern nur die Vermittlung eines Kreditangebotes einer Bank.

7.4 Kreditnebenkosten, Gebühren und Bankentgelte bei Immobilienkrediten

Das Thema Nebenkosten und Bankgebühren bei Immobiliendarlehen ist ein Dauerbrenner in der Tagespresse und in der Fachpresse. Immer wieder haben sich auch Gerichte mit diesem Thema beschäftigt. Daher habe ich diesem Thema einen eigenen Abschnitt gewidmet, um Sie für die Verhandlungen und Auseinandersetzungen mit den Banken zu rüsten.

Selbstverständlich beruht die folgende Darstellung auf der aktuellen Rechtsprechung und versetzt Sie so in den Stand, gegenüber der Bank mit hoher Durchschlagskraft zu argumentieren und in der Regel eine Vielzahl von fragwürdigen Gebühren und Nebenkosten erfolgreich abzuwehren oder auf das rechtlich zulässige Maß zurückzustutzen.

7.4.1 Wertermittlungsgebühr für die Immobilie

Seit vielen Jahren verlangen Banken Wertermittlungsgebühren von den Bankkunden beim Abschluss eines Immobiliendarlehens. Dafür enthalten die Kreditvertragsformulare in der Regel Klauseln, die die Verpflichtung des Kunden begründen sollen, eine Wertermittlungs- oder Schätzgebühr zu zahlen. Das angeführte Argument der Banken ist dabei, dass sie den Wert der Immobilie ermitteln müssen, um beurteilen zu können, wie hoch der maximale Kreditbetrag sein darf, der als Darlehen herausgelegt werden kann. Diese Gebühr schlägt mit Beträgen von € 250 bis zu € 500 zu Buche.

Diese Wertermittlungsgebühr brauchen Sie jedoch nicht (mehr) zu akzeptieren, denn es ist gerichtlich entschieden, dass eine solche Gebühr nicht verlangt werden kann, auch wenn das *Kleingedruckte* des Vertrages oder die Allgemeinen Geschäftsbedingungen eine solche Verpflichtung des Kreditnehmers vorsehen.[21]

Nach Auffassung der Gerichte erfolgt die Wertermittlung nicht im Interesse des Kunden, sondern im Interesse der Bank und auf der Grundlage von gesetzlichen Verpflichtungen der Bank, so dass es nur konsequent ist, dass dafür keine Gebühr vom Kreditnehmer verlangt werden kann.

Leider gibt es noch immer Banken, die diese Gebühr in Rechnung stellen und darauf hoffen, dass der Kunde sich nicht wehrt, wie die in der Fußnote zitierten Entscheidungen belegen.

---

[21] Siehe Landgericht Stuttgart, Urteil v. 24.04.2007, abgedruckt in *Wertpapiermitteilungen – Zeitschrift für Wirtschafts- und Bankrecht* 2007, S. 1930 ff.; Oberlandesgericht Düsseldorf, Urteil v. 05.11.2009, abgedruckt in *Wertpapiermitteilungen – Zeitschrift für Wirtschafts- und Bankrecht* 2010, S. 215 ff.; Oberlandesgericht Celle, Beschluss v. 10.06.2010, abgedruckt in *Wertpapiermitteilungen – Zeitschrift für Wirtschafts- und Bankrecht* 2010, S. 1980 ff. sowie Nobbe (ehemals vorsitzender Richter des Bankensenates des Bundesgerichtshofes) in *Wertpapiermitteilungen – Zeitschrift für Wirtschafts- und Bankrecht* 2008, S. 185 ff. (194).

7.4.2 Vorfälligkeitsentschädigung

Wer ein Immobiliendarlehen mit Festzinssatzvereinbarung vorzeitig zurückzahlen will, muss der Bank dafür in aller Regel eine Entschädigung zahlen. Diese wird als ***Vorfälligkeitsentschädigung*** bezeichnet. Sie ist gesetzlich geregelt in § 490 Abs. 2 BGB.

7.4.2.1 Einführung

Da fast alle Immobilienkredite eine Zinsfestschreibung haben (üblicherweise zwischen 5 und 15 Jahren), stellt sich die Frage der Vorfälligkeitsentschädigung für Immobilienerwerber fast immer, wenn das Darlehen vor Ende der Zinsfestschreibung zurückgeführt werden soll.

Die Vorfälligkeitsentschädigung fällt sowohl bei einer vorzeitigen Kündigung des Kredites durch die Bank als auch bei einer vorzeitigen Kündigung durch den Kreditnehmer an. Die Kündigung der Bank setzt allerdings eine Verletzung der vertraglichen Pflichten durch den Kreditnehmer voraus, so dass hier kein Ungemach droht, wenn der Kreditnehmer sich nichts zu Schulden kommen lässt und die Kreditraten stets pünktlich bezahlt. Bei Lichte betrachtet geht es hier also in erster Linie um die Fälle, dass der Kreditnehmer das Darlehen vorzeitig zurückzahlen will (z. B. im Falle des Verkaufes der Immobilie).

Der Kreditnehmer darf das Darlehen nach der gesetzlichen Regelung immer dann vorzeitig kündigen und zurückzahlen, wenn er ein berechtigtes Interesse an der vorzeitigen Beendigung des Kreditvertrages hat.[22] Ein solches berechtigtes Interesse ist in der Regel gegeben beim Verkauf der Immobilie aus beruflichen oder privaten Gründen (z. B. Umzug wegen Jobwechsel, Scheidung, Todesfall etc.). Allerdings entsteht bei der Kündigung und vorzeitigen Rückzahlung des Kredites ein Anspruch der Bank auf die Vorfälligkeitsentschädigung.

Es ist zwar nicht ausgeschlossen, dass Ihre Bank bereit ist, eine vorzeitige Rückzahlung des Kredites gegen Vorfälligkeitsentschädigung auch dann zu akzeptieren, wenn Sie **kein** berechtigtes Kündigungsinteresse darlegen können (z. B. wenn die Immobilie gar nicht verkauft wird), sondern wenn Sie einfach nur auf ein niedrigeres Zinsniveau wechseln wollen. In diesem Falle wird die Bank jedoch in der Regel ihre stärkere Verhandlungsposition ausnutzen, um sich die vorzeitige Rückzahlung teurer bezahlen zu lassen als in den Fällen eines berechtigten Kündigungsinteresses des Kreditnehmers. Leider gelten die vom Bundesgerichtshof entwickelten und nachfolgend dargestellten Einschränkungen der Bank bei der Berechnung der Vorfälligkeitsentschädigung nicht für diese Fälle, so dass bei solchen Fallgestaltungen besondere Vorsicht geboten ist.[23]

Der Anspruch der Bank auf die Vorfälligkeitsentschädigung ergibt sich aus den folgenden Überlegungen:

---

[22] Siehe § 490 Abs. 2 BGB.

[23] Siehe BGH, Urteil v. 06.05.2003, abgedruckt in *Neue Juristische Wochenschrift* 2003, S. 2230 ff.

Wird das Darlehen vorzeitig zurückgezahlt, so entstehen der Bank gemäß der Marktzinsmethode zwei Arten von Schäden, die der Bankkunde ausgleichen muss:

- **Refinanzierungsschaden**
- **Margenschaden**

Der ***Refinanzierungsschaden*** resultiert aus der Refinanzierungsstruktur: Die Bank hatte den Kredit beim Abschluss des Kreditvertrages zu dem damaligen Zinssatz für die damalige Zinsfestschreibung am Kapitalmarkt refinanziert. Liegen veränderte Marktzinsen zum Zeitpunkt der vorzeitigen Rückzahlung des Darlehens vor, so kann die Bank die vorzeitig zurückgezahlten Gelder nicht mehr zu dem damaligen Marktzins neu anlegen sondern nur zum aktuellen Marktzins, der niedriger sein kann.

Ein ersatzfähiger Refinanzierungsschaden entsteht der Bank also immer dann, wenn der vertraglich vereinbarte Zinssatz höher ist als der aktuelle Marktzins zum Zeitpunkt der vorzeitigen Rückzahlung. Das heißt, dass der zu ersetzende Schaden immer dann besonders groß ist und damit die vorzeitige Kündigung für den Kreditnehmer besonders teuer wird, wenn die Zinsen seit Kreditvertragsschluss gefallen sind und der aktuelle Marktzins deutlich niedriger ist als der fixierte Kreditzins im Kreditvertrag.

Der ***Margenschaden*** stellt die Minderung des Gewinns der Bank dar, der sich aus der vorzeitigen Rückzahlung ergibt. Die Bank erzielt ihren Gewinn daraus, dass sie für den Kredit vom Kunden einen höheren Kreditzins fordert als sie selbst für die Refinanzierung am Kapitalmarkt zahlt. Dieser Zinsunterschied wird als Marge bezeichnet. Wird der Kredit vorzeitig zurückgezahlt, erzielt die Bank für den Zeitraum bis zum Ende der laufenden Festzinszeit diese Marge nicht mehr. Dieser Verlust an künftigem Ertrag ist der Margenschaden, der sich aus der vorzeitigen Rückzahlung des Darlehens ergibt. Bei der Berechnung des Zinsmargenschadens muss die Bank nach ständiger Rechtsprechung eine Netto-Zinsmarge ansetzen, welche um die Positionen der eingepreisten Risikokosten und um den ersparten Verwaltungsaufwand zu kürzen ist.

Aus diesen beiden Positionen ergibt sich der Gesamtschaden, der der Bank durch die vorzeitige Abwicklung des Kreditvertrages entsteht. Dieser Gesamtschaden ist die Basis der Vorfälligkeitsentschädigung.

Der ermittelte Betrag der Vorfälligkeitsentschädigung ist auf den Zeitpunkt der Leistung der Vorfälligkeitsentschädigung abzuzinsen. Der Schaden kann für einen Zeitraum von maximal 10 Jahren angesetzt werden.[24]

Eine Vorfälligkeitsentschädigung kommt auch dann in Betracht, wenn der Kreditkunde den Kredit gar nicht abruft obwohl ein wirksamer Kreditvertrag geschlossen worden ist (z. B. weil der Immobilienkauf sich zerschlagen hat oder

[24] Das ergibt sich aus § 489 Abs. 1 Nr. 2 BGB. Dazu siehe auch die Ausführungen unter Abschn. 7.4.2.3 sowie BGH, Urteil v. 28.04.1988, abgedruckt in *BGHZ*, Band 104, S. 337 (343).

weil der Kreditnehmer einen günstigeren Kredit gefunden hat). In einem solchen Fall kann die Bank ebenfalls eine Vorfälligkeitsentschädigung verlangen, die dann als ***Nichtabnahmeentschädigung*** bezeichnet wird, aber in der Sache das gleiche bedeutet und auch identisch berechnet wird.[25]

7.4.2.2 Berechnung der Vorfälligkeitsentschädigung

Die richtige Art der Berechnung der Vorfälligkeitsentschädigung war lange Zeit umstritten und ist Gegenstand von insgesamt drei Grundsatzurteilen des Bundesgerichtshofes gewesen.[26] Es war insbesondere umstritten, mit welchen Referenzzinssätzen die Bank rechnen muss bei der Ermittlung der Höhe des Refinanzierungsschadens. Die Banken hatten meist mit Referenzsätzen aus zweifelhaften Quellen und sehr intransparent gerechnet, um eine möglichst hohe Vorfälligkeitsentschädigung darzustellen.

Die von der Bank für die Berechnung des Refinanzierungsschadens angesetzten Ersatzgeschäfte können die Neuausleihung als Kredit (Aktiv-Aktiv-Methode) oder die Anlage in Immobilienpfandbriefen (Aktiv-Passiv-Methode) sein.

Bei der ***Aktiv-Passiv-Methode*** entsteht neben dem Schaden aus der Zinsdifferenz (sog. Zinsverschlechterungsschaden) zusätzlich der oben bereits erwähnte Zinsmargenschaden, weil dem Kreditinstitut für die Restlaufzeit der kalkulatorische Gewinn entgeht. In den meisten Fällen ist die Aktiv-Passiv-Methode für den Kunden die ungünstigere Lösung, weil ein Zinsmargenschaden anfällt, der an die Bank gezahlt werden muss.

Die Schadensberechnung nach der Aktiv-Passiv-Methode setzt nicht voraus, dass die Bank das vorzeitig zurückgezahlte Geld tatsächlich in bestimmte Pfandbriefe als Alternativanlage steckt, sondern sie beruht auf der Grundlage einer fiktiven Wiederanlage und einer fiktiven Schadensberechnung. Vor der dritten Grundsatzentscheidung des Bundesgerichtshofes im Jahre 2004 hatten Banken teilweise bei der Berechnung des Refinanzierungsschadens nicht mit laufzeitkongruenten Immobilienpfandbriefen gerechnet sondern mit anderen Kapitalmarkttiteln, die mit Immobilienkrediten nicht vergleichbar sind und dadurch den Refinanzierungsschaden künstlich in die Höhe getrieben.[27]

Die Einzelheiten der korrekten Berechnung sind außerordentlich kompliziert. Das wird leider immer wieder von Banken ausgenutzt, um zu verschleiern, dass

[25] Siehe BGH, Urteil v. 07.11.2000, abgedruckt in *Wertpapiermitteilungen – Zeitschrift für Wirtschafts- und Bankrecht* 2001, S. 20 ff.

[26] Siehe BGH, Urteil v. 01.07.1997, abgedruckt in *Wertpapiermitteilungen – Zeitschrift für Wirtschafts- und Bankrecht* 1997, S. 1799 ff. sowie BGH, Urteil v. 07.11.2000, abgedruckt in *Wertpapiermitteilungen – Zeitschrift für Wirtschafts- und Bankrecht* 2001, S. 20 ff. und BGH, Urteil v. 30.11.2004, abgedruckt in *Wertpapiermitteilungen – Zeitschrift für Wirtschafts- und Bankrecht* 2005, S. 322 ff.

[27] Siehe BGH, Urteil v. 30.11.2004, abgedruckt in *Wertpapiermitteilungen – Zeitschrift für Wirtschafts- und Bankrecht* 2005, S. 322 ff.

sie sich bei der Berechnung der Vorfälligkeitsentschädigung nicht an die Vorgaben des Bundesgerichtshofes halten.

Darüber hinaus gibt es eine weitere schlechte Nachricht, die oben schon angesprochen wurde: Wenn Sie keinen berechtigten Grund für die vorzeitige Rückzahlung des Darlehens anführen können (z. B. wenn die Immobilie gar nicht verkauft wird), gelten die zuvor dargestellten Vorgaben der Rechtsprechung für die korrekte Berechnung der Vorfälligkeitsentschädigung leider nicht. Die Bank kann dann deutlich kräftiger zulangen und sich die vorzeitige Rückzahlung des Darlehens teurer abkaufen lassen. In solchen Fallkonstellationen wird die Höhe der Vorfälligkeitsentschädigung nur durch die Grenze der Sittenwidrigkeit begrenzt, die deutlich höher liegt. Die Grenze der Sittenwidrigkeit dürfte jedenfalls bei der doppelten Höhe der üblichen Vorfälligkeitsentschädigung erreicht sein.[28]

Ich empfehle Ihnen daher, die Höhe der Vorfälligkeitsentschädigung von einem Fachmann überprüfen zu lassen. Nicht selten ergibt eine Prüfung, dass die Bank nicht mit korrekten Annahmen gerechnet hat. Eine Überprüfung der Berechnung der Höhe der Vorfälligkeitsentschädigung können Sie auch bei mir in Auftrag geben. Dazu gehen Sie einfach auf die Internetseite www.kanzlei-rennert.de. Dort finden Sie weitere Informationen und Auftragsformulare zum Herunterladen.

Tipp:

An dieser Stelle gebe ich Ihnen noch einen besonderen Tipp, wenn Sie bei der gleichen Bank eine Anschlussfinanzierung abschließen, die die erste Festzinsperiode angeboten hat: Verlangen Sie von der Bank, dass diese bei der Berechnung der Vorfälligkeitsentschädigung auf den Zinsmargenschaden verzichtet und begründen Sie das damit, dass der (vermeintliche) Zinsmargenschaden der Bank bei Vereinbarung einer neuen Festzinsperiode mit Ihnen kompensiert wird durch die Marge der Neuvereinbarung.

7.4.2.3 Kündigung ohne Vorfälligkeitsentschädigung

Bei Zinsfestschreibungen für Immobilienkredite, die länger als 10 Jahre dauern, besteht die Möglichkeit, ohne Vorfälligkeitsentschädigung aus der Festzinsbindung vorzeitig nach 10 Jahren auszusteigen. Diese Möglichkeit ergibt sich aus § 489 Absatz 1 Nr. 2 BGB. Sie ist zwingendes Recht und kann vertraglich nicht ausgeschlossen werden, gilt mithin unabhängig vom Inhalt Ihres Kreditvertrages immer.

Die Kündigung kann frühestens nach 10 Jahren mit einer Kündigungsfrist von 6 Monaten erklärt werden, so dass der Kreditnehmer nach exakt 10,5 Jahren den Kredit entschädigungslos vorzeitig zurückzahlen darf. Die 10-Jahres-Frist beginnt ab dem Datum des vollständigen Empfangs des Kreditbetrages. Bei Auszahlung in Teilbeträgen beginnt die Frist mit der Auszahlung des letzten Teilbetrages. Bei

[28] Siehe BGH, Urteil v. 06.05.2003, abgedruckt in *Neue Juristische Wochenschrift* 2003, S. 2230 ff.

laufenden Darlehensverträgen tritt an die Stelle der Auszahlung die Vereinbarung einer neuen Festzinsbindung nach Auslaufen der alten Festzinsperiode.[29]

Zur Verdeutlichung diene das folgende Beispiel:

Beispiel:

Sie haben eine Festzinsbindung für 15 Jahre abgeschlossen zu einem festen Nominalzinssatz von 5% pro Jahr.

Die Marktzinsen steigen in den ersten 5 Jahren der Festzinszeit massiv an auf 7%, so dass Sie sich zunächst freuen, dass Sie mit Ihrer Festzinsvereinbarung von 5% deutlich besser gefahren sind.

Nach 5 Jahren beginnen die Marktzinsen wieder zu fallen und liegen nach 9 Jahren und 11 Monaten bei niedrigen 3%. Nun werden Sie nachdenklich und würden natürlich gerne auf das niedrigere Zinsniveau wechseln. Ohne die Sonderkündigungsmöglichkeit nach 10 Jahren (§ 489 Absatz 1 Nr. 2 BGB) könnten Sie nur gegen Vorfälligkeitsentschädigung aus der Festzinsbindung von 15 Jahren aussteigen.

Da Sie jedoch gut informiert sind, machen Sie nun gegenüber der Bank das Sonderkündigungsrecht nach 10 Jahren geltend und steigen kostenlos aus der noch 5 Jahre laufenden Festzinsvereinbarung aus. Nach weiteren 6 Monaten Kündigungsfrist sind Sie frei, um auf das niedrigere Marktzinsniveau mit einer neuen Festzinsvereinbarung umzusteigen. Ob Sie danach eine neue Festzinsperiode mit der gleichen Bank vereinbaren oder zu einer anderen Bank wechseln, bleibt Ihrer freien Entscheidung überlassen.

Unter dem Strich sind Sie somit optimal gefahren. Sie haben von Anfang an Zinssicherheit für 15 Jahre eingekauft und damit Vorsorge für ein massiv steigendes Zinsniveau getroffen und sind dann kostenlos über das Sonderkündigungsrecht nach 10 Jahren ausgestiegen, nachdem der Markt sich für Sie in eine noch günstigere Richtung gedreht hatte.

Sie werden sicherlich nicht erstaunt sein, wenn ich Ihnen mitteile, dass die Banken Sie über diese Möglichkeit in aller Regel **nicht** beraten und Sie auch nicht darauf hinweisen werden, wenn die Marktlage und Ihre vertragliche Konstellation sich für eine solche Strategie eignen. Bei einer solchen Konstellation schützt Sie nur fundiertes Wissen.

[29] Siehe § 489 Abs. 1 Nr. 2 BGB.

7.4.2.4 Objekttausch ohne Vorfälligkeitsentschädigung

Eine weitere Möglichkeit zur Vermeidung der Vorfälligkeitsentschädigung wurde in einem Grundsatzurteil des Bundesgerichtshofes im Jahre 2004 aufgezeigt:[30]

Wer sein Haus oder die Eigentumswohnung verkaufen will und deshalb den Immobilienkredit vorzeitig kündigen will, kann seiner Bank die Fortführung des Altkredits mit Hilfe einer gleichwertigen Sicherheit anbieten und damit der Bank den Anspruch auf Vorfälligkeitsentschädigung aus der Hand schlagen.

Allerdings funktioniert dieser Kniff nur dann, wenn die Alternativimmobilie, auf die der Kredit und die Grundschuld „*umgezogen*" werden sollen, der Bank gleiche Sicherheit bietet und die Fortführung des Kredites mit der anderen Immobilie als Sicherheit der Bank zuzumuten ist.

Zu den Hintergründen des Grundsatzurteils:

In dem Fall, der dem Bundesgerichtshof vorlag, hatte ein Darlehensnehmer sein altes 197 m^2 großes Grundstück mit Immobilie nach der Geburt seines zweiten Kindes veräußert. Er bot der Bank an, den Kredit und die Grundschuld auf das neu erworbene 506 m^2 große Grundstück mit einem größeren Haus zu übertragen, um ihn fortführen zu können und nur die Gebühren für den Tausch der Sicherheiten zahlen zu müssen.

Die Bank lehnte ab und verlangte eine Vorfälligkeitsentschädigung. Die Bank verlor den Prozess letztinstanzlich vor dem Bundesgerichtshof. Die Richter vertraten die Auffassung, dass der Bank ein vorfälligkeitsentschädigungsfreier Objekttausch zuzumuten ist, wenn die folgenden drei Bedingungen erfüllt sind:

- Das Ersatzgrundstück muss das Bankrisiko genauso gut abdecken wie vorher.
- Der Kreditnehmer trägt alle Kosten des Objekttausches.
- Die Bank hat keine Nachteile bei der Verwaltung oder Verwertung der alternativen Immobilie.

Aber auch hier gilt, dass die Bank Sie als Kunden in aller Regel nicht über diese Rechtslage informieren wird, sondern im Normalfall nur dann auf die Vorfälligkeitsentschädigung verzichtet, wenn Sie die Bank mit der einschlägigen Rechtsprechung der Gerichte konfrontieren und Ihr Recht vehement einfordern. Nicht selten lenkt die Bank erst dann ein, wenn Sie mit anwaltlichen Schriftsätzen konfrontiert wird.

7.4.3 Abschlussgebühren für Kreditvertrag

In der Praxis begegnen einem Kreditnehmer immer noch Abschlussgebühren für Immobilienkreditverträge. Während sie bei gewöhnlichen Annuitätendarlehen erfreulicherweise eher selten geworden sind, haben sie bei Bausparverträgen noch immer Hochkonjunktur.

[30] Siehe BGH, Urteil vom 3.2.2004, abgedruckt in *Neue Juristische Wochenschrift* 2004, S. 1730 ff.

Hinsichtlich der rechtlichen Zulässigkeit der Abschlussgebühren gab es lange Zeit Unklarheit. Nach Auffassung des ehemaligen vorsitzenden Richters des Bankensenates des Bundesgerichtshofes (Herrn Gerd Nobbe) ist die in Musterverträgen und Allgemeinen Geschäftsbedingungen verankerte Abschlussgebühr beim Kreditvertrag unzulässig.[31] Nach Auffassung mehrerer Landgerichte und Oberlandesgerichte ist die Abschlussgebühr jedoch rechtlich zulässig.[32]

Der Bundesgerichtshof hat sich mit Urteil vom 07.12.2010 schließlich für die rechtliche Zulässigkeit der Abschlussgebühren bei einem **Bausparvertrag** ausgesprochen und damit die Rechtsprechung der Landgerichte und Oberlandesgerichte inhaltlich bestätigt.[33] Dabei wurde mit dem besonderen Vertragstypus des Bausparvertrages argumentiert. Vor diesem Hintergrund dürfte es zumindest bei Bausparverträgen nicht realistisch sein, die Abschlussgebühr von in der Regel 1% bis 2% der Bausparsumme wegzuverhandeln.

Eine Entscheidung des Bundesgerichtshofes zur Zulässigkeit der Abschlussgebühr beim **gewöhnlichen Annuitätendarlehen** hingegen steht noch aus. Nach Auffassung des Oberlandesgerichtes Karlsruhe ist jedenfalls die in Allgemeinen Geschäftsbedingungen verankerte Abschlussgebühr in Form eines bestimmten Prozentsatzes des Kreditbetrages bei gewöhnlichen Annuitätendarlehen unzulässig.[33a]

Bei gewöhnlichen Annuitätendarlehen dürften vor dem Hintergrund der Entscheidung des Oberlandesgerichtes Karlsruhe vom 03.05.2011 folglich gute Chancen bestehen, eine von der Bank geforderte Abschlussgebühr abzulehnen und wegzuverhandeln.

7.4.4 Kontoführungsgebühren für Kreditkonto

Es gibt leider noch immer Banken, die ihren Immobilienkreditkunden Kontoführungsgebühren für das Kreditkonto in Rechnung stellen.

Es gibt ein aktuelles Urteil des Oberlandesgerichtes Stuttgart, welches die Vereinbarung von Kontoführungsgebühren in Allgemeinen Geschäftsbedingungen für zulässig hält.[34] Dem ist jedoch der Bundesgerichtshof entgegengetreten und hat in einer Entscheidung im Juni 2011 ausgesprochen, dass die Vereinbarung einer

[31] Nobbe in *Wertpapiermitteilungen – Zeitschrift für Wirtschafts- und Bankrecht* 2008, S. 185 ff. (193).

[32] Siehe Oberlandesgericht Stuttgart, Urteil v. 03.12.2009, abgedruckt in *Wertpapiermitteilungen – Zeitschrift für Wirtschafts- und Bankrecht* 2010, S. 705 ff.; Oberlandesgericht Hamm, Urteil v. 01.02.2010, abgedruckt in *Wertpapiermitteilungen – Zeitschrift für Wirtschafts- und Bankrecht* 2010, S. 702 ff. und Landgericht Hamburg, Urteil v. 22.05.2009, abgedruckt in *Wertpapiermitteilungen – Zeitschrift für Wirtschafts- und Bankrecht* 2009, S. 1315 ff.

[33] Siehe BGH, Urteil v. 07.12.2010, abgedruckt in *Wertpapiermitteilungen – Zeitschrift für Wirtschafts- und Bankrecht* 2011, S. 263 ff.

[33a] Siehe Oberlandesgericht Karlsruhe, Urteil v. 03.05.2011, abgedruckt in *Wertpapiermitteilungen – Zeitschrift für Wirtschafts – und Bankrecht* 2011, S. 1366 ff.

[34] Siehe Oberlandesgericht Stuttgart, Urteil v. 21.10.2010, abgedruckt in *ZIP – Zeitschrift für Wirtschaftsrecht* 2011, S. 462 ff.

Kontoführungsgebühr für Kreditkonten in Allgemeinen Geschäftsbedingungen unwirksam ist.[35]

In die gleiche Richtung geht eine veröffentlichte Äußerung des ehemaligen vorsitzenden Richters des Bankensenates des Bundesgerichtshofes, der sich klar gegen die rechtliche Zulässigkeit von Kontoführungsgebühren für Kreditkonten ausgesprochen hat.[36]

Bei dieser Sachlage kann ich Ihnen nur die Empfehlung geben, bei den Verhandlungen des Kreditvertrages mit der Bank eine Kontoführungsgebühr für Kreditkonten abzulehnen und dabei auf die in den Fußnoten zitierten Fundstellen zu verweisen.

7.4.5 Gebühr für Übertragung von Sicherheiten

Einige Banken verlangen auch für die Übertragung des Grundpfandrechtes auf eine andere Bank bei der Umfinanzierung eine Bearbeitungsgebühr.

Nach zutreffender Auffassung kann jedoch für die simple Abtretung der Grundschuld an eine andere Bank keine Gebühr verlangt werden.[37] Die Bank kann allenfalls eine Erstattung von Notarkosten für die öffentliche Beglaubigung der Abtretungserklärung verlangen. Etwas anderes kann dann gelten, wenn die Bank vom Kunden einen Treuhandauftrag für die Umschuldung erhält. In einem solchen Fall sollten Sie sich rechtlich beraten lassen.

7.4.6 Bereitstellungszinsen

Wenn Sie Immobilienkreditangebote genau unter die Lupe nehmen, werden Sie in aller Regel feststellen, dass dort eine Position auftaucht mit der Bezeichnung „Bereitstellungszinsen", die mit Ablauf eines bestimmten Datums zu laufen beginnen. Diese Bereitstellungszinsen sind in der Regel mit einem Prozentsatz bezeichnet, der auf den Monat und nicht auf das Jahr bezogen ist. Wenn dort ein Bereitstellungszinssatz von 0,25% pro Monat ausgewiesen ist, bedeutet das, dass jährlich 3,0% Bereitstellungszinsen anfallen.

Die Berechnung von Bereitstellungszinsen ist rechtlich nicht zu beanstanden und vom Bundesgerichtshof und von Instanzgerichten auch bereits für zulässig erklärt worden.[38]

---

[35] Siehe BGH, Urteil v. 07.06.2011, abgedruckt in *Neue Juristische Wochenschrift* 2011, S. 2640 ff.

[36] Nobbe in *Wertpapiermitteilungen – Zeitschrift für Wirtschafts- und Bankrecht* 2008, S. 185 ff. (193).

[37] Nobbe in *Wertpapiermitteilungen – Zeitschrift für Wirtschafts- und Bankrecht* 2008, S. 185 ff. (194).

[38] Siehe BGH, Urteil v. 08.02.1994, abgedruckt in *Neue Juristische Wochenschrift* 1994, S. 1275 ff.

Sie werden also kaum verhandeln können, dass Sie keine Bereitstellungszinsen werden zahlen müssen. Allenfalls verhandelbar ist das Zeitfenster einer bereitstellungszinsfreien Zeit. Handelsüblich sind 6 Monate ab Vertragsunterzeichnung.

Der sicherste Weg zur Vermeidung von Bereitstellungszinsen ist eine gute Planung des Erwerbs bzw. der Immobilienerrichtung. Wenn Sie gut planen, sind Sie insofern mit der handelsüblichen Zeitspanne von 6 Monaten auf der sicheren Seite.

7.5 Abschluss Darlehensvertrag und Grundschuldbestellung

In den vorhergehenden Kapiteln sind Sie gründlich informiert worden über die rechtlichen und wirtschaftlichen Hintergründe der Immobilienfinanzierung. Mit diesen Informationen werden Sie in der Lage sein, einen Kreditvertragsentwurf der Bank kritisch zu sichten und zu beurteilen, ob Sie den Vertrag so akzeptieren können oder Änderungen verhandeln sollten. Wenn Sie insoweit Zweifel haben, sollten Sie nicht zögern, einen Fachmann zu Rate zu ziehen, der den Vertrag für Sie prüft und erforderlichenfalls die Verhandlungen mit der Bank aufnimmt.

Hinsichtlich des zeitlichen Ablaufes der Durchführung des Immobilienkaufes sollten Sie darauf achten, dass Sie den Kreditvertrag nicht unterschreiben bevor Sie den notariellen Immobilienkaufvertrag unterschrieben haben. Wenn Sie diese Reihenfolge nicht einhalten, laufen Sie Gefahr, beim Scheitern des notariellen Kaufvertrages über die Immobilie zusätzlichen Schaden zu erleiden in Form einer Nichtabnahmeentschädigung für den Kredit.[39]

Es kommt in der Praxis häufiger vor als man meinen sollte, dass ein Verkäufer im Notartermin einen Sinneswandel erleidet und den Vertrag nicht unterschreibt. Da der Vertrag jedoch zwingend der notariellen Beurkundung bedarf und ohne diese Form unwirksam ist, ist der Kauf in diesem Falle ohne Einflussmöglichkeiten des Käufers gescheitert.

Andererseits sollten Sie bei Unterzeichnung des notariellen Kaufvertrages über die Immobilie den Kreditvertrag mit der Bank endverhandelt haben, so dass Sie bei der Beschaffung des Darlehens und beim Vollzug des Kaufvertrages nicht unter Zeitdruck geraten. Sie werden daher bei der praktischen Abwicklung der Transaktion den Kaufvertrag über die Immobilie und den Kreditvertrag mit der Bank für die Finanzierung parallel verhandeln müssen. Im Idealfall liegt Ihnen ein verbindliches Kreditangebot der Bank unterschriftsreif vor, wenn Sie beim Notar den Kaufvertrag unterschreiben, so dass Sie umgehend nach dem Notartermin die Finanzierung „scharf" schalten können durch Unterzeichnung des Kreditvertrages.

Diese Reihenfolge der Unterzeichnung der Verträge ist in der praktischen Abwicklung auch kein Problem, weil die Finanzierung ohnehin nicht vor der Bestellung der Grundschuld für die Bank abrufbar ist. Die Grundschuldbestellung ist jedoch erst möglich, wenn der notarielle Kaufvertrag geschlossen ist, in dem eine Vollmacht für den Käufer enthalten ist, das Grundstück bereits vor Erwerb des Eigentums mit einem Grundpfandrecht zu belasten.[40] Das heißt, dass ein Abruf des Darlehens ohne wirksamen Kaufvertrag über die Immobilie ohnehin nicht möglich ist.

[39] Es wird verwiesen auf die Ausführungen zur Nichtabnahmeentschädigung in Abschn. 7.4.2.1. (Seite 138 f.).

[40] Siehe Abschn. 8.1.1. (Seite 149 f.).

Kapitel 8
Erwerbsvorgang und Abschluss der Verträge

Für den Erwerb einer Immobilie sind mehrere Rechtsakte zu vollziehen. Die Weichenstellungen für den Vollzug des Erwerbs werden im Kaufvertrag vorgenommen. Das gilt sowohl für den Erwerb von bebauten und unbebauten Grundstücken als auch für den Erwerb von Eigentumswohnungen.

G. Rennert, *Praxisleitfaden Immobilienanschaffung und Immobilienfinanzierung*,
DOI 10.1007/978-3-642-22622-9_8,

8.1 Phasen des Erwerbsvorgangs

Zur Verdeutlichung der Phasen des Erwerbsvorgangs dient die folgende schematische Darstellung:

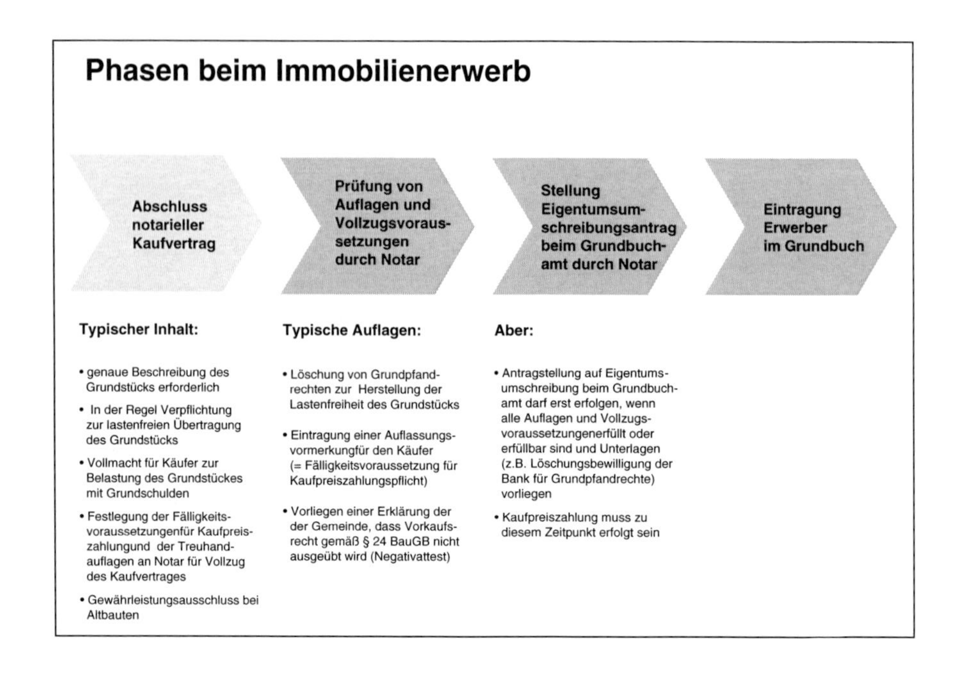

Um zu verstehen, warum die Phasen eines Immobilienerwerbes so ablaufen müssen, ist es hilfreich, zunächst etwas über die rechtlichen Hintergründe und Zusammenhänge zu erfahren.

Der Abschluss des Kaufvertrages selbst verursacht noch keinen Eigentumsübergang des Grundstückes, sondern er regelt (nur) die schuldrechtlichen Pflichten der Parteien, den Eigentumswechsel gegen die Kaufpreiszahlung in die Wege zu leiten und zu vollziehen. Das beruht auf einem der wesentlichen Prinzipien des deutschen Rechtes, welches Verpflichtungsgeschäft und Verfügungsgeschäft voneinander trennt und als separate Rechtsgeschäfte behandelt, die hintereinander geschaltet werden können (***Abstraktionsprinzip***).

Der Eigentumswechsel wird erst durch das dingliche Verfügungsgeschäft **und** die Eintragung des Eigentümerwechsels im Grundbuch bewirkt (letzte Phase der schematischen Darstellung).

Die ***Auflassung*** stellt dabei das dingliche Verfügungsgeschäft dar, d.h. die verbindliche vertragliche Einigung der Parteien, dass das Eigentum an dem Grundstück auf den Käufer übergehen soll. Die Auflassung ist in aller Regel bereits im notariellen Kaufvertrag untergebracht, weil sie ebenfalls der notariellen Beurkundung bedarf.

Die Verpflichtung zum Vollzug eines Eigentumsübergangs vom Verkäufer auf den Käufer wird hier bereits in der ersten Phase mit Abschluss des notariellen Kaufvertrages über die Immobilie begründet. Der tatsächliche Übergang des Eigentums auf den Käufer erfolgt jedoch erst in der letzten Phase mit seiner Eintragung in das Grundbuch. Vorher ist der Käufer zu keiner Zeit Eigentümer des Grundstückes.

Da es bei Immobilienverkäufen in der Regel um sehr hohe Geldbeträge und große Vermögenswerte geht, ist es für beide Vertragsparteien wichtig, dass die Abwicklung des Kaufvertrages nur **Zug-um-Zug** unter Beteiligung eines Notars als neutraler Schaltstelle erfolgt. Denn keine der Vertragsparteien möchte den von ihr geschuldeten Teil des Kaufvertrags aus der Hand geben, wenn die andere Vertragspartei ihren Teil der Leistung noch zurückhalten kann. Diesem Bedürfnis der Vertragsparteien dienen die zweite und dritte Phase des Erwerbsvorgangs in der obigen Darstellung.

Im Folgenden möchte ich Ihnen die einzelnen Phasen des Erwerbsvorgangs näher erläutern, um dann an späterer Stelle darauf einzugehen, welche Besonderheiten bei bestimmten Käufen zu beachten sind wie z. B. beim Kauf einer noch zu bauenden Immobilie vom Bauträger oder beim Kauf in der Zwangsversteigerung.

8.1.1 Abschluss des notariellen Kaufvertrages

Die erste Phase des Erwerbsvorgangs beginnt mit dem Abschluss des notariellen Kaufvertrages über die Immobilie. Der Kaufvertrag über ein Grundstück bedarf gemäß § 313b BGB der notariellen Beurkundung. Das gilt auch für Vorverträge, in denen bereits Einzelheiten eines Grundstücksverkaufes festgeschrieben werden, der später zustande kommen soll.[1]

8.1.1.1 Umfang der Beurkundungspflicht

Die Beurkundungspflicht erfasst dabei nicht nur die Verpflichtung zur Übertragung des Eigentums an der verkauften Immobilie sondern den gesamten Vertrag und alle Abreden, die im Zusammenhang mit der Immobilienübertragung getroffen werden.

Wenn der Kaufvertrag Lücken enthält, weil Regelungen vergessen oder weil diese absichtlich fortgelassen wurden (z. B. wenn ein niedrigerer Kaufpreis beurkundet wird, um Notarkosten und Grunderwerbssteuer zu sparen), so kann sich daraus die Unwirksamkeit des gesamten Kaufvertrages wegen Formnichtigkeit ergeben, weil sich die Pflicht zur notariellen Beurkundung auf alle Regelungen erstreckt, die im Zusammenhang mit dem Verkauf der Immobilie getroffen werden.[2] Von der absichtlichen Fortlassung von getroffenen Vereinbarungen oder von einer inhaltlich unrichtigen Darstellung der Vereinbarungen in dem notariell beurkundeten Vertragstext ist unbedingt abzuraten.

---

[1] Siehe BGH, Urteil v. 07.02.1986, abgedruckt in *Neue Juristische Wochenschrift* 1986, S. 1983 ff.

[2] Siehe BGH, Urteil v. 26.10.1973, abgedruckt in *Neue Juristische Wochenschrift* 1974, S. 271 ff.

In diesem Zusammenhang ist es wichtig, sich Klarheit über Bestandteile und Zubehör der Immobilie zu verschaffen und sich darüber zu verständigen, welche Gegenstände mitverkauft werden sollen und die getroffenen Vereinbarungen vollständig und lückenlos im Text des notariellen Kaufvertrages zu dokumentieren. Wenn es sich um wesentliche Bestandteile des Grundstückes handelt, so ist eine Regelung zwar nicht zwingend erforderlich, da diese automatisch mit dem Eigentum am Grundstück mit übergehen. Da die Abgrenzung zwischen wesentlichen Bestandteilen einerseits und Scheinbestandteilen sowie Zubehör andererseits nicht immer leicht und zweifelsfrei zu treffen ist, ist es empfehlenswert, eine zumindest klarstellende Regelung im Kaufvertrag zu treffen.[3]

Wenn bewegliches Mobiliar (bzw. Zubehör oder Einrichtungsgegenstände, die keine wesentlichen Bestandteile des Gebäudes sind) mitverkauft wird, so sollte auch dieses unbedingt in dem Kaufvertrag dokumentiert werden. Darüber hinaus kann durch die Zuteilung eines Teiles des Kaufpreises auf dieses Mobiliar Grunderwerbssteuer gespart werden, weil sich dadurch die Bemessungsgrundlage der Grunderwerbssteuer reduziert, die ja nur auf die Übertragung von Immobilien und nicht auf die Übertragung von Mobiliar anfällt. Wenn beispielsweise eine Küche mit Schränken und Hausgeräten übernommen wird, so sollte das nicht nur im notariellen Kaufvertrag festgehalten werden, sondern hierauf sollte auch ein angemessener Teil des Kaufpreises zugeteilt werden. Die Zuteilung eines Teiles des Kaufpreises auf Mobiliar ist auch dann interessant, wenn es sich nicht um ein Renditeobjekt handelt, da Grunderwerbssteuer bei allen Grundstücksübertragungen anfällt.

Es gibt daher sowohl vertragsrechtliche Gründe als auch steuerrechtliche Gründe für die genaue und lückenlose Auflistung des mitverkauften Mobiliars und mitverkaufter weiterer Bestandteile.

8.1.1.2 Notwendige und übliche Regelungen in Kaufverträgen

Zwingend erforderlich ist zunächst die genaue Bezeichnung der Kaufvertragsparteien. Weiterer notwendiger Bestandteil des notariellen Grundstückskaufvertrages ist die genaue Beschreibung der gegenseitigen Hauptleistungspflichten und Nebenleistungspflichten der Vertragsparteien.

Hauptleistungspflichten

Die **Hauptleistungspflicht des Verkäufers** besteht in der Übertragung des Eigentums an dem Grundstück auf den Käufer. Zur Bestimmung der Hauptleistungspflicht des Verkäufers ist die genaue Bezeichnung des Grundstückes erforderlich, welches verkauft wird. Dazu werden die Daten des Grundbuchblattes unter genauer Bezeichnung der Blattnummer detailgetreu in den Text des Kaufvertrages übernommen.

[3] Zur Vermeidung von Wiederholungen verweise ich insoweit auf die Ausführungen unter Abschn. 5.2.1.4. (Seite 71 f.).

Die **Hauptleistungspflicht des Käufers** besteht in der Zahlung des Kaufpreises, der im Kaufvertrag angegeben werden muss. Die bloße Bezifferung der Höhe des Kaufpreises ist jedoch nicht ausreichend. Darüber hinaus sind Regelungen erforderlich, welche Voraussetzungen erfüllt sein müssen, damit der Kaufpreis zur Zahlung fällig wird.

Der Verkäufer möchte den Kaufpreis natürlich so früh wie möglich erlangen und das Eigentum am Grundstück so spät wie möglich verlieren. Der Käufer hat naturgemäß eine genau entgegengesetzte Interessenlage: Er möchte den Kaufpreis so spät wie möglich bezahlen und das Eigentum am Grundstück so früh wie möglich erlangen. Wegen dieser divergierenden Interessenlage und vor dem Hintergrund, dass es um die Verschiebung erheblicher Vermögenswerte geht, wird die Abwicklung der gegenseitigen Pflichten ***Zug-um-Zug*** unter Einschaltung eines Notars abgewickelt. Die Einzelheiten sind in der nachfolgenden Ziffer 8.1.2. weiter unten dargestellt.

Nebenleistungspflichten

Vereinbarte **Nebenleistungspflichten** der Vertragsparteien sind ebenfalls im Vertragstext lückenlos und vollständig darzustellen.

Dazu gehört in aller Regel die Verpflichtung des Verkäufers, das **Grundstück lastenfrei zu übertragen**, was beinhaltet, dass eingetragene Grundpfandrechte zu löschen sind. Die dazu erforderlichen Schritte fallen in die Pflicht des Verkäufers.

Die Übernahme von Grundpfandrechten ist sehr selten, weil sie in aller Regel nicht praktikabel ist. Da in den Vertragswerken der Banken standardmäßig nur die Verpflichtung zur Erteilung der Löschungsbewilligung und nicht alternativ die Verpflichtung zur Mitwirkung bei der Übertragung von Sicherheiten enthalten ist, wird die Bank in aller Regel auch die Mitwirkung verweigern, da diese mit mehr Arbeitsaufwand verbunden ist als die Erteilung der Löschungsbewilligung.

Lasten aus der Abteilung II des Grundbuches (z. B. Grunddienstbarkeit) werden in aller Regel vom Käufer übernommen, da Käufer und Verkäufer keine Verfügungsmacht darüber haben.

Falls weitere Nebenleistungspflichten vereinbart sind, so müssen auch diese vollständig in dem Kaufvertrag dargestellt werden. Üblich ist z. B. die Verpflichtung des Verkäufers zur besenreinen Räumung einer Immobilie vor der Überlassung an den Käufer, d.h. zur vollständigen Entfernung des Mobiliars und ggf. auch vorhandenen Unrates wenn die Immobilie von dem Verkäufer noch selbst bewohnt oder genutzt wird.

Es kann auch ratsam sein, im Kaufvertrag nicht nur die Verpflichtung des Verkäufers zur Räumung der Immobilie zu verankern, sondern darüber hinaus die Unterwerfung des Verkäufers unter die sofortige Zwangsvollstreckung hinsichtlich der Verpflichtung zur Räumung zu regeln. Wenn der Verkäufer die Immobilie nicht räumt, so kann aus der Unterwerfung unter die Zwangsvollstreckung sofort die Räumung betrieben werden. Allein diese Vereinbarung führt im Normalfall schon dazu, dass der Verkäufer die Immobilie pünktlich räumt.

Denkbar sind auch Regelungen über bestimmte Baumaßnahmen oder Abrissmaßnahmen, die der Verkäufer vor der Eigentumsübertragung schuldet. Geht es nicht um einzelne Baumaßnahmen an einer verkauften Bestandsimmobilie, sondern um die vollständige Neuerrichtung, so liegt ein Bauträgervertrag vor und kein Kaufvertrag.[4]

Da gebrauchte Bestandsimmobilien in der Regel ohne Mängelgewährleistung verkauft werden, sind hiervon abweichende Regelungen, dass der Verkäufer aber gleichwohl bestimmte Mängelbeseitigungen schuldet, unbedingt im Vertrag zu dokumentieren.[5] Dabei ist es wichtig, die Mängel und die vereinbarten Maßnahmen zur Beseitigung so konkret wie möglich zu beschreiben, damit es später keinen Streit über den Umfang der Mängelbeseitigung gibt und damit der Vollzug des Kaufvertrages an derartigen Streitigkeiten nicht scheitert.

Häufig findet sich im notariellen Kaufvertrag eine Bevollmächtigung des Käufers zur Belastung des Grundstückes mit Grundschulden bereits vor der Eigentumsumschreibung im Grundbuch. Diese Regelungen sind insbesondere dann notwendig, wenn der Käufer den Kaufpreis (ganz oder teilweise) über einen Bankkredit finanziert. Das wiederum bedeutet, dass der Käufer des Grundstückes der Bank eine Grundschuld als Sicherheit anbieten muss, um damit das Bankdarlehen zu unterlegen. Da der Käufer jedoch erst zu einem viel späteren Zeitpunkt als bei Abschluss des notariellen Kaufvertrages Eigentümer des Grundstückes wird (siehe oben das Phasenmodell), ist es bei Finanzierung des Kaufpreises über ein Bankdarlehen erforderlich, dass der Käufer vom Verkäufer im notariellen Kaufvertrag bevollmächtigt wird, das Grundstück bereits **vor** der Eigentumsumschreibung im Grundbuch mit einer Grundschuld für die Bank zu belasten. Ohne diese Bevollmächtigung könnte der Käufer anderenfalls den Kredit von der Bank nicht abrufen, um damit den Kaufpreis zu bezahlen und damit seinen Teil für den Vollzug des Kaufvertrages nicht erbringen. Das würde dazu führen, dass der Kaufvertrag nicht vollzogen werden könnte.

8.1.2 Vollzug des Immobilienkaufvertrages

Wie bereits oben angesprochen, wird der Kaufvertrag nicht nur beim Notar geschlossen, sondern auch unter Mitwirkung des Notars vollzogen, d.h. der Notar sorgt dafür, dass der Käufer und der Verkäufer ihre vertraglichen Pflichten nicht in beliebiger Reihenfolge erfüllen, sondern unter Vermittlung des Notars Zug-um-Zug. So braucht keine Vertragspartei vorzuleisten, ohne sicher sein zu können dass die andere Vertragspartei die Gegenleistung auch erbringt.

Da der Käufer den Kaufpreis in der Regel nicht vollständig aus Eigenkapital bestreiten kann, kommt beim Vollzug des Kaufvertrages häufig noch die Bank des

---

[4] Dazu erfolgen Ausführungen an späterer Stelle unter Abschn. 8.2. (Seite 156 ff.).

[5] Wegen der Details wird insoweit auf den Abschn. 9.2 verwiesen. (Seite 185 ff.).

Käufers ins Spiel. Wenn der Verkäufer die Immobilie ebenfalls über Kreditfinanzierung gekauft hatte und sein Darlehen noch nicht vollständig zurückgeführt ist, kommt darüber hinaus auch noch die Bank des Verkäufers ins Spiel.

Die Absicherung dieser weiteren Vertragsparteien muss beim Vollzug des Kaufvertrages durch den Notar ebenfalls berücksichtigt werden, so dass in dieser Konstellation neben dem Notar insgesamt vier Parteien am Vollzug des Kaufvertrages beteiligt sind.

Grundsätzlich wird die Bank des Käufers nur dann bereit sein, den Darlehensbetrag zur Bezahlung des Kaufpreises auszuzahlen, wenn ihr zuvor ein Grundpfandrecht auf dem Grundstück bestellt worden ist. Die Bank des Verkäufers wird ihrerseits nur dann die Löschungsbewilligung hinsichtlich ihres Grundpfandrechtes erteilen, wenn sichergestellt ist, dass sie aus der Kaufpreiszahlung den erforderlichen Geldbetrag zur Rückführung des Bankdarlehens des Verkäufers erhält.

Das nachfolgende Schema verdeutlicht diese Zusammenhänge und den Vollzug eines Immobilienkaufvertrages unter Beteiligung eines Notars. Dabei laufen die einzelnen in Schritte in der Reihenfolge der Nummerierung der schematischen Darstellung ab.

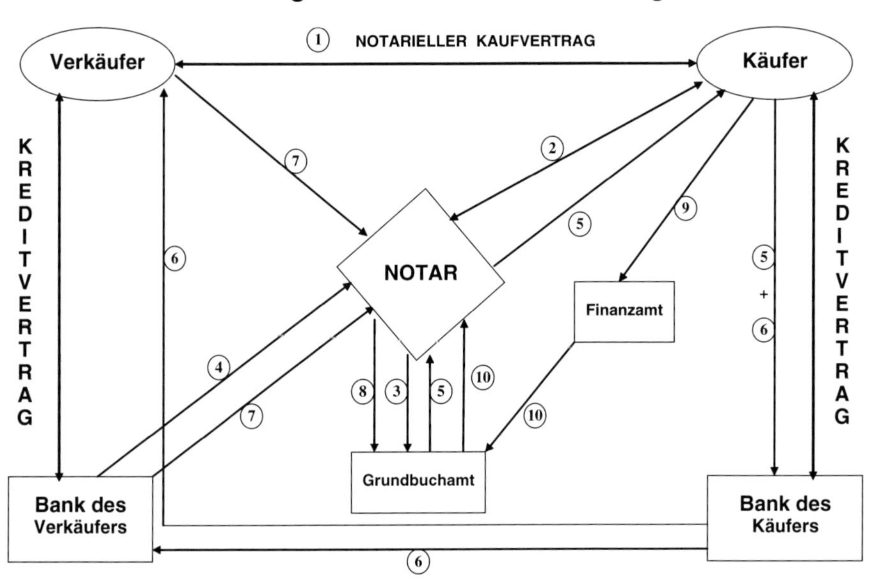

Nr. 1: Im notariellen Kaufvertrag wird der Käufer bevollmächtigt, das Grundstück bereits vor der Eigentumsumschreibung mit Grundpfandrechten zu belasten (siehe oben).

Nr. 2: Nach Abschluss des notariellen Kaufvertrages wird direkt anschließend von dieser Vollmacht Gebrauch gemacht und der Notar beurkundet eine

Grundschuldbestellung für die Bank des Käufers, die dieser aufgrund der im Kaufvertrag erteilten Vollmacht nun auf dem Grundstück bestellen kann.

Nr. 3: Der Notar beantragt die Eintragung der Grundschuld in das Grundbuch und darüber hinaus die Eintragung einer Eigentumsvormerkung für den Käufer.

Nr. 4: Der Notar erhält von der Bank des Verkäufers zu treuen Händen die Löschungsbewilligung hinsichtlich der Grundschuld, die den Kredit des Verkäufers auf dem Grundstück sichert. Die Übersendung der Löschungsbewilligung erfolgt mit der Treuhandauflage, die Löschung der Grundschuld beim Grundbuchamt erst zu beantragen, wenn die Bank des Verkäufers die Darlehensvaluta zur Ablösung des Darlehens des Verkäufers erhalten hat und dieses gegenüber dem Notar bestätigt.

Nr. 5: Notar erhält Nachweise der Eintragung der Grundschuld für die Bank des Käufers sowie der Eigentumsvormerkung vom Grundbuchamt und übersendet diese dem Käufer, der diese an seine Bank weiterleitet. Dadurch werden die Auszahlungsvoraussetzungen des Darlehens des Käufers herbeigeführt.

Nr. 6: Käufer weist seine Bank an, aus dem abrufbaren Darlehensbetrag den Kaufpreis an die Bank des Verkäufers zu überweisen, soweit dieser zur Ablösung des Darlehens des Verkäufers benötigt wird und den restlichen Kaufpreis direkt an den Verkäufer auszuzahlen.

Nr. 7: Bank des Verkäufers und Verkäufer bestätigen gegenüber dem Notar den Eingang des Geldes.

Nr. 8: Notar reicht die Löschungsbewilligung hinsichtlich der Grundschuld der Bank des Verkäufers und den Eigentumsumschreibungsantrag beim Grundbuchamt ein.

Nr. 9: Käufer zahlt Grunderwerbssteuer an das Finanzamt.

Nr. 10: Grundbuchamt trägt nach Bestätigung der Zahlung der Grunderwerbssteuer den Käufer als neuen Eigentümer im Grundbuch ein und übersendet eine Eintragungsmitteilung an den Notar und an den Käufer.

8.1.3 Besitzübergang

Rechtlich zu unterscheiden sind das ***Eigentum*** an einer Immobilie und der ***Besitz*** der Immobilie. Eigentümer ist grundsätzlich, wer als solcher im Grundbuch eingetragen ist. Besitzer einer Immobilie ist derjenige, der die tatsächliche Sachherrschaft über die Immobilie hat. Besitzer ist z. B. der Mieter einer Wohnung oder eines Hauses während der Vermieter der Eigentümer ist.

Wie oben dargestellt, erfolgt der Eigentumsübergang erst mit der Eintragung des Käufers als neuer Eigentümer im Grundbuch (letzte Phase in der schematischen Darstellung). Da zwischen der Einreichung des Eigentumsumschreibungsantrages beim Grundbuchamt und der Eintragung des neuen Eigentümers im Grundbuch in der Regel etwa 3 Monate verstreichen, müssten die Vertragsparteien einige Monate warten, wenn sie den Eigentumsübergang und den Besitzübergang zeitgleich vollziehen wollten.

In der Praxis besteht jedoch kein Bedürfnis, diese Zeit noch abzuwarten, weil nach Einreichung des Eigentumsumschreibungsantrages beim Grundbuchamt durch den Notar wegen der Eigentumsvormerkung für den Käufer nichts mehr passieren kann, was den Eigentumsübergang und den Vollzug des Kaufvertrages noch hindern könnte. Daher wird in der Praxis der Besitzübergang an der Immobilie bereits nach Bestätigung des Eingangs des Kaufpreises durch den Verkäufer und seine Bank vollzogen.

Da folglich der Besitzübergang dem Eigentumsübergang zeitlich vorausgeht, werden im notariellen Kaufvertrag üblicherweise noch Regelungen getroffen, dass die Rechte und Pflichten des Immobilieneigentümers (z. B. Verpflichtung zur Zahlung von Grundsteuern, Verkehrssicherungspflichten, Recht zur Eintreibung von Mieten bei vermieteten Immobilien etc.) nicht erst mit der Eigentumsumschreibung im Grundbuch übergehen, sondern bereits mit der Besitzverschaffung.[6]

Solche Regelungen sind angemessen und entsprechen den tatsächlichen Gegebenheiten. Eine unmissverständliche und klare Regelung dieser Punkte im notariellen Kaufvertrag ist unbedingt anzuraten.

[6] Gemäß § 566 BGB geht z. B. der Mietvertrag beim Verkauf auf den Käufer über. Der Übergang erfolgt jedoch erst mit der Eigentumsumschreibung im Grundbuch (siehe BGH, Urteil v. 12.03.2003, abgedruckt in *Neue Juristische Wochenschrift* 2003, S. 3158 ff.).

8.2 Kauf einer Immobilie vom Bauträger

Oben wurden die Phasen des Erwerbsvorgangs von Immobilien vorgestellt, die für alle Grundstücks- und Immobilienanschaffungen gelten. Dabei wurde zunächst der Grundfall besprochen, dass die Immobilie bereits fertiggestellt ist (*Bestandsimmobilie*).

Es gibt jedoch weitere Besonderheiten, wenn zusammen mit einem Grundstück eine Immobilie vom Bauträger gekauft wird, die bei Abschluss des Kaufvertrages noch gar nicht gebaut oder lediglich unvollständig gebaut ist.

Die Fallgestaltung, dass ein Altbau von einem Bauträger umfangreich umgebaut und saniert, aber bereits vor Durchführung der Arbeiten an einen Erwerber verkauft wird, gehört ebenfalls in diese Kategorie. Zu denken ist hier etwa an den Umbau von alten Speichergebäuden in Hafenvierteln zu modernen Eigentumswohnungen. All diese Fallgestaltungen sind gemeint, wenn vom Erwerb einer Immobilie vom Bauträger die Rede ist.

Der Vertrag über den Grundstücksverkauf und die Errichtung oder den Umbau der Immobilie wird in diesen Fällen ***Bauträgervertrag*** genannt. Solche Bauträgerverträge werden häufig bei Abverkauf von einzelnen Eigentumswohnungen einer größeren neu zu errichtenden Wohnungseigentumsanlage mit den Käufern geschlossen.

Bei Lichte betrachtet ist der Bauträgervertrag kein reiner Kaufvertrag sondern ein gemischter Vertrag, der sowohl Kaufvertragsbestandteile als auch Werkvertragsbestandteile beinhaltet. Der kaufvertragliche Bestandteil besteht in der Verpflichtung des Bauträgers zur Übertragung des Eigentums an dem Grundstück auf den Käufer. Der werkvertragliche Teil besteht aus der Verpflichtung zum Bau oder Umbau einer Immobilie auf dem Grundstück.[7]

Der Bauträgervertrag ist in Gänze beurkundungspflichtig, d.h. sowohl der kaufvertragliche Bestandteil über das Grundstück als auch der werkvertragliche Bestandteil mit der genauen Beschreibung der Bauverpflichtungen des Bauträgers müssen in die notarielle Urkunde vollständig aufgenommen werden.[8] In der Praxis geschieht das mittels einer ***Baubeschreibung,*** die als Anlage zum notariellen Kaufvertrag genommen und mit beurkundet wird.

Der Vorteil des Bauträgervertrages besteht für den Käufer darin, dass er hinsichtlich der Ausstattung der Immobilie noch Gestaltungsspielraum hat und damit die Immobilie in den Grenzen der Generalplanung des Bauträgers nach seinen persönlichen geschmacklichen Vorstellungen fertig bauen lassen kann. So kann der Käufer noch Einfluss nehmen z.B. auf das Material des Bodenbelages sowie die Gestaltung von Wänden und Bädern und dergleichen mehr.

Darüber hinaus hat der Käufer den Vorteil, dass er für die Bauleistungen des Bauträgers Mängelgewährleistungsansprüche hat, da ein Ausschluss der Gewährleistungen bei neu errichteten Gebäuden und aufwändigem Umbau eines Gebäudes unüblich und sogar unwirksam ist, wenn die Freizeichnung von der Haftung mit dem Käufer formelhaft erfolgt und nicht unter ausführlicher Belehrung über die weitreichenden Folgen erörtert worden ist.[9] Bei Altbauten, die ohne Bauleistungen

---

[7] Der Mischcharakter des Bauträgervertrages führt dazu, dass auf den Vertrag nebeneinander sowohl Kaufvertragsrecht als auch Werkvertragsrecht anwendbar sind. Siehe auch BGH, Urteil v. 16.4.1973, abgedruckt in *Neue Juristische Wochenschrift* 1973, S. 1235 ff.

[8] Siehe BGH, Urteil v. 10.02.2005, abgedruckt in *Neue Juristische Wochenschrift* 2005, S. 1356 ff. sowie BGH, Urteil v. 6.4.1979, abgedruckt in *Neue Juristische Wochenschrift* 1979, S. 1496 ff. und BGH, Urteil v. 22.07.2010, abgedruckt in *Wertpapiermitteilungen – Zeitschrift für Wirtschafts- und Bankrecht* 2010, S. 1817 ff.

[9] Siehe BGH, Urteil v. 05.04.1984, abgedruckt in *Neue Juristische Wochenschrift* 1984, S. 2094 ff. und BGH, *Urteil* v. 06.10.2005, abgedruckt in *Neue Juristische Wochenschrift* 2006, S. 214 ff.

verkauft werden, ist ein Ausschluss der Gewährleistung für Sachmängel hingegen üblich und auch wirksam.[10]

Die Vorteile von Gestaltungsmöglichkeiten und Gewährleistungsrechten sind allerdings erkauft mit Fertigstellungs- und Projektrisiken, die der Käufer partiell eingeht, da er eine unfertige Immobilie kauft, die vom Bauträger noch fertig gebaut werden muss. Aus dem Abschluss eines Bauträgervertrages ergeben sich für den Käufer diverse Projektrisiken. Er trägt zunächst insoweit das Fertigstellungsrisiko, d.h. das Risiko, dass der Bauträger vor der Fertigstellung insolvent wird und das Gebäude daher nicht fertig bauen kann.

Vor dem Hintergrund dieser erhöhten Gefährdung des Käufers hat der Gesetzgeber die ***Makler- und Bauträgerverordnung (MaBV)*** geschaffen, um den Käufer zu schützen. Sie legt fest, dass vertragliche Vereinbarungen, in denen der Bauträger den vereinbarten Werklohn für die Bauleistungen in voller Höhe vorab erhalten soll, grundsätzlich unwirksam sind.

Nach der MaBV kann der Bauträger den Werklohn vielmehr nur in Teilbeträgen fordern, die nach bestimmten Bauabschnitten fällig werden:

- *30% der Vertragssumme nach Beginn der Erdarbeiten*

Von der restlichen Vertragssumme:

- *40% nach Rohbaufertigstellung, einschließlich Zimmererarbeiten,*
- *8% für die Herstellung der Dachflächen und Dachrinnen,*
- *3% für die Rohinstallation der Heizungsanlagen,*
- *3% für die Rohinstallation der Sanitäranlagen,*
- *3% für die Rohinstallation der Elektroanlagen,*
- *10% für den Fenstereinbau, einschließlich der Verglasung,*
- *6% für den Innenputz, ausgenommen Beiputzarbeiten*
- *3% für den Estrich,*
- *4% für die Fliesenarbeiten im Sanitärbereich,*
- *12% nach Bezugsfertigkeit und Zug um Zug gegen Besitzübergabe,*
- *3% für die Fassadenarbeiten,*
- *5% nach vollständiger Fertigstellung.*

Ausnahmen von diesen Vorgaben sind nur in engen Grenzen gemäß § 7 MaBV möglich und zwar nur dann, wenn der Bauträger wegen aller etwaigen Ansprüche des Käufers Sicherheit geleistet hat. Die Sicherheitsleistung erfolgt in der Regel durch Stellung von Bankbürgschaften.

Darüber hinaus sind die Fälligkeitsvoraussetzungen für den Werklohn des Bauträgers gesetzlich festgeschrieben, ohne deren Vorliegen der Bauträger überhaupt keine Zahlungen verlangen kann:

[10] Wegen der Einzelheiten wird auf die Ausführungen in Abschn. 9.2.3.1 verwiesen. (Siehe Seite 188 f.).

- *Der Vertrag zwischen dem Bauträger und dem Auftraggeber muss rechtswirksam geschlossen sein und die für seinen Vollzug erforderlichen Genehmigungen müssen vorliegen.*
- *Zur Sicherung des Anspruchs des Käufers auf Eigentumsübertragung an dem Grundstück muss eine Vormerkung im Grundbuch eingetragen sein.*
- *Bei Verkauf einer Eigentumswohnung muss außerdem die Begründung des Sondereigentums im Grundbuch vollzogen sein wofür die Eintragung der Teilungserklärung im Grundbuch erforderlich ist.*
- *Die Freistellung des Grundstückes von allen Grundpfandrechten muss gesichert sein, die der Vormerkung im Rang vorgehen oder gleichstehen und nicht übernommen werden sollen.*
- *Die Baugenehmigung muss erteilt worden sein.*

Schließlich trägt der Käufer das Risiko, dass die Baubeschreibung mit den Ausstattungsmerkmalen nicht hinreichend präzise ist und es daher später zum Streit über die Qualität der verwendeten oder zu verwendenden Baumaterialien kommt.

Häufig sind Streitigkeiten über Zusatzkosten, wenn der Käufer Ausstattungsmerkmale wählt, die vermeintlich oder tatsächlich von der vertraglich vereinbarten „*Standardausstattung*" des Bauträgers abweichen. Wenn die Baubeschreibung insoweit unpräzise ist und z.B. nur lapidar von „*Bodenbelägen in gehobener Qualität*" spricht, so kann aus einer solchen Formulierung nicht zweifelsfrei geschlossen werden, ob etwa ein Natursteinfußboden aus Granit oder Marmor ohne Aufpreis ausgewählt werden kann oder nicht. Aus meiner anwaltlichen Erfahrung weiß ich, dass es gerade in diesem Punkte sehr häufig zu Rechtsstreitigkeiten kommt. Diese Streitigkeiten können vermieden werden, wenn penibel auf eine unmissverständliche, lückenlose und vollständige Baubeschreibung geachtet wird.

Der Notar wird zwar darauf achten, dass eine Baubeschreibung mit beurkundet wird, da diese beurkundungspflichtig ist (siehe oben). Der Notar kann und wird jedoch keine Prüfung und Beratung vornehmen, ob die Vertragsparteien hinreichend deutlich und vollständig beschrieben haben, welche Bauleistungen und welche Bauqualität vereinbart worden ist. Die Erfahrung zeigt leider, dass in Bau- und Rechtsfragen unerfahrene Käufer kaum in der Lage sind, abschließend zu beurteilen, ob ein vom Bauträger vorgelegter Textentwurf hinreichend präzise ist oder nicht.

Ich kann an dieser Stelle daher nur den Rat geben, sich fachliche Unterstützung (z.B. von einem Rechtsanwalt) zu holen, damit es später keine bösen Überraschungen und langwierige Rechtsstreitigkeiten mit unsicherem Ausgang gibt. Das ist in aller Regel am Ende des Tages der preiswertere und sicherere Weg.

8.3 Kaufvertrag über unbebautes Grundstück und Errichtung einer Immobilie in Eigenregie

Schließlich ist noch die Fallgestaltung zu besprechen, dass ein unbebautes Grundstück erworben wird, um darauf in Eigenregie eine Immobilie zu errichten.

8.3.1 Kauf des Grundstückes

Der Kauf des Grundstückes weist insofern keine Besonderheiten auf. Wegen etwaiger Altlasten ist die Vornutzung des Grundstückes soweit wie möglich aufzuklären.

Die Prüfung vorhandener Bausubstanz entfällt natürlich. Der Schwerpunkt der Überlegungen beim Kauf des Grundstückes liegt vielmehr auf der Frage, ob die beabsichtigte Bebauung des Grundstückes bauplanungsrechtlich möglich und zulässig ist.

Auch insoweit gilt die Marktgepflogenheit, dass der Verkäufer in aller Regel **keine** Gewähr für eine bestimmte Bebaubarkeit oder baurechtliche Nutzbarkeit des Grundstückes übernimmt. Diese Fragen muss der Käufer des Grundstückes im Eigeninteresse selbst klären, damit es später keine bösen Überraschungen gibt.

Wie oben ausgeführt, ist insoweit eine Einsichtnahme in den Bebauungsplan bei der Bauaufsichtsbehörde unbedingt erforderlich, um zu klären, welche Bebauungen nach den Festsetzungen im Bebauungsplan grundsätzlich zulässig sind.

Wenn die geplante Bebauung nicht eindeutig zulässig ist, so sollte vor verbindlichem Abschluss eines Kaufvertrages über das Grundstück ein ***Bauvorbescheid*** beim zuständigen Bauaufsichtsamt beantragt werden, um Zweifel auszuräumen.

Das setzt natürlich voraus, dass zu diesem Zeitpunkt bereits konkrete Vorstellungen und zumindest grobe Planungen vorhanden sind, die überhaupt Gegenstand einer Bauvoranfrage sein können. Es ist jedoch zwingend erforderlich, in dieser Reihenfolge zu verfahren, da ein Rücktritt vom verbindlichen Grundstückkaufvertrag nicht möglich ist, wenn der Verkäufer für die geplante Bebaubarkeit keine Gewähr übernommen hat, was in aller Regel nicht der Fall sein wird.

Zur Vermeidung von Wiederholungen verweise ich wegen der Einzelheiten auf die obigen Ausführungen.[11]

8.3.2 Planung der Bebauung

Bevor mit dem Bau einer Immobilie begonnen werden kann, sind umfangreiche Vorbereitungen erforderlich. Der Bau muss sorgfältig geplant werden, was in der Regel unter Zuziehung eines Architekten erfolgt. Sowohl in der Planungsphase als auch in der Bauphase kommt dem Architekten eine Schlüsselrolle zu.

Die Aufgaben des Architekten gehen über die Planung des Bauvorhabens weit hinaus. Neben der Planung des Gebäudes gehören auch die Vorbereitung und Mitwirkung bei der Vergabe der Bauleistungen an Bauunternehmer und Handwerker sowie die Überwachung der Bauarbeiten während der Bauphase und schließlich auch die Vorbereitung der Schlussabnahme des fertigen Gebäudes durch den Bauherrn zu seinen Aufgaben.

Die Tätigkeit des Architekten ist umfangreich gesetzlich geregelt in der ***Honorarordnung für Architekten und Ingenieure (HOAI)***, die mit Wirkung zum 11.08.2009 umfangreich überarbeitet worden ist.

Die HOAI enthält eine Anlage, in der die Aufgaben des Architekten in insgesamt 9 Leistungsphasen aufgeteilt und dargestellt sind:[12]

Leistungsphase 1: Grundlagenermittlung

(a) Klären der Aufgabenstellung,
(b) Beraten zum gesamten Leistungsbedarf,
(c) Formulieren von Entscheidungshilfen für die Auswahl anderer an der Planung fachlich Beteiligter,
(d) Zusammenfassen der Ergebnisse;

[11] Siehe Abschn. 5.1. (Seite 56 f.).

[12] Siehe § 33 HOAI und Anlage 11 zur HOAI.

Leistungsphase 2: Vorplanung (Projekt- und Planungsvorbereitung)

(a) Analyse der Grundlagen,
(b) Abstimmen der Zielvorstellungen (Randbedingungen, Zielkonflikte),
(c) Aufstellen eines planungsbezogenen Zielkatalogs (Programmziele),
(d) Erarbeiten eines Planungskonzepts einschließlich Untersuchung der alternativen Lösungsmöglichkeiten nach gleichen Anforderungen mit zeichnerischer Darstellung und Bewertung, zum Beispiel versuchsweise zeichnerische Darstellungen, Strichskizzen, gegebenenfalls mit erläuternden Angaben,
(e) Integrieren der Leistungen anderer an der Planung fachlich Beteiligter,
(f) Klären und Erläutern der wesentlichen städtebaulichen, gestalterischen, funktionalen, technischen, bauphysikalischen, wirtschaftlichen, energiewirtschaftlichen (zum Beispiel hinsichtlich rationeller Energieverwendung und der Verwendung erneuerbarer Energien) und landschaftsökologischen Zusammenhänge, Vorgänge und Bedingungen sowie der Belastung und Empfindlichkeit der betroffenen Ökosysteme,
(g) Vorverhandlungen mit Behörden und anderen an der Planung fachlich Beteiligten über die Genehmigungsfähigkeit,
(h) bei Freianlagen: Erfassen, Bewerten und Erläutern der ökosystemaren Strukturen und Zusammenhänge, zum Beispiel Boden, Wasser, Klima, Luft, Pflanzen- und Tierwelt, sowie Darstellen der räumlichen und gestalterischen Konzeption mit erläuternden Angaben, insbesondere zur Geländegestaltung, Biotopverbesserung und -vernetzung, vorhandenen Vegetation, Neupflanzung, Flächenverteilung der Grün-, Verkehrs-, Wasser-, Spiel- und Sportflächen; ferner Klären der Randgestaltung und der Anbindung an die Umgebung,
(i) Kostenschätzung nach DIN 276 oder nach dem wohnungsrechtlichen Berechnungsrecht,
(j) Zusammenstellen aller Vorplanungsergebnisse;

Leistungsphase 3: Entwurfsplanung (System- und Integrationsplanung)

(a) Durcharbeiten des Planungskonzepts (stufenweise Erarbeitung einer zeichnerischen Lösung) unter Berücksichtigung städtebaulicher, gestalterischer, funktionaler, technischer, bauphysikalischer, wirtschaftlicher, energiewirtschaftlicher (zum Beispiel hinsichtlich rationeller Energieverwendung und der Verwendung erneuerbarer Energie) und landschaftsökologischer Anforderungen unter Verwendung der Beiträge anderer an der Planung fachlich Beteiligter bis zum vollständigen Entwurf,
(b) Integrieren der Leistungen anderer an der Planung fachlich Beteiligter,
(c) Objektbeschreibung mit Erläuterung von Ausgleichs- und Ersatzmaßnahmen nach Maßgabe der naturschutzrechtlichen Eingriffsregelung,
(d) zeichnerische Darstellung des Gesamtentwurfs, zum Beispiel durchgearbeitete, vollständige Vorentwurfs- und/oder Entwurfszeichnungen

(Maßstab nach Art und Größe des Bauvorhabens; bei Freianlagen: im Maßstab 1 : 500 bis 1 : 100, insbesondere mit Angaben zur Verbesserung der Biotopfunktion, zu Vermeidungs-, Schutz-, Pflege und Entwicklungsmaßnahmen sowie zur differenzierten Bepflanzung; bei raumbildenden Ausbauten: im Maßstab 1 : 50 bis 1 : 20, insbesondere mit Einzelheiten der Wandabwicklungen, Farb-, Licht- und Materialgestaltung), gegebenenfalls auch Detailpläne mehrfach wiederkehrender Raumgruppen,

(e) Verhandlungen mit Behörden und anderen an der Planung fachlich Beteiligten über die Genehmigungsfähigkeit,
(f) Kostenberechnung nach DIN 276 oder nach dem wohnungsrechtlichen Berechnungsrecht,
(g) Kostenkontrolle durch Vergleich der Kostenberechnung mit der Kostenschätzung,
(h) Zusammenfassen aller Entwurfsunterlagen;

Leistungsphase 4: Genehmigungsplanung

(a) Erarbeiten der Vorlagen für die nach den öffentlich-rechtlichen Vorschriften erforderlichen Genehmigungen oder Zustimmungen einschließlich der Anträge auf Ausnahmen und Befreiungen unter Verwendung der Beiträge anderer an der Planung fachlich Beteiligter sowie noch notwendiger Verhandlungen mit Behörden,
(b) Einreichen dieser Unterlagen,
(c) Vervollständigen und Anpassen der Planungsunterlagen, Beschreibungen und Berechnungen unter Verwendung der Beiträge anderer an der Planung fachlich Beteiligter,
(d) bei Freianlagen und raumbildenden Ausbauten: Prüfen auf notwendige Genehmigungen, Einholen von Zustimmungen und Genehmigungen;

Leistungsphase 5: Ausführungsplanung

(a) Durcharbeiten der Ergebnisse der Leistungsphase 3 und 4 (stufenweise Erarbeitung und Darstellung der Lösung) unter Berücksichtigung städtebaulicher, gestalterischer, funktionaler, technischer, bauphysikalischer, wirtschaftlicher, energiewirtschaftlicher (zum Beispiel hinsichtlich rationeller Energieverwendung und der Verwendung erneuerbarer Energien) und landschaftsökologischer Anforderungen unter Verwendung der Beiträge anderer an der Planung fachlich Beteiligter bis zur ausführungsreifen Lösung,
(b) zeichnerische Darstellung des Objekts mit allen für die Ausführung notwendigen Einzelangaben, zum Beispiel endgültige, vollständige Ausführungs-, Detail- und Konstruktionszeichnungen im Maßstab 1 : 50 bis 1 : 1, bei Freianlagen je nach Art des Bauvorhabens im Maßstab 1 : 200 bis 1 : 50, insbesondere Bepflanzungspläne, mit den erforderlichen textlichen Ausführungen,

(c) bei raumbildenden Ausbauten: detaillierte Darstellung der Räume und Raumfolgen im Maßstab 1 : 25 bis 1 : 1 mit den erforderlichen textlichen Ausführungen; Materialbestimmung,
(d) Erarbeiten der Grundlagen für die anderen an der Planung fachlich Beteiligten und Integrierung ihrer Beiträge bis zur ausführungsreifen Lösung,
(e) Fortschreiben der Ausführungsplanung während der Objektausführung;

Leistungsphase 6: Vorbereitung der Vergabe

(a) Ermitteln und Zusammenstellen von Mengen als Grundlage für das Aufstellen von Leistungsbeschreibungen unter Verwendung der Beiträge anderer an der Planung fachlich Beteiligter,
(b) Aufstellen von Leistungsbeschreibungen mit Leistungsverzeichnissen nach Leistungsbereichen,
(c) Abstimmen und Koordinieren der Leistungsbeschreibungen der an der Planung fachlich Beteiligten;

Leistungsphase 7: Mitwirkung bei der Vergabe

(a) Zusammenstellen der Vergabe- und Vertragsunterlagen für alle Leistungsbereiche,
(b) Einholen von Angeboten,
(c) Prüfen und Werten der Angebote einschließlich Aufstellen eines Preisspiegels nach Teilleistungen unter Mitwirkung aller während der Leistungsphasen 6 und 7 fachlich Beteiligten,
(d) Abstimmen und Zusammenstellen der Leistungen der fachlich Beteiligten, die an der Vergabe mitwirken,
(e) Verhandlung mit Bietern,
(f) Kostenanschlag nach DIN 276 aus Einheits- oder Pauschalpreisen der Angebote,
(g) Kostenkontrolle durch Vergleich des Kostenanschlags mit der Kostenrechnung,
(h) Mitwirken bei der Auftragserteilung;

Leistungsphase 8: Objektüberwachung (Bauüberwachung)

(a) Überwachen der Ausführung des Objekts auf Übereinstimmung mit der Baugenehmigung oder Zustimmung, den Ausführungsplänen und den Leistungsbeschreibungen sowie mit den allgemein anerkannten Regeln der Technik und den einschlägigen Vorschriften,
(b) Überwachen der Ausführung von Tragwerken nach § 50 Absatz 2 Nummer 1 und 2 auf Übereinstimmung mit dem Standsicherheitsnachweis,
(c) Koordinieren der an der Objektüberwachung fachlich Beteiligten,
(d) Überwachung und Detailkorrektur von Fertigteilen,
(e) Aufstellen und Überwachen eines Zeitplanes (Balkendiagramm),

(f) Führen eines Bautagebuches,
(g) gemeinsames Aufmaß mit den bauausführenden Unternehmen,
(h) Abnahme der Bauleistungen unter Mitwirkung anderer an der Planung und Objektüberwachung fachlich Beteiligter unter Feststellung von Mängeln,
(i) Rechnungsprüfung,
(j) Kostenfeststellung nach DIN 276 oder nach dem wohnungsrechtlichen Berechnungsrecht,
(k) Antrag auf behördliche Abnahmen und Teilnahme daran,
(l) Übergabe des Objekts einschließlich Zusammenstellung und Übergabe der erforderlichen Unterlagen, zum Beispiel Bedienungsanleitungen, Prüfprotokolle,
(m) Auflisten der Verjährungsfristen für Mängelansprüche,
(n) Überwachen der Beseitigung der bei der Abnahme der Bauleistungen festgestellten Mängel,
(o) Kostenkontrolle durch Überprüfen der Leistungsabrechnung der bauausführenden Unternehmen im Vergleich zu den Vertragspreisen und dem Kostenanschlag;

Leistungsphase 9: Objektbetreuung und Dokumentation

(a) Objektbegehung zur Mängelfeststellung vor Ablauf der Verjährungsfristen für Mängelansprüche gegenüber den bauausführenden Unternehmen,
(b) Überwachen der Beseitigung von Mängeln, die innerhalb der Verjährungsfristen für Mängelansprüche, längstens jedoch bis zum Ablauf von vier Jahren seit Abnahme der Bauleistungen auftreten,
(c) Mitwirken bei der Freigabe von Sicherheitsleistungen,
(d) systematische Zusammenstellung der zeichnerischen Darstellungen und rechnerischen Ergebnisse des Objekts.

An dieser detaillierten Liste der Aufgaben des Architekten in den insgesamt 9 Leistungsphasen können Sie bereits ersehen, wie umfangreich die durchzuführenden Arbeiten sind, die mit Planung und Errichtung einer Immobilie verbunden sind.

Insbesondere sind Sie als Bauherr an der Abwicklung der Leistungsphasen und Arbeitsschritte beteiligt und müssen insofern auch mit erheblichem Zeitaufwand für sich selbst rechnen. Das wird von vielen Bauherren unterschätzt.

Die HOAI regelt darüber hinaus das Honorar des Architekten. Dabei kommen Honorartabellen zum Einsatz, die die Höhe des Honorars in Abhängigkeit von den Baukosten und von der Komplexität des Planungs- und Überwachungsaufwandes festlegen. Die Einzelheiten sind relativ kompliziert.

Eine abweichende Vereinbarung über das Architektenhonorar (etwa in Form einer Pauschalhonorarvereinbarung) gestaltet sich schwierig, da die Regeln der HOAI zwingend sind. Bei der Vergabe eines Auftrages an einen Architekten ist daher Vorsicht und Umsicht geboten.

Quelle: istockphoto

8.3.3 Abschluss der Bauverträge

Wenn die Planungen der Immobilie (weitgehend) abgeschlossen sind und die günstigsten Anbieter für die Ausführung der Bauarbeiten nach Abschluss der Ausschreibung ermittelt sind, so steht mit Abschluss der Bauverträge eine ganz entscheidende Weichenstellung an.

Nach meiner auf praktische Erfahrungen gestützten Auffassung ist es nicht ratsam, erst dann einen Rechtsanwalt zu Rate zu ziehen, wenn Probleme aufgetreten sind, sondern bereits bei Abschluss des Vertrages, denn zu diesem Zeitpunkt kann noch Einfluss auf den Inhalt des Vertragstextes genommen werden. Ein sorgfältig ausgearbeiteter und durchdachter Bauvertrag mit dem Bauunternehmer ist für den Bauherrn die beste Absicherung seiner Rechte bei Auftreten von Problemen in der Bauausführungsphase.

Bei der Ausführung der Pläne und dem Bau der Immobilie kommen Bauunternehmen zum Einsatz. Der Bauherr muss sich entscheiden, wie er die Bauunternehmer einsetzt. Dabei ist eine Bandbreite von verschiedenen Vertragsmodellen möglich:

8.3.3.1 Vergabe von Einzelgewerken

Eine Möglichkeit besteht in der Vergabe von Einzelgewerken an verschiedene Bauunternehmer und Handwerker. Der Bauherr schließt bei dieser Variante viele Einzelverträge mit Bauunternehmern und Handwerkern, die jeweils nur einen Teil der Bauleistungen erbringen.

Diese Art der Einschaltung von Bauunternehmern erfordert eine sehr gute Planung des Bauherren und birgt die Gefahr in sich, dass bei Ausfall und oder Schlechtleistung eines Bauunternehmers oder Handwerkers die gesamte Zeitplanung und nachfolgende Arbeiten gestört werden. Sie stellt daher erhöhte Anforderungen an den Architekten des Bauherrn bei der Bauführungsplanung und bei der Überwachung der Bauarbeiten.

Ein erheblicher Nachteil der Vergabe von Einzelgewerken besteht darin, dass eine mangelhafte Leistung eines Bauunternehmers oder Handwerkers auf die Leistung eines anderen Bauunternehmers durchschlagen kann, was zu sehr komplexen Rechtsstreitigkeiten führt, wenn die Verantwortungsbereiche nicht einwandfrei voneinander getrennt werden können. Wenn beispielsweise bei der Installation einer Fußbodenheizung ein Leck auftritt und der Estrichleger und der Heizungsmonteur sich gegenseitig die Schuld geben, so kann es für den Bauherrn sehr schwierig werden, die Verantwortlichkeiten zu klären und zu entscheiden, welchen der beiden Handwerker er auf Nachbesserung und ggf. Schadensersatz in Anspruch nehmen soll. Durch derartige Unsicherheiten und Streitigkeiten kann die gesamte Planung und Terminierung der nachfolgenden Bauarbeiten erheblich gestört werden.

Wenn hingegen die Bauunternehmerleistungen aus einer Hand kommen, so spielt die Abgrenzung der Bauleistungen und der Verantwortlichkeiten keine Rolle. Dazu verweise ich insoweit auf die folgenden Ausführungen zum Generalunternehmervertrag.

8.3.3.2 Generalunternehmervertrag

Bei der Beauftragung eines Generalunternehmers mit dem Bau des Gebäudes entfällt die Vergabe von Einzelgewerken durch den Bauherrn, weil sämtliche Bauleistungen aus einer Hand geliefert werden. Darüber hinaus übernimmt der Generalunternehmer auch die Koordinierung der Bauleistungen und die Verantwortung für den Gesamterfolg und die Einhaltung von Terminen.

Generalunternehmer werden in der Regel erst nach Abschluss der Planungsphase und nach Vorliegen eines fertigen Konzeptes für das Bauwerk eingeschaltet, um die Ausführungsplanung und die Ausführung zu übernehmen. Möglich ist dabei auch die Vertragsvariante, dass die Ausführungsplanung und die Überwachung der Bauleistungen noch vom Architekten des Bauherrn geliefert werden und nur die blanken Bauleistungen vom Generalunternehmer erbracht werden.

Der Vorteil des Generalunternehmervertrages gegenüber der Vergabe von Einzelgewerken besteht darin, dass das Risiko der Planung und Koordinierung der Ausführung der Bauleistungen vom Bauherrn auf den Generalunternehmer abgewälzt wird. Der Nachteil besteht darin, dass die Herstellungskosten dadurch in der Regel steigen, weil der Generalunternehmer natürlich auch einen Gewinn einkalkuliert, der vom Bauherrn bezahlt werden muss.

Schließlich trägt der Bauherr das Risiko, dass er das Bauwerk in Eigenregie fertigstellen muss, wenn der Generalunternehmer vor der Fertigstellung des Bauwerkes in die Insolvenz geht. In einem solchen Fall treffen den Bauherrn in der Regel erheblich höhere Kosten als bei der Vergabe von Einzelgewerken von Anfang an.

8.3.3.3 Totalunternehmervertrag

Der Abschluss eines Totalunternehmervertrages hat viele Gemeinsamkeiten mit der Beauftragung eines Generalunternehmers. Auch der Totalunternehmer schuldet die Ausführungsplanung und die Herstellung des Gebäudes. Der Unterschied besteht darin, dass der Aufgabenbereich des Totalunternehmers noch weiter geht als der des Generalunternehmers. Denn der Totalunternehmer schuldet darüber hinaus auch die Entwicklung der Entwurfsplanung und setzt damit in einer früheren Projektphase an.

Das bedeutet jedoch, dass der Bauherr den Gestaltungsspielraum in der Phase der Entwurfsplanung bereits zu einem erheblichen Teil aus der Hand gibt und in der Regel lediglich funktionale Vorgaben machen kann.

Dieses Bauvertragsmodell eignet sich daher nur dann, wenn der Bauherr keinen oder nur sehr geringen Wert auf Gestaltungsmöglichkeiten legt. Daher kommt diese Form des Bauvertrages häufig bei industriellen Zweckbauten zum Einsatz, an die keine gestalterischen Anforderungen gestellt werden (z. B. Planung und Bau einer Lager- oder Montagehalle in einem Industriegebiet). Bei der Planung und Errichtung einer Wohnimmobilie ist diese Bauvertragsform eher selten anzutreffen.

8.3.3.4 Preisgestaltungsmodelle

Schließlich stellt sich für den Bauherrn die wichtige Frage, wie er die Preisgestaltung bei der Ausführung des Bauvorhabens handhaben will. Diese Frage stellt sich sowohl bei der Vergabe von Einzelgewerken als auch bei der Vergabe der Bauleistungen an einen Generalunternehmer.

Stundenlohn und Materialvergütung

Zunächst gibt es die Möglichkeit, den Preis für die Bauleistungen an die tatsächlich erbrachten Arbeitsstunden und an den tatsächlichen Materialverbrauch zu koppeln. Diese Preisgestaltung hat jedoch für den Bauherrn erhebliche Nachteile, da er nicht einschätzen kann, wie viele Arbeitsstunden tatsächlich erforderlich werden. Darüber hinaus besteht die Gefahr, dass für den Bauunternehmer Fehlanreize geschaffen werden, die Arbeiten nicht mit der gebotenen Zügigkeit durchzuführen.

Diese Preisgestaltungsvariante wird daher in der Praxis nur im Ausnahmefall gewählt und auch nur für einen überschaubaren Teilbereich der Arbeiten und niemals für die Errichtung des gesamten Bauwerkes.

Einheitspreisvereinbarung

Bei der Einheitspreisvereinbarung wird der Preis für die Bauleistungen aus den einzelnen Positionsbezeichnungen des Leistungsverzeichnisses und der erforderlichen Menge der einzelnen Leistungskomponenten ermittelt. Der Preis der gesamten Bauleistungen ergibt sich dabei aus der Summe der Kosten für die Positionen des Leistungsverzeichnisses.

Die Vergabe der Bauleistungen auf der Grundlage einer Einheitspreisvereinbarung ist daher erst dann möglich, wenn die erforderlichen Positionen des Leistungsverzeichnisses und die Mengen bekannt sind. Das ist erst nach Abschluss der Detailplanung des Bauvorhabens und damit erst in einer sehr späten Projektphase möglich.

Der Bauherr trägt bei dieser Preisgestaltung das Risiko, dass das Leistungsverzeichnis nicht vollständig ist. Wenn sich später herausstellt, dass erforderliche Leistungen nicht im Leistungsverzeichnis aufgeführt sind, so fallen dafür Mehrkosten an, da diese zusätzlich beauftragt und vergütet werden müssen.

Darüber hinaus enthält das Leistungsverzeichnis in der Regel eine Annahme über die erforderliche Menge der jeweiligen Leistungspositionen (z. B. 30 Kubikmeter Stahlbeton). Wenn sich später herausstellt, dass diese Menge nicht ausreichend ist, so erhöhen sich auch insoweit die Kosten für den Bauherrn.

Globalpauschalvergütung mit Leistungsverzeichnis

Die Globalpauschalvergütung zeichnet sich dadurch aus, dass die zuvor bei der Einheitspreisvergütung verbleibenden Risiken für den Bauherrn ausgeschaltet werden. Der Bauherr schuldet demnach auch dann nur den vereinbarten Globalpauschalpreis, wenn sich herausstellt, dass das zugrunde gelegte Leistungsverzeichnis unvollständig ist oder die angenommenen Mengenangaben unzureichend sind.

Vorteil der Globalpauschalvergütung ist, dass der Bauherr gegen Zusatzkosten gefeit ist. Die Kehrseite der Medaille ist, dass der Bauherr die Verschiebung des Vollständigkeitsrisikos des Leistungsverzeichnisses sowie des Mengenkalkulationsrisikos auf den Bauunternehmer natürlich nur gegen Aufpreis erhält, da der Bauunternehmer dieses zusätzliche Risiko preislich in seiner Kalkulation adressieren muss.

8.3.3.5 Einbeziehung der VOB/B

Über die oben dargestellten Punkte hinaus sind im Bauvertrag weitere Regelungen zu treffen. Der Bauvertrag ist im BGB nicht eigenständig geregelt, sondern stellt einen Unterfall des ***Werkvertrages*** dar, der in den §§ 631 ff. BGB gesetzlich geregelt ist.

Da diese gesetzlichen Regelungen jedoch für alle Arten von Werkverträgen entwickelt wurden (z. B. auch für Verträge über eine Autoreparatur), enthalten sie nur allgemein gehaltene Regelungen, die den Anforderungen der Vertragsparteien bei der Errichtung einer Immobilie nicht gerecht werden. Vielmehr sind für einen derart komplexen Vertrag wie den Bauvertrag engmaschigere und genauere Regelungen erforderlich.

Vor diesem Hintergrund wurde die ***Vergabe- und Vertragsordnung für Bauleistungen (VOB)*** entwickelt. Sie gliedert sich in 3 Kapiteln (1, 2 und 3). Kapitel 1 befasst sich mit dem Vergabeprozess bei der öffentlichen Hand als Bauherr, Kap. 2 mit allgemeinen Vertragsbedingungen und Kap. 3 mit technischen Anforderungen.

Für den privaten Bauherrn ist der Kap. 2 (***VOB/B***) der wichtigste Teil, weil er ein Muster für die interessengerechte Festlegung der wechselseitigen Rechte und Pflichten der Parteien eines Bauvertrages enthält.

Die VOB/B stellt kein Gesetz und auch keine Verordnung dar. Sie hat vielmehr Mustervertragscharakter. Da die Regelungen der VOB/B sich in der Praxis bewährt haben, finden sie nahezu flächendeckend auch bei Bauverträgen mit privaten Bauherren Anwendung.

Die VOB/B wird jedoch nicht automatisch Vertragsinhalt bei einem Bauvertrag, sondern sie muss von den Vertragsparteien durch Vereinbarung zur Vertragsgrundlage gemacht werden.

Ein Blick auf das Inhaltsverzeichnis der VOB/B zeigt die große Bandbreite der Regelungen:

- § 1 Art und Umfang der Leistung
- § 2 Vergütung
- § 3 Ausführungsunterlagen
- § 4 Ausführung
- § 5 Ausführungsfristen
- § 6 Behinderung und Unterbrechung der Ausführung
- § 7 Verteilung der Gefahr
- § 8 Kündigung durch den Auftraggeber
- § 9 Kündigung durch den Auftragnehmer
- § 10 Haftung der Vertragsparteien
- § 11 Vertragsstrafe
- § 12 Abnahme
- § 13 Mängelansprüche
- § 14 Abrechnung
- § 15 Stundenlohnarbeiten
- § 16 Zahlung
- § 17 Sicherheitsleistung
- § 18 Streitigkeiten

Die Texte der VOB werden laufend überarbeitet. Die aktuelle Fassung datiert aus 2009.[13]

Ein gewichtiger Vorteil der Einbeziehung der VOB/B in den Bauvertrag liegt darin, dass die Regeln ausgewogen und interessengerecht sind und damit nicht einseitig zu Lasten einer Vertragspartei gehen. Wenn hingegen ein selbst erstellter Bauvertragsentwurf des Bauunternehmers statt der VOB/B verwendet wird, so besteht ein hohes Risiko, dass der Bauunternehmer zu Lasten des Bauherrn einseitig besser gestellt wird.

[13] Den vollständigen Text können Sie auf der Internetseite des Bundesministeriums für Verkehr, Bau und Stadtentwicklung kostenlos abrufen: http://www.bmvbs.de/SharedDocs/DE/Artikel/GesetzeUndVerordnungen/Verkehr/vergabe-und-vertragsordnung-fuer-bauleistungen-vob.html.

Ein weiterer Vorteil der Einbeziehung der VOB/B in den Bauvertrag besteht darin, dass es aufgrund der großflächigen Verwendung des Vertragstextes im Markt zu den einzelnen Klauseln umfangreiche präzisierende Rechtsprechung gibt. Damit werden Unschärfen und Ungenauigkeiten vermieden, die bei selbst entworfenen Formulierungen natürlich leichter auftreten können.

Es ist auch möglich, die VOB/B zur Vertragsgrundlage zu machen und trotzdem einige Punkte ausdrücklich abweichend von der VOB/B zu regeln. Eine solche Vorgehensweise setzt jedoch eine genaue Kenntnis der Regelungen der VOB/B voraus und ist daher ohne Hilfe eines Rechtsanwaltes nur schwer umzusetzen.

Aber auch bei Einbeziehung der VOB/B ohne abweichende Regelungen sollte der Bauherr den Inhalt der VOB/B kennen, da er nur so seine Rechte sichern kann.

Daher möchte ich Ihnen einige besonders wichtige Regelungen der VOB/B schlaglichtartig vorstellen:

Einseitige Anordnung von Zusatzleistungen durch Bauherrn

Im Laufe der Ausführung eines Bauvorhabens kommt es häufig vor, dass der Bauherr feststellt, dass seine Vorstellungen von den Bauleistungen nicht vollständig im Leistungsverzeichnis dargestellt sind, welches im Regelfall alleinige Grundlage der vom Bauunternehmer geschuldeten Leistungen ist. Nicht selten ist auch ein Sinneswandel des Bauherrn der Hintergrund. So etwa, wenn sich der Bauherr nach Baubeginn z. B. für einen hochwertigeren Natursteinfußboden entscheidet statt des vertraglich vereinbarten Fliesenfußbodens. Der Bauherr hat in diesen Fällen ein starkes Interesse, diesen zusätzlichen Leistungsumfang beim beauftragten Bauunternehmer abzurufen.

Ohne die Einbeziehung der VOB/B müsste für diesen zusätzlichen Leistungsumfang nach allgemeinen Rechtsregeln ein ergänzender Vertrag geschlossen werden, der nur dann zustande kommt, wenn beide Parteien sich einvernehmlich darauf einigen. Das würde den Bauherrn jedoch erpressbar machen hinsichtlich der Verhandlung des Preises für die Zusatzleistungen.

Bei Einbeziehung der VOB/B wird dieser Konflikt interessengerecht gelöst durch ein Recht des Bauherrn, eine Leistungserweitung einseitig (d.h. auch ohne Einverständnis des Bauunternehmers) zu fordern.[14] Die dafür fällige Mehrvergütung wird nach den Regelungen der VOB/B aus den kalkulatorischen Ansätzen des (nicht erweiterten) Leistungsverzeichnisses abgeleitet.[15] So ist der Bauherr gegen willkürliche Preisforderungen des Bauunternehmers besser geschützt als bei einer Nachtragsvereinbarung nach den Regeln des BGB.

---

[14] Siehe § 1 VOB/B.

[15] Siehe § 2 VOB/B.

Rechte des Bauherrn bei Bauverzögerungen

Die VOB/B enthält detaillierte Regelungen zu den Rechten des Bauherrn bei Bauverzögerungen. Bauverzögerungen sind begrifflich dann gegeben, wenn vertraglich verbindlich festlegte Fertigstellungsfristen vom Bauunternehmer nicht eingehalten werden.

Schließlich kann sich aus einer Bauverzögerung ein Recht des Bauherrn zur Kündigung des Bauvertrages bereits in der Bauphase ergeben.[16] Eine Kündigung des Vertrages ist jedoch grundsätzlich erst nach fruchtlosem Verstreichen einer Nachfrist mit Kündigungsandrohung zulässig.[17] Nach der berechtigten Kündigung des Auftrags ist der Bauherr berechtigt, den noch nicht vollendeten Teil der Leistungen durch einen Dritten ausführen zu lassen und dem Bauunternehmer die Mehrkosten aufzuerlegen.

Bei Vereinbarung der VOB/B sind Regelungen für die Vereinbarung einer Vertragsstrafe optional vorgesehen.[18] Die Vertragsstrafe muss jedoch auf dieser Grundlage konkret vereinbart werden und insbesondere hinsichtlich der Höhe festgelegt werden. Sie ist nicht bereits in der VOB/B als Automatismus angelegt.

Eine Vertragsstrafe fällt insbesondere bei einer Überschreitung von verbindlich vereinbarten Fertigstellungsfristen an, es sei denn, dass die Bauverzögerung vom Bauherrn zu verantworten ist. Die Vertragsstrafe stellt einen pauschalisierten Schadensatzanspruch des Bauherrn dar. Das hat für den Bauherrn den Vorteil, dass er den Eintritt eines Schadens durch die Verzögerung und die Höhe desselben nicht konkret nachweisen muss. Allerdings kann eine ausgelöste Vertragsstrafe wieder erlöschen, wenn der Bauherr versäumt, sich diese bei der Schlussabnahme der Bauarbeiten vorzubehalten.[19]

Eine weitere positive Wirkung der Vereinbarung einer Vertragsstrafe ist, dass der Bauunternehmer dadurch zu vertragskonformem Verhalten motiviert wird.

Rechte des Bauherrn bei Baumängeln

Schließlich enthält die VOB/B detaillierte Regelungen zu Baumängeln und den sich daraus ergebenden Rechten des Bauherrn. Die gesetzlichen Gewährleistungsrechte werden durch die VOB/B etwas modifiziert. Die Kernvorschrift ist insoweit § 13 VOB/B.

Die unterschiedlichen Regelungen können den beiden nachfolgenden schematischen Darstellungen entnommen werden. Die erste schematische Darstellung stellt die Rechte des Bauherrn nach dem BGB dar. Die zweite Darstellung stellt die modifizierten Rechte des Bauherrn nach der VOB/B dar.

---

[16] Siehe § 8 Abs. 3 VOB/B.

[17] Siehe § 4 Abs. 7 und 8 und § 5 Abs. 4 VOB/B.

[18] Siehe § 11 VOB/B.

[19] Siehe § 11 Abs. 4 VOB/B.

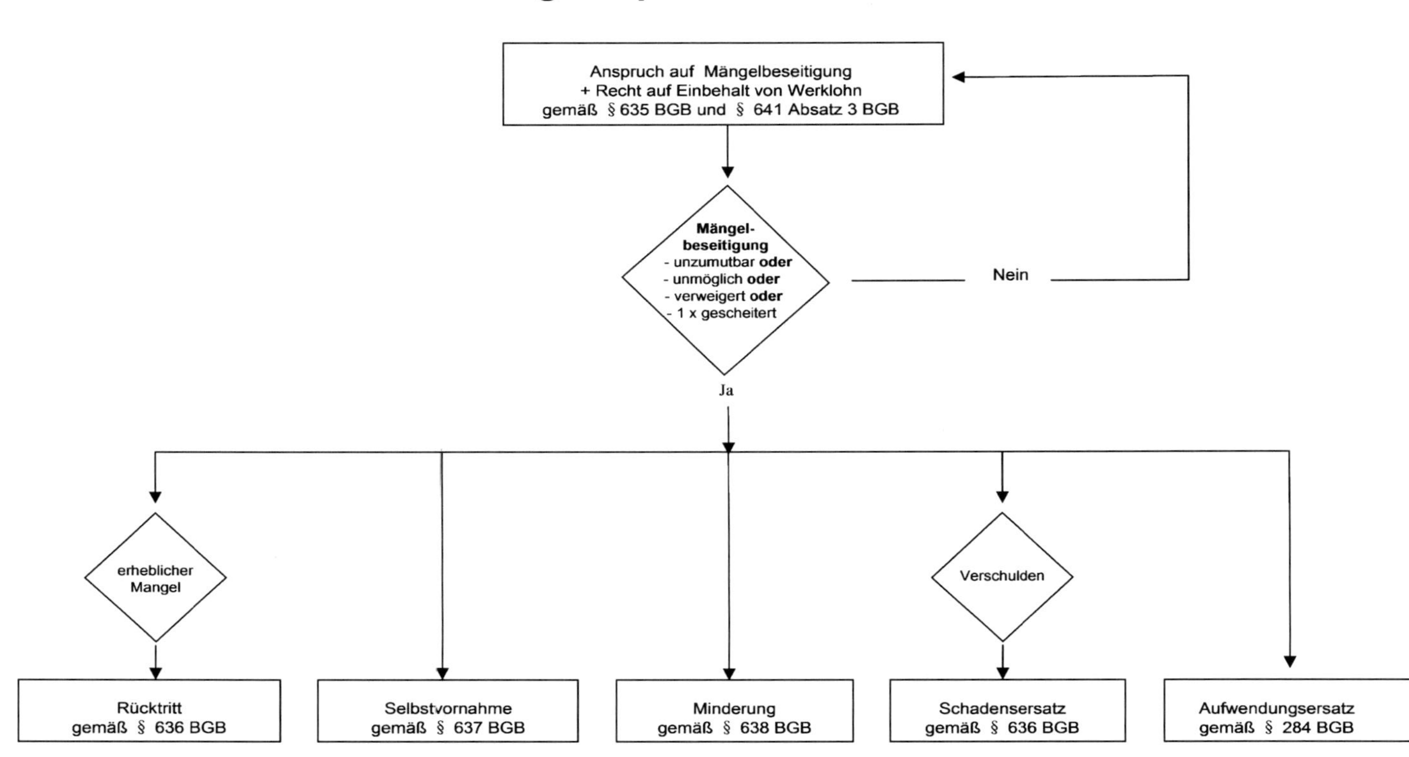
Gewährleistungsansprüche des Bauherrn nach BGB
Anspruch auf Mängelbeseitigung
+ Recht auf Einbehalt von Werklohn
gemäß § 635 BGB und § 641 Absatz 3 BGB
Mängel-
beseitigung
- unzumutbar oder
- unmöglich oder
- verweigert oder
- 1 x gescheitert
Nein
Ja
erheblicher
Mangel
Verschulden
Rücktritt
gemäß § 636 BGB
Selbstvornahme
gemäß § 637 BGB
Minderung
gemäß § 638 BGB
Schadensersatz
gemäß § 636 BGB
Aufwendungsersatz
gemäß § 284 BGB

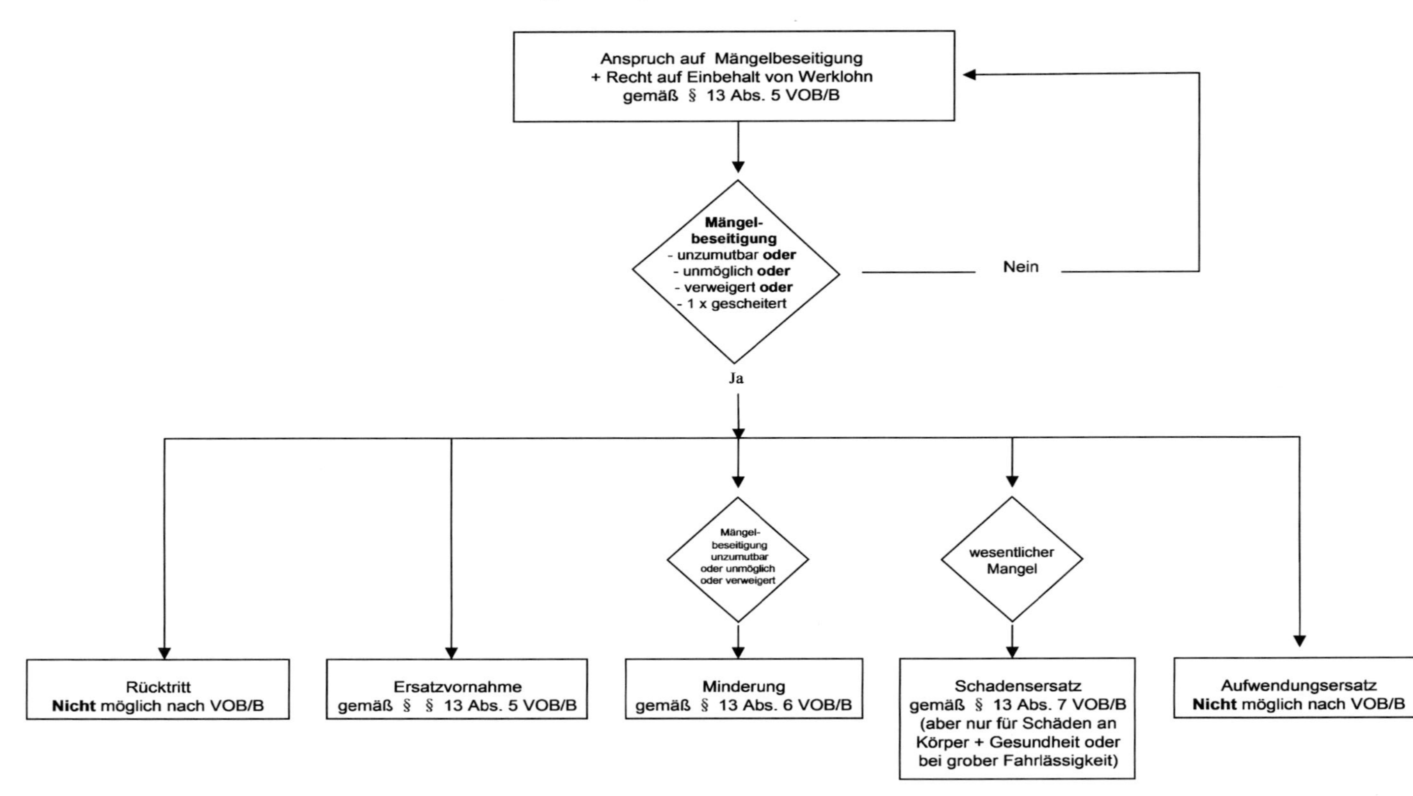
Gewährleistungsansprüche des Bauherrn nach VOB/B
Anspruch auf Mängelbeseitigung
+ Recht auf Einbehalt von Werklohn
gemäß § 13 Abs. 5 VOB/B
Mängel-
beseitigung
- unzumutbar oder
- unmöglich oder
- verweigert oder
- 1 x gescheitert
Nein
Ja
Mängel-
beseitigung
unzumutbar
oder unmöglich
oder verweigert
wesentlicher
Mangel
Rücktritt
Nicht möglich nach VOB/B
Ersatzvornahme
gemäß § § 13 Abs. 5 VOB/B
Minderung
gemäß § 13 Abs. 6 VOB/B
Schadensersatz
gemäß § 13 Abs. 7 VOB/B
(aber nur für Schäden an
Körper + Gesundheit oder
bei grober Fahrlässigkeit)
Aufwendungsersatz
Nicht möglich nach VOB/B

Eine wichtige Besonderheit ist die Regelung der ***Verjährung*** der Baumängelgewährleistungsrechte, die in der VOB/B abweichend vom BGB geregelt ist. Während das BGB 5 Jahre Verjährungsfrist für Baumängel vorsieht, legt die VOB/B nur 4 Jahre fest.[20] In der Praxis wird daher bei Verwendung der VOB/B sehr häufig abweichend eine Verlängerung der Verjährungsfrist auf 5 Jahre vereinbart. Das ist dem Bauherrn unbedingt zu empfehlen.

Fiktive Abnahme und Teilabnahme nach VOB/B

Eine weitere Besonderheit der VOB/B ist die Regelung einer fiktiven Abnahme,[21] wenn der Bauherr sich innerhalb von 12 Tagen nach der Fertigstellungsanzeige durch den Bauunternehmer nicht äußert.[22]

Darüber hinaus kann eine fiktive Abnahme durch widerspruchslose Ingebrauchnahme des Bauwerkes eintreten.[23]Diese Regelungen sind nicht ganz ungefährlich für den Bauherrn. Sie greifen jedoch dann nicht, wenn eine der Vertragsparteien auf eine förmliche Abnahme besteht. Es ist daher zu empfehlen, dass der Bauherr frühzeitig deutlich macht, dass er auf eine förmliche Abnahme besteht, so dass diese Fiktion nicht eintreten kann. Eine solche Regelung kann bereits im Vertragstext verankert werden, so dass hier für den Bauherrn keine unerwarteten Rechtsfolgen drohen.[24]

Eine weitere wichtige Baustelle ist die Regelung in der VOB/B, dass der Bauunternehmer Teilabnahmen verlangen kann.[25] Solche Teilabnahmen schwächen die Verhandlungsposition des Bauherrn und verkürzen darüber hinaus die Verjährungsfrist, da diese mit der Teilabnahme für den abgenommen Gebäudeteil bereits zu laufen beginnt. Daher ist zu empfehlen, auch insoweit eine Änderung der VOB/B vertraglich zu vereinbaren und Teilabnahmen auszuschließen.

8.3.4 Sicherung und Durchsetzung der Rechte des Bauherrn

Für den Bauherrn ist es wichtig, dass er seine Rechte kennt und über die Möglichkeiten der Durchsetzung informiert ist, um den Bauunternehmer bei Auftreten von Problemen zu vertragsgemäßem Verhalten und mangelfreien Bauarbeiten anhalten zu können.

[20] Siehe § 634a Abs. 1 Nr. 2 BGB und § 13 Abs. 4 VOB/B.

[21] Zur Erklärung des Begriffes der Abnahme und zu den Rechtsfolgen der Abnahme wird auf die Ausführungen weiter unten in 8.3.5 verwiesen.

[22] Siehe § 12 Abs. 5 VOB/B.

[23] Siehe § 12 Abs. 5 VOB/B.

[24] Siehe BGH, Urteil vom 10.10.1996, abgedruckt in *Neue Juristische Wochenschrift* 1997, S. 394

[25] Siehe § 12 Abs. 2 VOB/B.

In der Praxis zeigt sich jedoch leider häufig eine strukturelle und taktische Überlegenheit des Bauunternehmers gegenüber dem privaten Bauherrn. Diese beruht darauf, dass der Bauunternehmer umfangreiche Praxiserfahrung hinsichtlich des Umgangs mit Problemen in der Bauphase hat wohingegen der private Bauherr auf keine Erfahrungswerte zurückgreifen kann. Umso wichtiger ist es, dass der Bauherr diese Unterlegenheit durch eine möglichst gute Kenntnis seiner Rechte auszugleichen vermag.

Die möglichen Problemfelder sind groß und in der Regel treten schnell komplexe rechtliche und bautechnische Fragen auf, die der Bauherr im Normalfall nicht allein beantworten kann.

Die praktische Erfahrung zeigt, dass es ratsam ist, bei Auftreten von Problemen sofort einen Fachmann zu Rate zu ziehen. Wenn der Bauherr zunächst versucht, Konflikte mit dem Bauunternehmer im Alleingang auszutragen, macht er leider sehr häufig Formfehler und versäumt Fristen, die am Ende des Tages zu einer erheblichen Schwächung seiner Rechtsposition und seiner Verhandlungsposition führen.

8.3.5 Schlussabnahme

Die Bauausführungsphase endet in der Regel mit der Schlussabnahme der Bauleistungen durch den Bauherrn. Die ***Schlussabnahme*** ist die rechtlich verbindliche Erklärung des Bauherrn, dass er das fertig gestellte Bauwerk als im Wesentlichen vertragsgerecht akzeptiert.

Die Schlussabnahme ist deshalb so wichtig, weil diverse Rechtsfolgen an sie geknüpft sind:

- Anspruch des Bauunternehmers auf Werklohn wird fällig.[26]
- Verjährungsfristen für Mängelgewährleistung beginnen zu laufen.
- Die Beweislast für Baumängel geht vom Bauunternehmer auf den Bauherrn über.
- Rechte des Bauherrn wegen nicht ausdrücklich vorbehaltener Mängel oder Vertragsstrafen gehen unter.[27]

Es ist daher außerordentlich wichtig, dass der Bauherr vor der Erklärung der Schlussabnahme genau im Bilde ist, welche Mängel bestehen und welche Vertragsstrafen verwirkt sind, die er sich vorbehalten muss in der Abnahmeerklärung.

---

[26] Bei Vereinbarung der VOB/B tritt jedoch die Fälligkeit nicht vor Erteilung einer prüffähigen Schlussrechnung und Ablauf einer Prüffrist von 2 Monaten ein, was sich aus § 16 Absatz 3 VOB/B ergibt. Abschlagszahlungen können jedoch auch bereits vor der Schlussabnahme für einzelne Bauabschnitte fällig werden, was sowohl nach VOB/B als auch nach BGB gilt.

[27] Eine Ausnahme hiervon bildet der Anspruch auf Schadensersatz gemäß § 640 Abs. 2 BGB.

Obwohl weder das BGB, noch die VOB/B eine förmliche Abnahme vorsehen, ist dringend zu empfehlen, eine förmliche Abnahme im Vertrag zu vereinbaren und insoweit die Regelungen des BGB und der VOB/B vertraglich abzuändern.

Eine förmliche Abnahme bedeutet dabei die gemeinsame Begehung des Gebäudes (in der Regel unter Zuziehung von Sachverständigen und Beratern auf Seiten des Bauherrn) und die Prüfung der einzelnen Gewerke durch beide Vertragsparteien. Dabei wird ein Protokoll über den Zustand und insbesondere etwaige Mängel erstellt bzw. festgestellt, dass ein bestimmtes Gewerk mangelfrei ist.

In der anwaltlichen Praxis erlebe ich leider immer wieder, dass Bauherren unvorbereitet eine Abnahme erklärt haben und erst später realisieren, welche gravierenden Folgen dieser Schritt hat, wenn sie Vorbehalte und Mängel nicht lückenlos protokolliert haben. Dann ist jedoch in der Regel rechtlich nicht mehr viel zu reparieren, weil die entscheidende Weichenstellung bereits falsch erfolgt ist.

8.4 Erwerb einer Immobilie in der Zwangsversteigerung

Eine Besonderheit stellt der Erwerb einer Immobilie in der Zwangsversteigerung dar. Für einen Zwangsversteigerungstermin sollte man als Käufer gut vorbereitet sein und ein Grundverständnis vom Zwangsversteigerungsrecht und vom Ablauf eines Zwangsversteigerungsverfahrens haben.

Es gehört auch eine gewisse Nervenstärke dazu, eine Immobilie in der Zwangsversteigerung zu kaufen, weil man in der Regel lückenhafte Informationen über die Immobilie hat und darüber hinaus im Versteigerungstermin sehr schnell auf bestimmte Verfahrensschritte reagieren muss, die nicht immer vorhersehbar sind.

Die Zwangsversteigerung stellt die Durchsetzung eines Zahlungsanspruchs von Gläubigern mit staatlichen Zwangsmitteln durch Verwertung einer Immobilie dar. Nach Abschluss der Zwangsversteigerung wird der Versteigerungserlös an die grundbuchlich gesicherten Gläubiger ausgekehrt.

Ein weiterer Anlass für eine Zwangsversteigerung kann die Auseinandersetzung einer Eigentümergemeinschaft nach Bruchteilen sein.[28] Hintergrund ist dabei häufig eine Ehescheidung.

Das Verfahren der Zwangsversteigerung ist im ***Gesetz über die Zwangsversteigerung und die Zwangsverwaltung (ZVG)*** geregelt und wird bei dem Amtsgericht als Vollstreckungsgericht durchgeführt, in dessen Bezirk die Immobilie liegt. Die Zuständigkeit für Zwangsversteigerungen kann aber auch bei einem Amtsgericht für die Bezirke mehrerer Amtsgerichte konzentriert sein.

Die Zwangsversteigerung muss durch einen oder mehrere Gläubiger beim zuständigen Amtsgericht beantragt werden. Diese werden ***betreibende Gläubiger*** genannt und haben im Verfahren besondere Rechte. Häufig sind Banken die betreibenden Gläubiger, die eine durch Grundschuld abgesicherte Kreditforderung gegen den Grundstückseigentümer haben, die zwangsweise durchgesetzt werden soll.

Verfahrensbeteiligt am Zwangsversteigerungsverfahren sind neben den betreibenden Gläubigern noch der Schuldner (in der Regel der Grundstückseigentümer) sowie diejenigen weiteren Gläubiger, deren Interessen sich aus dem Grundbuch oder aus Verträgen über die Immobilie ergeben. Dadurch werden insbesondere die Gläubiger anderer Grundpfandrechte und Mieter als Verfahrensbeteiligte einbezogen.[29]

Die Anordnung der Zwangsversteigerung durch das Vollstreckungsgericht wird im Grundbuch in der Abteilung II des Grundbuchblattes vermerkt und ist damit offiziell im Grundbuch kenntlich gemacht.

Vor dem Versteigerungstermin muss das Vollstreckungsgericht den Verkehrswert des Versteigerungsobjektes ermitteln. Diese ***Verkehrswertfeststellung*** dient dazu, die Wertgrenzen für bestimmte Gläubiger- und Schuldnerschutzrechte im Versteigerungstermin bestimmen zu können.

Zur Ermittlung des Verkehrswertes wird in der Regel durch das Gericht ein vereidigter Sachverständiger mit der Erstellung eines Verkehrswertgutachtens beauftragt. Dieses Verkehrswertgutachten wird dann den Verfahrensbeteiligten

---

[28] Siehe § 180 ZVG.

[29] Siehe § 9 ZVG.

zugänglich gemacht. Nach Anhörung der Beteiligten setzt das Gericht auf der Grundlage dieses Gutachtens den Verkehrswert durch Beschluss fest. Nach Festsetzung eines ersten Versteigerungstermins durch das Gericht wird das Verkehrswertgutachten im Internet in einem Justizportal des Bundes und der Länder eingestellt und kann dort von Bietinteressenten kostenlos heruntergeladen werden.[30]

Nach erfolgter Verkehrswertfestsetzung wird der ***Versteigerungstermin*** bestimmt. In der Regel vergehen zwischen Anordnung der Zwangsversteigerung und Bestimmung des Versteigerungstermins 9–12 Monate. Der Versteigerungstermin wird durch Aushang im Amtsgericht und Veröffentlichung im Amtsblatt und seit einiger Zeit auch im Internet bekannt gemacht.[31]

8.4.1 Phasen des Versteigerungstermins

Bieter müssen sich im Versteigerungstermin durch einen gültigen Personalausweis oder Reisepass ausweisen. Soll für nicht im Versteigerungstermin anwesende Dritte geboten werden – dies gilt auch für den Ehegatten oder Lebenspartner –, muss eine öffentlich beglaubigte Bietvollmacht vorgelegt werden.

Der eigentliche Versteigerungstermin gliedert sich in 3 Kapiteln:

8.4.1.1 Bekanntmachungen (1. Teil)

Im ersten Teil des Versteigerungstermins verliest der Rechtspfleger die Grundbucheintragungen und bezeichnet die betreibenden Gläubiger.

Dann wird das ***Geringste Gebot*** ermittelt und bekannt gegeben. Es umfasst die wegen vorrangiger Grundbucheintragungen bestehen bleibenden Rechte.[32] Diese bestehen bleibenden Rechte sind für Bietinteressenten von besonderer Bedeutung und sollten möglichst im Vorfeld bereits in Erfahrung gebracht und in die Überlegungen einbezogen werden.[33]

8.4.1.2 Versteigerungszeit (2. Teil)

Die eigentliche Bietzeit, d.h. die Zeitspanne in der Gebote abgegeben werden können, schließt sich an den Bekanntmachungsteil an. Das Gesetz schreibt eine Mindestbietzeit von 30 Minuten vor. Eine Höchstbietzeit gibt es hingegen nicht. Die Versteigerung dauert so lange an, bis der Rechtspfleger das Ende der Versteigerung verkündet, was in der Regel dann erfolgt, wenn nach dreimaligem Aufruf des letzten Gebots durch den Rechtspfleger keine weiteren Gebote abgegeben werden oder wenn nach 30 Minuten kein Gebot abgegeben worden ist.

---

[30] Siehe http://www.zvg-portal.de.

[31] Siehe http://www.zvg-portal.de.

[32] Siehe § 44 ff. ZVG.

[33] Siehe § 52 ZVG.

Der Bieter nennt im Termin ein bestimmtes Gebot, also den Geldbetrag, den er als so genanntes ***Bargebot*** zu zahlen bereit ist. Jeder Bietinteressent muss zu diesem Bargebot jedoch noch die bestehen bleibenden Rechte hinzurechnen, um den eigentlichen Preis zu ermitteln, den er für das Grundstück bietet.

Das höchste im Termin abgegebene Gebot heißt ***Meistgebot.***

Auf Verlangen eines Beteiligten muss der Bieter unmittelbar nach Abgabe des Gebots unter bestimmten Voraussetzungen eine Sicherheitsleistung erbringen in Höhe von 10% des festgesetzten Verkehrswertes der Immobilie. Diese Sicherheit kann durch einen von der Bundesbank bestätigten Scheck, einen Verrechnungsscheck, der von einem dazu zugelassenen Kreditinstitut ausgestellt ist, durch die Bürgschaftserklärung eines solchen Kreditinstitutes oder durch vorherige Überweisung an die Gerichtskasse geleistet werden.

Seit dem 16. Februar 2007 ist es **nicht** mehr möglich, Sicherheit durch Übergabe von Bargeld im Termin zu leisten. Wenn der Bieter die Sicherheit nicht mit einem qualifizierten Scheck im Termin leisten kann, muss er dies vorher durch Überweisung an die Justizkasse des Vollstreckungsgerichtes tun und darüber Belege zum Termin mitbringen. Wird dem jeweiligen Bieter der Zuschlag nicht erteilt, so erhält er die Sicherheit unmittelbar nach dem Versteigerungstermin vom Gericht zurück.

8.4.1.3 Entscheidung über den Zuschlag (3. Teil)

Im Anschluss an die Bietzeit befragt der Rechtspfleger als Vertreter des Vollstreckungsgerichtes die im Termin anwesenden Beteiligten, ob Anträge gestellt werden.

Der Schuldner könnte auch zu diesem Zeitpunkt noch einen Vollstreckungsschutzantrag nach § 765a ZPO stellen, wird dies jedoch in der Regel im Vorfeld getan haben oder im Termin gar nicht anwesend sein.

Ist im Versteigerungstermin kein wirksames Gebot abgegeben worden, stellt das Gericht das Verfahren von Amts wegen ein. Die betreibenden Gläubiger haben dann die Möglichkeit, die Fortsetzung des Verfahrens zu beantragen.

Sind wirksame Gebote abgegeben worden, dann entscheidet das Vollstreckungsgericht über die Erteilung des Zuschlages. Das Vollstreckungsgericht muss bei seiner Entscheidung über die Erteilung des Zuschlags sowohl Gläubiger- als auch Schuldnerinteressen berücksichtigen.

Liegt das beste im Termin abgegebene Gebot unterhalb von 7/10 des Verkehrswertes, muss der Zuschlag auf Antrag des Schuldners oder eines betreibenden Gläubigers, dessen Anspruch innerhalb dieser 7/10-Grenze liegt, versagt werden.[34]

Liegt das Meistgebot unterhalb von 5/10 des Verkehrswertes, so ist der Zuschlag von Amts wegen zu versagen.[35] In beiden Fällen ist ein neuer Versteigerungstermin zu bestimmen, in dem diese Grenzen dann nicht mehr gelten.

[34] Siehe § 74a Absatz 1 ZVG.

[35] Siehe § 85a Absatz 1 ZVG.

Wenn im Versteigerungstermin kein Gebot abgegeben wurde oder wegen einer Einstellungsbewilligung des Gläubigers der Zuschlag versagt wird, bleiben diese Wertgrenzen jedoch auch im Folgetermin bestehen.

Der Meistbietende, dem schließlich durch Entscheidung des Vollstreckungsgerichtes der Zuschlag erteilt worden ist, heißt ***Ersteher.***

Wird der Zuschlag erteilt, ist der Ersteher ab Verkündung der Zuschlagserteilung Eigentümer des Grundstücks.[36] Dies ist eine Ausnahme von dem Grundsatz, dass ein Eigentümerwechsel erst mit einer Eintragung des neuen Eigentümers im Grundbuch eintritt.

Nach Verkündung des Zuschlages sind von dem Ersteher die Gerichtskosten für die Erteilung des Zuschlags sowie die für seine Eintragung im Grundbuch fälligen Gerichtskosten und schließlich auch Grunderwerbsteuern zu zahlen.

Der Zuschlagsbeschluss ist für den Ersteher ein Vollstreckungstitel zur Durchsetzung seines Rechtes auf die Besitzergreifung.

8.4.2 Besonderheiten beim Eigentumsübergang durch Zuschlagsbeschluss

Beim Erwerb in der Zwangsversteigerung gibt es einige Besonderheiten, die der Immobilieninteressent kennen und in seine Entscheidung einbeziehen muss.

Mietverträge über die Immobilie gehen gemäß §§ 57, 57a ZVG in Verbindung mit § 566 BGB auf den Ersteher über, können jedoch in aller Regel aufgrund eines Sonderkündigungsgrechtes gemäß § 57a ZVG gekündigt werden.

Eine Besichtigung des Versteigerungsobjektes wird vom Gericht **nicht** vermittelt. Es besteht auch (leider) kein Anspruch des Bietinteressenten auf Besichtigung der Immobilie. Daher stellt es eher die Regel als die Ausnahme dar, dass der Bieter eine Immobilie in der Zwangsversteigerung kauft, ohne diese von innen gesehen zu haben. Meist ist der Bietinteressent auf die wenigen Fotos im Verkehrswertgutachten angewiesen, das für das Zwangsversteigerungsverfahren erstellt wurde.

Die schlechte Informationslage des Bieters stellt insbesondere deshalb ein erhebliches Risiko dar, weil der Erwerb in der Zwangsversteigerung unter Ausschluss jeglicher Gewährleistung für Sach- und Rechtsmängel erfolgt.[37]

Für den Ersteher eines Grundstückes können schließlich noch erhebliche Kosten für die Räumung des Grundstückes entstehen, wenn der alte Eigentümer oder ein Mieter die Immobilie noch bewohnt und diese nicht freiwillig räumt.

All diese Unwägbarkeiten müssen bei der Entscheidung über den Kauf in der Zwangsversteigerung und bei Abgabe eines Gebotes eingepreist werden. Ob man als Ersteher wirklich ein Schnäppchen gemacht hat, wird man erst am Ende des Tages nach Inbesitznahme der Immobilie ersehen können.

---

[36] Siehe § 90 ZVG.

[37] Siehe § 56 ZVG.

Kapitel 9
Ansprüche des Käufers bei mangelhafter Immobilie und Beratungsfehlern

Leider läuft nicht jeder Immobilienkauf reibungslos und unproblematisch ab. Es kommt immer wieder vor, dass Käufer nach Erwerb der Immobilie feststellen, dass diese nicht die Beschaffenheit hat, die sie sich beim Kauf vorgestellt hatten oder die man als Käufer unter normalen Umständen erwarten durfte.

G. Rennert, *Praxisleitfaden Immobilienanschaffung und Immobilienfinanzierung*,
DOI 10.1007/978-3-642-22622-9_9,

9.1 Einleitung

Für den Erwerber einer Immobilie ist es daher sehr wichtig, die eigenen Rechte zu kennen, wenn Mängel an der verkauften Immobilie oder am Grundstück auftreten. Nur wer seine Rechte kennt, kann überhaupt wissen, worauf zu achten ist, um beim Abschluss der Verträge und beim Auftreten von Problemen die eigenen Rechte zu sichern.

Auch beim Kauf vom Bauträger gibt es sehr häufig Rechtsstreitigkeiten im Hinblick auf die Bauleistungen, die der Bauträger aus dem Bauträgervertrag schuldet.[1] Die üblichen Problemherde stellen dabei mangelhafte Ausführungsqualität der Bauleistungen und die Frage von Mehrkosten dar.

Schließlich gibt es noch das weite Feld von Schadensersatzansprüchen von Immobilienkäufern wegen Beratungsfehlern durch Makler, Banken, Berater oder Treuhänder sowie das Feld der Rechtsmängel beim Abschluss der Verträge, auf die später Rückabwicklungsansprüche gestützt werden können.

Es gibt insoweit seit dem Jahr 2000 eine starke Tendenz in der höchstrichterlichen Rechtsprechung, geschädigten Immobilienkäufern in derartigen Fällen mit Rückabwicklungs- und Schadensersatzansprüchen zu helfen. Auf diese komplexen Themenfelder gehe ich in den Abschn. 9.3 und 9.4. dieses Abschnitts weiter ein.[2]

[1] Siehe Abschn. 8.2. (Seite 156 ff.).

[2] Siehe Abschn. 9.3 und 9.4. (Seite 193 ff. und 208 ff.).

9.2 Rechte des Käufers gegenüber dem Verkäufer bei mangelhafter Immobilie

Ein besonders wichtiger Punkt ist die Frage der Mängelgewährleistung, d.h. die Verantwortung des Verkäufers für den Zustand der verkauften Immobilie gegenüber dem Käufer.

Der Begriff ***Mängelgewährleistung*** meint die gesetzlich oder vertraglich festgeschriebenen Rechte des Käufers bei Mangelhaftigkeit der gekauften Immobilie. Wenn Nichtjuristen von „*Garantie*" sprechen, meinen sie diese Ansprüche und nicht die Ansprüche aus einer Garantie im Rechtssinne, die etwas anderes ist als die Mängelgewährleistungsrechte. Die Mängelgewährleistungsansprüche des Käufers sind in den §§ 434 ff. BGB geregelt.

9.2.1 Sach- oder Rechtsmangel

Grundvoraussetzung von Ansprüchen des Käufers aus Mängelgewährleistungsrecht ist das Vorliegen eines Sach- oder Rechtsmangels.

Ein ***Rechtsmangel*** ist gegeben, wenn die Immobilie mit Rechten Dritter belastet ist, die den Käufer beeinträchtigen und vom Käufer nicht übernommen werden sollen (z. B. dingliche Belastungen in Abteilung III des Grundbuchblattes, die nicht übernommen werden sollen oder Mietverhältnisse, die beim Verkauf nicht mitgeteilt wurden).

Ein ***Sachmangel*** ist gegeben, wenn die Beschaffenheit des Grundstückes oder des darauf stehenden Gebäudes von der vereinbarten oder üblichen Beschaffenheit abweicht. Wenn die Kaufvertragsparteien im Kaufvertrag keine besonderen Vereinbarungen über die Beschaffenheit des Grundstückes oder Gebäudes getroffen haben, so gilt mangels abweichender Vereinbarung die *übliche* Beschaffenheit.

Ein altersadäquater Zustand eines Altbaus wäre demnach grundsätzlich kein Mangel, weil altersadäquater Verschleiß der Bausubstanz üblich ist. Wenn hingegen ausdrücklich im Kaufvertrag festgehalten ist, dass die Elektroinstallationen und Wasserleitungen zu einem bestimmten Zeitpunkt vollständig erneuert worden sind, so liegt ein Sachmangel vor, wenn sich später herausstellt, dass die Elektroinstallationen und Wasserleitungen tatsächlich nicht oder nur unvollständig erneuert worden sind, weil insoweit eine Abweichung von der kaufvertraglich vereinbarten Beschaffenheit vorliegt.

Ein Wasserschaden wegen eines undichten Fundamentes bei einem Altbau hingegen ist auch ohne eine dahingehende besondere Vereinbarung im Kaufvertrag ein Sachmangel, weil eine solche Beschaffenheit des Gebäudes auch bei Altbauten nicht üblich ist.

Eine so genannte Altlast, d.h. eine Kontaminierung des Erdreiches, stellt ebenfalls einen Sachmangel dar, auch wenn das nicht ausdrücklich im Kaufvertrag festgehalten wird. Sogar ein konkreter und nahe liegender Verdacht einer Altlast

(z. B. vormalige Nutzung als Deponie) kann bereits einen Sachmangel darstellen und das sogar selbst dann, wenn sich der Verdacht später als unbegründet erweist.[3]

Eine Bodenkontaminierung kann zum einen die Nutzung des Grundstückes beeinträchtigen. Zum anderen muss der Eigentümer eines kontaminierten Grundstückes damit rechnen, von der zuständigen Ordnungsbehörde für die Sanierung herangezogen zu werden, was auf der Grundlage des Bundesbodenschutzgesetzes (BBodSchG) möglich ist.[4] Die Kosten einer solchen Heranziehung können den Wert der Immobilie sogar übersteigen und damit zu einem finanziellen Desaster für den Grundstückseigentümer werden. In aller Regel scheitern Rückgriffsansprüche gegen den Verkäufer und Voreigentümer an Haftungsausschlüssen im Kaufvertrag oder daran, dass der Voreigentümer insolvent ist.

9.2.2 Inhalt der Mängelgewährleistungsansprüche

Der Inhalt der Mängelgewährleistungsansprüche ist in § 437 BGB geregelt. Demnach besteht zunächst ein Anspruch des Käufers auf Behebung des Mangels durch den Verkäufer.

Bevor der Käufer weitergehende Ansprüche geltend machen kann, muss er den Verkäufer unter angemessener Fristsetzung zur Beseitigung des Mangels aufgefordert haben. Wenn der Verkäufer die Mangelbeseitigung verweigert oder diese unmöglich ist oder mindestens zwei Mal erfolglos versucht worden ist, so kann der Käufer wahlweise die folgenden weiteren Ansprüche geltend machen:

- *Rücktritt vom Kaufvertrag (aber nur bei erheblichem Mangel)*
- *Minderung des Kaufpreises*
- *Schadensersatz (aber nur bei Verschulden des Verkäufers)*
- *Aufwendungsersatz hinsichtlich nutzloser Aufwendungen*

Die nachfolgende schematische Darstellung verdeutlicht die Zusammenhänge bei der Geltendmachung von Gewährleistungsrechten durch den Käufer.

---

[3] Siehe Oberlandesgericht München, *Urteil* v. 21.04.1994, abgedruckt in *Neue Juristische Wochenschrift* 1995, S. 2566 ff.

[4] Siehe § 4 Abs. 2 und 3 BBodSchG.

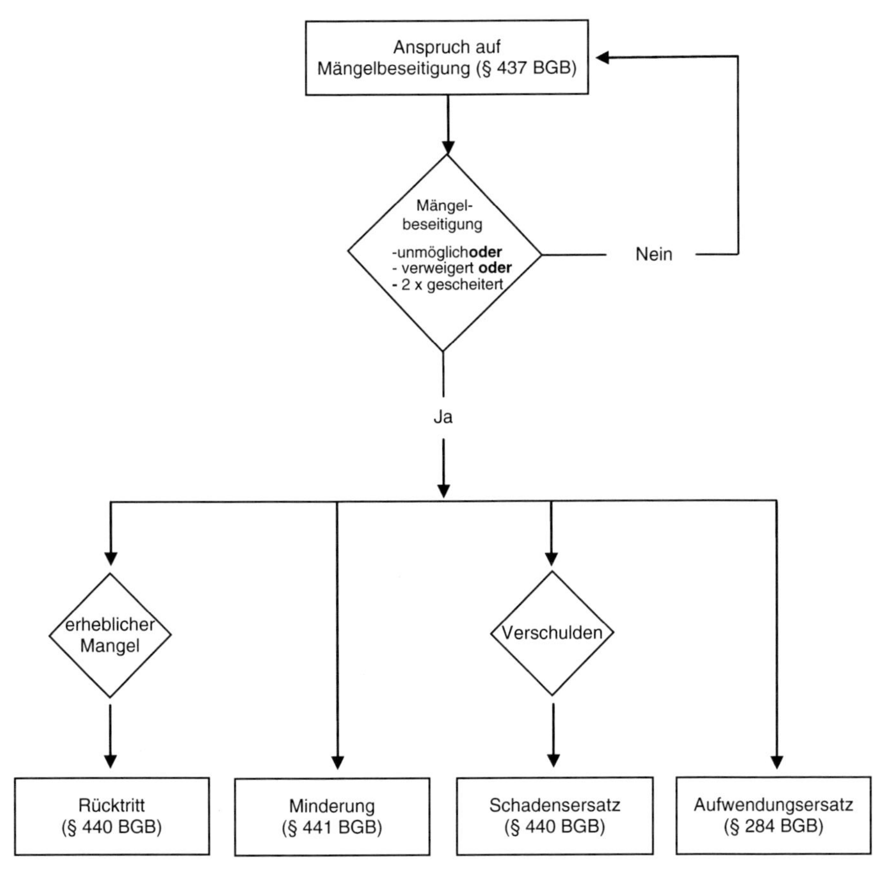

Beim ***Rücktritt vom Kaufvertrag*** entfallen die wechselseitigen Pflichten der Kaufvertragsparteien und das Schuldverhältnis verwandelt sich in ein Rückgewährschuldverhältnis. Das bedeutet, dass die bereits erbrachten Leistungen zurückgewährt werden müssen und kein Anspruch mehr auf die Durchführung des Kaufvertrages besteht. Diesen Anspruch sollte der Käufer daher nur dann wählen, wenn er die Immobilie nicht mehr haben will, weil diese aufgrund des Mangels für ihn keinen Wert mehr hat.

Das Recht auf ***Minderung des Kaufpreises*** ermöglicht dem Käufer, den Kaufpreis für die Immobilie in dem Verhältnis herabzusetzen, in dem der Mangel den Wert der Immobilie mindert.

Das Recht auf ***Schadensersatz*** gibt es in zwei Ausprägungen:

Es gibt zunächst den so genannten „***großen Schadensersatz***", der die Rückabwicklung der wechselseitig bereits erbrachten Leistung und darüber hinaus die Zahlung eines Schadensersatzes des Verkäufers an den Käufer beinhaltet. Ein solcher Schaden kann z. B. entgangener Gewinn sein, wenn die Immobilie in mangelfreiem Zustand gewinnbringend weiterverkauft worden wäre. Dieser Anspruch setzt allerdings ein Verschulden des Verkäufers voraus, es sei denn, dass der Verkäufer eine Garantie für die Mangelfreiheit übernommen hat. Des Weiteren entfällt durch die Wahl des großen Schadensersatzes der Anspruch des Käufers auf Übertragung des Eigentums an der Immobilie. Auch hier gilt deshalb, dass der Käufer diesen Anspruch nur dann wählen sollte, wenn er an der Übertragung der Immobilie kein Interesse mehr hat.

Darüber hinaus steht für den Käufer alternativ das Recht zur Forderung des so genannten „***kleinen Schadensersatzes***" zur Wahl. Dieser Anspruch beinhaltet die Durchführung des Kaufvertrages, d.h. die Übertragung des Eigentums an der Immobilie auf den Käufer und darüber hinaus die Verpflichtung des Verkäufers, dem Käufer den adäquat kausal durch die Mangelhaftigkeit der Immobilie entstandenen Schaden zu ersetzen. Auch der kleine Schadensersatzanspruch des Käufers setzt ein Verschulden des Verkäufers voraus, es sei denn, der Verkäufer hat eine Garantie für die Mangelfreiheit übernommen.

Der Anspruch auf ***Aufwendungsersatz*** kommt für den Käufer dann in Frage, wenn er bereits Aufwendungen gemacht hat und er diese ersetzt verlangen möchte wie z. B. Kosten für eine gutachterliche Untersuchung der Immobilie.

9.2.3 Begrenzung und Erweiterung der Gewährleistungsrechte

Allerdings ist es möglich, die gesetzlichen Mängelwährleistungsrechte im Kaufvertrag zu erweitern oder zu begrenzen. Die oben dargestellten gesetzlichen Regelungen sind insoweit nicht zwingend, sondern können in gewissen Grenzen von den Parteien des Kaufvertrages geändert oder ausgeschlossen werden.

9.2.3.1 Vertraglicher Ausschluss der Käuferrechte

Ein vertraglicher Ausschluss der Mängelgewährleistungsrechte wird bei Verkauf von Altbauten nahezu ausnahmslos für Sachmängel vereinbart und ist innerhalb der vom Gesetz und von der Rechtsprechung vorgegebenen Grenzen auch zulässig und wirksam.

Hinsichtlich der Zulässigkeit eines Ausschlusses der Gewährleistungsrechte des Käufers sind grundsätzlich die folgenden Fallgestaltungen zu unterscheiden:

Bei Verkauf von **Altbauten** ist ein umfassender Ausschluss der Sachmängelgewährleistungshaftung sowohl für das Grundstück (Stichwort: Altlasten) als auch für die Bausubstanz rechtlich möglich und auch absolut marktüblich.[5] Da Altlasten

[5] Siehe BGH, Urteil v. 06.06.1986, abgedruckt in *Neue Juristische Wochenschrift* 1986, S. 2824 ff. und BGH, Urteil v. 06.10.2005, abgedruckt in *Neue Juristische Wochenschrift* 2006, S. 214 ff.

begrifflich Sachmängel darstellen, ist die Gewährleistung für diese bei allgemeinem Ausschluss der Sachmängelhaftung im Text des Kaufvertrages ebenfalls mit ausgeschlossen, ohne dass das einer besonderen Erwähnung bedürfte.

Ein formelhafter und umfassender Ausschluss der Gewährleistung für Sachmängel hinsichtlich der **Bauleistungen** beim Erwerb neu errichteter oder noch zu errichtender Immobilien ist hingegen unwirksam, wenn die Freizeichnung von der Haftung mit dem Käufer nicht unter ausführlicher Belehrung über die weitreichenden Folgen erörtert worden ist.[6]

Eine differenzierte Betrachtung ist erforderlich, wenn in dem Veräußerungsvertrag über einen Altbau nicht nur die Übertragung des Grundstückes geschuldet wird, sondern auch Bau- und Sanierungsleistungen an dem Gebäude durch den Verkäufer vereinbart werden. Als Beispiel sei hier noch einmal der oben erwähnte Umbau eines alten Speichergebäudes in einem Hafenviertel zu Eigentumswohnungen und deren Abverkauf vor Durchführung der Bauarbeiten aufgegriffen.

In einem solchen Fall hängt die rechtliche Wirksamkeit eines umfassenden Gewährleistungsausschlusses für die Bausubstanz und die Bauleistungen vom Umfang der Bauleistungen ab. Dieser Umfang ist im Verhältnis zur Altbausubstanz zu gewichten, die von den Bauleistungen unberührt bleibt, um eine Antwort auf die Frage zu finden, in welchem Umfang der Gewährleistungsausschluss rechtlich wirksam ist.

Demnach gilt:

Der Verkäufer eines Altbaus oder einer Altbauwohnung haftet für Sachmängel der gesamten Bausubstanz wenn er vertraglich Bauleistungen übernommen hat, die insgesamt nach Umfang und Bedeutung Neubauarbeiten vergleichbar sind. Ein Gewährleistungsausschluss für die gesamten Bauleistungen ist in diesem Fall nur unter den gleichen strengen Voraussetzungen wirksam und zulässig, der für Neubauten gelten, d.h. ein formelhafter Ausschluss der Gewährleistung ohne ausführliche Aufklärung des Käufers ist unwirksam.

Hat der Verkäufer Bauverpflichtungen übernommen, die insgesamt nach Umfang und Bedeutung Neubauarbeiten **nicht** vergleichbar sind, so ist der Gewährleistungsausschluss hinsichtlich der von den Bauarbeiten nicht berührten Bausubstanz ohne weitere Anforderungen rechtlich wirksam wohingegen der Gewährleistungsausschluss hinsichtlich der Bauleistungen selbst nur unter den oben skizzierten strengeren Voraussetzungen rechtlich wirksam ist.[7]

Bei Verkauf von unbebauten Grundstücken ist der Ausschluss der Gewährleistung ebenfalls üblich. In der Sache geht es dabei im Wesentlichen um den Ausschluss der Haftung des Verkäufers für etwaige Altlasten oder eine bestimmte Bebaubarkeit des Grundstückes.

---

[6] Siehe BGH, Urteil v. 05.04.1984, abgedruckt in *Neue Juristische Wochenschrift* 1984, S. 2094 ff. und BGH, Urteil v. 06.10.2005, abgedruckt in *Neue Juristische Wochenschrift* 2006, S. 214 ff.

[7] Siehe BGH, Urteil v. 06.10.2005, abgedruckt in *Neue Juristische Wochenschrift* 2006, S. 214 ff.

Die genaue Abgrenzung der unterschiedlichen Fallgestaltungen ist in der Praxis sehr schwierig und ohne unterstützende Beratung eines Rechtsanwaltes kaum zu bewältigen.

9.2.3.2 Gesetzlicher Ausschluss der Käuferrechte

Der Ausschluss der Gewährleistung kann sich auch aus gesetzlichen Bestimmungen ergeben und nicht nur aus Regelungen im Kaufvertrag.

Gemäß § 442 BGB sind die Rechte des Käufers wegen Rechts- oder Sachmängeln des Grundstückes oder der Immobilie dann ausgeschlossen, wenn der Käufer die Mängel **bei Abschluss des Kaufvertrages** kannte oder infolge grober Fahrlässigkeit nicht kannte und sich diese im Kaufvertrag nicht vorbehalten hat.

In einem solchen Fall kann der Käufer seine Rechte nur dann wahren, wenn er mit dem Verkäufer im notariellen Kaufvertrag ausdrücklich z. B. die Beseitigung der bekannten Mängel vor der Übergabe des Grundstückes vereinbart. Ohne die schriftliche Fixierung der Verpflichtungen des Verkäufers im Text des Kaufvertrages verliert der Käufer seine Sachmängelgewährleistungsrechte.

Daher sind bekannte Mängel für einen unerfahrenen und gutgläubigen Käufer unter Umständen gefährlicher als unbekannte, da ihm vielleicht gar nicht bewusst ist, dass er seine Rechte verliert, wenn diese Mängel im Kaufvertrag nicht ausdrücklich erwähnt werden und keine schriftliche Vereinbarung darüber getroffen wird. Wenn der Käufer sich in einer solchen Situation auf mündliche Zusagen des Verkäufers verlässt, dass die Mängel ganz bestimmt vor der Übergabe des Grundstückes beseitigt werden und keine Regelungen im notariellen Kaufvertrag getroffen werden, so sieht es für den Käufer rechtlich schlecht aus.

Die Kenntnis des Käufers von einem Mangel dürfte in der Regel vorliegen, wenn der Mangel offenkundig ist und keine genaueren Untersuchungen oder Nachforschungen anzustellen sind, um den Mangel zu erkennen. Bei einem nicht beseitigten Brandschaden z. B. dürfte die Offenkundigkeit in der Regel vorliegen. Bei einem Wasserschaden kann es schon schwieriger sein, den Mangel bei einer Besichtigung zu erkennen. Kenntnis des Käufers vom Mangel liegt jedoch dann zweifelsfrei vor, wenn der Verkäufer ausdrücklich auf den Mangel hingewiesen hat und dieser Hinweis schriftlich fixiert worden ist.

Schwieriger ist die Beurteilung der Rechtslage, wenn die Vertragsparteien über einen Mangel nicht gesprochen haben oder wenn sie darüber streiten, ob darüber gesprochen worden ist. Wenn der Verkäufer nicht nachweisen kann, dass er den Käufer über den Mangel informiert hat, so kommt es entscheidungserheblich auf die Frage an, ob der Käufer den Mangel infolge grober Fahrlässigkeit nicht erkannt hat, d.h. ob der Mangel ohne weiteres erkennbar war und dem Käufer nur infolge von Oberflächlichkeit und Unachtsamkeit nicht bewusst geworden ist.

Welches Maß an Sorgfalt und Gründlichkeit dem Käufer hier abverlangt werden muss, hängt maßgeblich von den Umständen des Einzelfalles ab. Anerkannt ist in der Rechtsprechung, dass der Käufer z. B. grundsätzlich **nicht** verpflichtet ist, eine sachverständige Person bei der Besichtigung beizuziehen, um den Vorwurf grob fahrlässiger Unkenntnis eines Mangels abzuwehren.[8] Damit ist natürlich nicht gesagt, dass es nicht ratsam ist, eine sachverständige Person bei der Besichtigung beizuziehen. Das ist aus meiner Sicht sogar sehr ratsam.[9]

Liegt insoweit im Ergebnis eine grob fahrlässige Unkenntnis des Käufers vor, so verliert er auch hinsichtlich dieses Mangels seine Mängelgewährleistungsrechte, es sei denn, dass der Verkäufer den Mangel arglistig verschwiegen oder eine Garantie für die Mängelfreiheit übernommen hat.[10]

Ein ***arglistiges Verschweigen*** setzt voraus, dass der Verkäufer den Mangel kennt oder ihn zumindest für möglich hält, wobei es genügt, dass er die den Mangel begründenden Umstände kennt (oder für möglich hält).

Neben der Kenntnis des Mangels setzt ein arglistiges Verschweigen des Verkäufers weiter voraus, dass er weiß oder doch damit rechnet und billigend in Kauf nimmt, dass der Käufer den Mangel **nicht** kennt und bei Offenbarung des Mangels den Vertrag gar nicht oder nicht mit dem vereinbarten Inhalt geschlossen hätte.[11] Ein arglistiges Vorspiegeln der Mangelfreiheit steht einem arglistigen Verschweigen gleich.

Die grob fahrlässige Unkenntnis des Käufers von Mängeln ist darüber hinaus auch dann unschädlich für seine Gewährleistungsrechte, wenn der Verkäufer eine ***Garantie*** für die Mangelfreiheit übernommen hat.[12]

Die Übernahme einer Garantie setzt voraus, dass der Verkäufer in vertragsmäßig bindender Weise die Gewähr für Mangelfreiheit oder eine bestimmte Beschaffenheit der Immobilie übernimmt und damit seine Bereitschaft zu erkennen gibt, für alle Folgen des Fehlens dieser Beschaffenheit einzustehen.[13]

Die Vereinbarung einer Garantie für ein verkauftes Grundstück bedarf zu ihrer Formwirksamkeit ebenfalls der notariellen Beurkundung. Sie wird daher in der Regel im notariellen Kaufvertrag untergebracht, kann aber auch in einer separaten notariell beurkundeten Vereinbarung enthalten sein. In der Praxis kommt eine solche Garantie jedoch sehr selten vor.

Schließlich ist im Gesetz noch eine weitere Ausnahme vom Verlust der Rechte des Käufers bei grobfahrlässiger Unkenntnis von einem Sach- oder Rechtsmangel geregelt: Wenn der Rechtsmangel aus einer Eintragung im Grundbuch ersichtlich ist, so verliert der Käufer seine Mängelgewährleistungsrechte auch dann nicht, wenn er nicht in das Grundbuch hineingeschaut hat und infolgedessen den Rechtsmangel nicht kennt. Der Verkäufer bleibt nach der Regelung in § 442 Abs. 2 BGB auch dann

[8] Siehe Oberlandesgericht Köln, Urteil v. 9.1.1973, abgedruckt in *Neue Juristische Wochenschrift* 1973, S. 903 ff.

[9] Siehe insoweit die Ausführungen unter Abschn. 4.5.5. (Seite 47 ff.).

[10] Siehe § 442 Abs. 1, Satz 2 BGB.

[11] Siehe BGH, Beschluss v. 8.12.2006, abgedruckt in *Neue Juristische Wochenschrift* 2007, S. 835 ff.

[12] Siehe § 442 Abs. 1, Satz 2 BGB in Verbindung mit § 434 BGB.

[13] Siehe BGH, Urteil v. 29.11.2006, abgedruckt in *Neue Juristische Wochenschrift* 2007, S. 1346 ff.

zur Beseitigung von (nicht ausdrücklich übernommenen) Belastungen des Grundstückes mit Rechten Dritter verpflichtet, wenn der Käufer diese bei Vertragsschluss kennt.

Auch insoweit weise ich jedoch darauf hin, dass das nicht bedeutet, dass es verzichtbar ist, in das Grundbuch hineinzuschauen. Ein Blick in einen aktuellen Grundbuchauszug ist für den Käufer einer Immobilie in jedem Fall Pflichtprogramm.

9.2.3.3 Vertragliche Erweiterung der Käuferrechte

Eine vertragliche Vereinbarung zur Erweiterung der Rechte des Käufers bei Grundstücksmängeln ist beim Immobilienverkauf sehr selten.

Ein Fall einer Erweiterung der Rechte des Käufers ist z. B. die Vereinbarung einer Garantie des Verkäufers für die Mangelfreiheit oder für eine bestimmte Beschaffenheit des Grundstückes und des darauf errichteten Gebäudes.[14]

9.2.4 Verjährung der Ansprüche

Der Käufer kann die Ansprüche bei Mängeln der gekauften Immobilie jedoch nicht zeitlich unbegrenzt geltend machen. Seine Ansprüche unterliegen vielmehr der Verjährung und sind nach Ablauf der Verjährungsfrist nicht mehr durchsetzbar, wenn der Verkäufer die Erfüllung der Gewährleistungsansprüche verweigert.[15]

Die Verjährungsfrist für Ansprüche auf *Mängelbeseitigung* und *Schadensersatz* bzw. *Aufwendungsersatz* beträgt bei Immobilienkäufen 5 Jahre.[16] Die Verjährung beginnt mit der Übergabe der Immobilie, d. h. mit der tatsächlichen Besitzeinräumung.

Für die Gewährleistungsrechte *Rücktritt* und *Kaufpreisminderung* gilt im Ergebnis auch eine Befristung der Durchsetzbarkeit auf 5 Jahre. Da es sich bei diesen Rechten um Gestaltungsrechte handelt, ist dieses Ergebnis gesetzestechnisch über eine Kopplung an die Verjährung des Mängelbeseitigungsanspruches erfolgt, wodurch sichergestellt wird, dass auch diese Rechte im Regelfall nach Ablauf von 5 Jahren seit der Übergabe der Immobilie nicht mehr durchgesetzt werden können.[17]

---

[14] Zu den Voraussetzungen für eine Garantie wird auf die Ausführungen weiter oben unter Abschn. 9.2.3.2 verwiesen (Seite 190).

[15] Siehe § 438 BGB.

[16] Siehe § 438 Abs. 1 Nr. 2 BGB.

[17] Siehe § 438 Abs. 4 und 5 BGB.

9.3 Schadensersatzansprüche wegen mangelhafter Beratung durch Bank, Makler oder Anlageberater

Wenn sich am Ende des Tages herausstellt, dass der Käufer bei Abschluss des Kaufvertrages Fehlvorstellungen vom tatsächlichen Wert der Immobilie oder von erzielbaren Mieten oder Steuervorteilen hatte und infolgedessen einen überhöhten Kaufpreis gezahlt hat, so stellt sich für den geschädigten Käufer natürlich die Frage der Verantwortung der anderen Beteiligten für mangelhafte Beratung und für fehlerhafte *„Einflüsterungen"*.

Da Fehlvorstellungen über den angemessen Wert der Immobilie und über erzielbare Steuervorteile selbst keinen Sach- oder Rechtsmangel des Grundstückes darstellen, kommen wegen der wirtschaftlichen Schädigung des Käufers nur Schadensersatzansprüche aus Beratungspflichtverletzungen der weiteren Beteiligten in Betracht. Gewährleistungsansprüche wegen Sachmängeln scheiden regelmäßig aus.

Da Immobilientransaktionen komplexe Vorgänge sind und fast ausnahmslos zu einem ganz erheblichen Teil kreditfinanziert sind, sind neben dem Käufer und Verkäufer in der Regel noch weitere Parteien an der Anbahnung und Durchführung eines Immobilienkaufes beteiligt. Beteiligt sind meistens noch eine Bank, ein Immobilienmakler und manchmal darüber hinaus noch ein Anlageberater. Für den Käufer ist dabei nicht immer ersichtlich, in welchem Verhältnis die weiteren Beteiligten zueinander stehen und welche Absprachen zwischen ihnen getroffen wurden.

In den folgenden Ausführungen möchte ich Ihnen die außerordentlich schwierige und komplexe Rechtsmaterie der Schadensersatzansprüche aus Beratungsverschulden gegen diese weiteren Beteiligten vorstellen. Die Fragen nach der Verantwortung für eine Falschberatung sind für geschädigte Immobilienkäufer von großer Bedeutung. Schadensersatzansprüche wegen Beratungsfehlern stellen nicht selten den letzten Rettungsanker dar, um aus einem ruinösen Immobilienkauf auszusteigen.

9.3.1 Schadensersatzansprüche gegen die Bank

Viele Banken schreiben sich in ihrer Selbstdarstellung auf die Fahnen, dass sie ihre Kunden gut und umfassend beraten in Geldfragen. Das geht so weit, dass sich einige Banken in Werbespots sogar selbst als die *„Beraterbank"* titulieren. Die mehr oder weniger subtil transportierte Botschaft in den Werbespots der Banken ist übereinstimmend die, dass der Kreditnehmer sich mit all seinen Sorgen und Nöten vertrauensvoll an seinen Bankberater wenden könne und dort in jedem Fall eine professionelle und objektive Beratung erhalte, die ihm optimale wirtschaftliche Ergebnisse sichert.

Leider sieht die Realität jedoch häufig anders aus. Besonders deutlich wird das, wenn man sich die Verantwortung der Bank für fehlerhafte oder fehlende Beratung und die dazu ergangene Rechtsprechung anschaut. Dann wird nämlich deutlich, dass die Bank keineswegs umfassend und objektiv berät in allen Geldfragen und, dass sich Banken auch in der Regel nicht für eine fehlende oder fehlerhafte Beratung zur Rechenschaft ziehen lassen wollen.

Die Leitlinien der höchstrichterlichen Rechtsprechung zur Haftung von Banken für Beratungsverschulden bei der Vergabe von Immobilienkrediten lassen sich wie folgt zusammenfassen:

9.3.1.1 Im Regelfall keine Haftung der Bank

Eine Haftung der kreditgebenden Bank für ein Beratungsverschulden kommt in aller Regel nicht in Betracht. Das gilt insbesondere dann, wenn die Gespräche über einen Vermittler gelaufen sind und kein direktes Beratungsgespräch mit der Bank stattgefunden hat. Aber auch dann, wenn ein Beratungsgespräch mit einem Bankberater stattgefunden hat, haftet die Bank nur in besonderen Fallkonstellationen für den Kauf einer überteuerten oder mangelhaften Immobilie.

Nach ständiger Rechtsprechung ist die Bank bei der Kreditvergabe ohne Hinzutreten besonderer Umstände gerade **nicht** verpflichtet, den Kreditnehmer über die wirtschaftliche Zweckmäßigkeit des zu finanzierenden Immobilienkaufes oder über die Risiken der Verwendung des Kredites aufzuklären.[18] Das gilt insbesondere bei Krediten, die zur Finanzierung des Erwerbs einer als Steuersparmodell gedachten Eigentumswohnung oder Immobilienfondsbeteiligung dienen.[19]

Die Bank trifft insoweit grundsätzlich keine Pflicht, den Kreditnehmer ungefragt über die steuerrechtliche Sinnlosigkeit einer Anlage, Bedenken gegen die Werthaltigkeit oder Rentabilität einer Immobilie oder über einen überhöhten Kaufpreis aufzuklären.[20] Der Käufer hat nämlich grundsätzlich keinen Anspruch auf Erwerb einer Immobilie zum Verkehrswert, sondern es bleibt den Vertragsparteien bis zu den Grenzen der Sittenwidrigkeit überlassen, welchen Kaufpreis sie vereinbaren, so dass im Regelfall weder der Verkäufer noch die Bank verpflichtet sind, den Wert des Kaufobjektes offen zu legen, selbst wenn dieser erheblich unter dem geforderten Kaufpreis liegt.[21]

---

[18] Siehe etwa BGH, Urteil v. 29.06.2010, abgedruckt in *Wertpapiermitteilungen – Zeitschrift für Wirtschafts- und Bankrecht* 2010, S. 1451 ff. sowie Oberlandesgericht Koblenz, Beschluss v. 09.03.2010, abgedruckt in *Wertpapiermitteilungen – Zeitschrift für Wirtschafts- und Bankrecht* 2010, S. 1496 ff.

[19] Siehe etwa BGH, *Urteil* v. 25.10.2004, abgedruckt in *Zeitschrift für Bank- und Kapitalmarktrecht* 2005, S. 73 ff. und BGH, Urteil v. 18.11.2003, abgedruckt in *Zeitschrift für Bank- und Kapitalmarktrecht* 2004, S. 108 ff.

[20] Siehe etwa BGH, *Urteil* v. 29.06.2010, abgedruckt in *Wertpapiermitteilungen – Zeitschrift für Wirtschafts- und Bankrecht* 2010, S. 1451 ff. sowie Oberlandesgericht Koblenz, Beschluss v. 09.03.2010, abgedruckt in *Wertpapiermitteilungen – Zeitschrift für Wirtschafts- und Bankrecht* 2010, S. 1496 ff.

[21] Siehe etwa BGH, *Urteil* v. 29.06.2010, abgedruckt in *Wertpapiermitteilungen – Zeitschrift für Wirtschafts- und Bankrecht* 2010, S. 1451 ff. sowie Oberlandesgericht Koblenz, Beschluss v. 09.03.2010, abgedruckt in *Wertpapiermitteilungen – Zeitschrift für Wirtschafts- und Bankrecht* 2010, S. 1496 ff.

Die Bank darf vielmehr davon ausgehen, dass der Immobilienkäufer und Kreditnehmer entweder selbst über die erforderlichen Kenntnisse verfügt, die Angemessenheit des Kaufpreises zu überprüfen oder sich der Hilfe von Fachleuten bedient hat. Eine Ausnahme hiervon besteht nur dann, wenn der Kaufpreis sittenwidrig überhöht ist, was aber erst ab der doppelten Höhe des Verkehrswertes anzunehmen ist.[22] Die Bank haftet in einem solchen Fall auch nur dann auf Schadensersatz, wenn sie dieses Missverhältnis von Kaufpreis und Verkehrswert kannte oder ein Fall der vermuteten Kenntnis der Bank vorliegt.[23]

Ungefragt muss eine Bank ohne Hinzutreten besonderer Umstände auch **nicht** darüber aufklären, dass die Finanzierung mit Hilfe eines endfälligen Darlehens wirtschaftlich ungünstiger ist als ein gewöhnliches Annuitätendarlehen mit laufender Tilgung, es sei denn, dass sie dem Kreditnehmer aus eigenem Antrieb eine solche Konstruktion vorschlägt, obwohl diese nicht nachgefragt wurde.[24]

Fazit

Wie Sie sehen, haben Sie als Bankkunde und Kreditnehmer im Ernstfall ohne Hinzutreten besonderer Umstände keine Schadensersatzansprüche gegen die Bank, wenn diese Sie beim kreditfinanzierten Kauf einer Immobilie gar nicht oder nicht richtig beraten hat.

Das bedeutet für Sie, dass Sie sich im Normalfall nicht der trügerischen Einschätzung hingeben dürfen, dass Ihre Bank für Sie mitdenkt und Sie vor einem wirtschaftlich sehr nachteiligen Geschäft warnt. So sehr sich der Bankberater auch als Freund und Helfer aufführen mag, so ändert das nichts an dem grundsätzlichen Befund, dass die Bank nicht Ihre Interessen als Immobilienkäufer und Kreditnehmer verfolgt sondern ihre eigenen Interessen im Auge hat.

Die Bank wird am Ende des Tages im Normalfall (leider) auch nicht für die gegebenen oder unterlassenen Ratschläge gerade stehen, was die oben zitierten Entscheidungen des Bundesgerichtshofes eindrucksvoll belegen. Sie müssen sich daher vielmehr selbst ein Bild von der Werthaltigkeit und vom Zustand der Immobilie machen und sich professionelle Hilfe holen, wenn Ihnen dazu das Fachwissen fehlt.

[22] Siehe etwa BGH, Urteil v. 18.04.2000, abgedruckt in *Wertpapiermitteilungen – Zeitschrift für wirtschafts- und Bankrecht* 2000, S. 1245 ff. und Oberlandesgericht München, Urteil v. 02.08.2010, abgedruckt in *Wertpapiermitteilungen – Zeitschrift für Wirtschafts- und Bankrecht* 2010, S. 1982 ff.

[23] Siehe etwa BGH, Urteil v. 10.07.2007, abgedruckt in *Wertpapiermitteilungen – Zeitschrift für Wirtschafts- und Bankrecht* 2007, S. 1831 ff. sowie BGH, Urteil v. 20.03.2007, abgedruckt in *Wertpapiermitteilungen – Zeitschrift für Wirtschafts- und Bankrecht* 2007, S. 876 ff.

[24] Siehe BGH, Urteil v. 20.01.2004, abgedruckt in *Wertpapiermitteilungen – Zeitschrift für Wirtschafts- und Bankrecht* 2004, S. 521 ff. und BGH, Urteil v. 18.11.2003, abgedruckt in *Zeitschrift für Bank- und Kapitalmarktrecht* 2004, S. 108 ff. sowie Nobbe in Sonderbeilage *Wertpapiermitteilungen – Zeitschrift für Wirtschafts- und Bankrecht* Nr. 1/2007, S. 1 ff. (26).

Besonderes unübersichtlich ist die Situation für Sie, wenn Sie nicht mit Bankberatern sondern mit externen Vermittlern sprechen, die Ihnen alle möglichen Zusagen und Versprechungen machen, von denen die Bank am Ende des Tages nichts gewusst haben soll. In einer solchen Situation können Sie leider nur selten die im Hintergrund getroffenen Absprachen zwischen Bank und Vermittlern beweisen und haben damit in der Regel auch keine Schadensersatzansprüche gegen die Bank.

Denn die Bank muss sich die fehlerhaften Erklärungen von Vermittlern über Wert und Rentabilität einer Immobilie nur dann zurechnen lassen, wenn die Vermittler in den Vertrieb des Kredites durch die Bank eingebunden worden sind.[25]

9.3.1.2 Ausnahmsweise Haftung der Bank

Nur in besonderen Fallkonstellationen haftet die Bank für eine falsche Beratung des Kreditnehmers durch Vertriebsleute, Finanzmakler oder eigene Berater. Es gibt insoweit von der Rechtsprechung anerkannte Fallgestaltungen, in denen die Bank ausnahmsweise auf Schadensersatz haftet.

Wenn es dem Käufer tatsächlich gelingt, die zu erfüllenden Voraussetzungen für den Schadensersatzanspruch gegen die Bank darzulegen und zu beweisen, so hat er einen Anspruch darauf, wirtschaftlich so gestellt zu werden, als wenn er weder den Kaufvertrag über die Immobilie noch den Kreditvertrag abgeschlossen hätte. Dabei ist in der Regel davon auszugehen, dass ein Immobilieninteressent von einem Kauf Abstand genommen hätte, wenn er gewusst hätte, dass er über wesentliche Aspekte getäuscht wird, die für den Wert der Immobilie von Bedeutung sind.[26] Im Ergebnis bedeutet das dann, dass die geschlossenen Verträge rückabgewickelt werden müssen. Es ist vom Bundesgerichtshof anerkannt, dass der geschädigte Immobilienkäufer oder Fondszeichner sich dabei erzielte Steuervorteile nicht schadensmindernd anrechnen lassen muss.[27]

Die Fallgestaltungen einer ausnahmsweisen Haftung der Bank werde ich Ihnen in den folgenden Abschnitten schlaglichtartig vorstellen.

Wissensvorsprung der Bank

Nach ständiger Rechtsprechung des Bundesgerichtshofes kann die Bank bei Abschluss des Kreditvertrages ausnahmsweise eine Aufklärungspflicht treffen, wenn sie in Bezug auf spezielle Risiken des zu finanzierenden Vorhabens gegenüber dem

---

[25] Siehe etwa BGH Urteil v. 18.03.2003, abgedruckt in *Wertpapiermitteilungen – Zeitschrift für Wirtschafts- und Bankrecht* 2003, S. 918 ff. und BGH, Urteil v. 23.03.2004, abgedruckt in *Neue Zeitschrift für Miet- und Wohnungsrecht* 2004, S. 597 ff.

[26] Siehe z. B. BGH, Urteil v. 16.05.2006, abgedruckt in *Wertpapiermitteilungen – Zeitschrift für Wirtschafts- und Bankrecht*, S. 1194 ff.

[27] Siehe BGH, Urteil v. 01.03.2011, abgedruckt in *Wertpapiermitteilungen – Zeitschrift für Wirtschaftsund Bankrecht* 2011, S. 740 ff.

Darlehensnehmer einen konkreten Wissensvorsprung hat, der für die Bank auch erkennbar war.[28]

Das Vorliegen dieser Voraussetzungen wurde von der Rechtsprechung zum Beispiel angenommen, wenn die Bank bei Vertragsschluss wusste, dass für die Bewertung der Immobilie wesentliche Umstände durch Manipulation verschleiert worden waren, d.h. wenn der Käufer vom Verkäufer mit Kenntnis der Bank über entscheidungserhebliche Umstände arglistig getäuscht worden ist.[29]

Eine weitere anerkannte Fallkonstellation eines schadensersatzbegründenen Wissensvorsprungs der Bank ist die Kenntnis von einer sittenwidrigen Überteuerung des Kaufpreises auf knapp das Doppelte des tatsächlichen Verkehrswertes.[30]

Die Bank ist jedoch grundsätzlich nicht verpflichtet, sich einen Wissensvorsprung durch gezielte Auswertung von Unterlagen oder durch konkrete Nachforschungen zu verschaffen.[31]

Überschreiten der Kreditgeberrolle

Es liegt auf der Hand, dass die große praktische Schwierigkeit für den geschädigten Immobilienkäufer darin besteht, dass er sowohl die arglistige Täuschung durch den Verkäufer, Makler oder Anlageberater über entscheidungserhebliche Umstände nachweisen muss als auch die Kenntnis der Bank. Insbesondere der Nachweis der Kenntnis der Bank wird dem Immobilienkäufer nur in Ausnahmefällen gelingen.

Zur Lösung dieses praktischen Problems hat die Rechtsprechung zu Gunsten des Immobilienkäufers und Kreditnehmers Beweiserleichterungen entwickelt. Demnach wird die Kenntnis der Bank von einer arglistigen Täuschung durch den Verkäufer, Makler oder Anlageberater (widerleglich) vermutet, wenn die Bank mit den Beteiligten in ***institutionalisierter Weise zusammenwirkt*** beim Vertrieb der Immobilie und evident ist, dass die Angaben des Verkäufers oder Vermittlers unrichtig sind.[32] Für die Vermutung der Kenntnis der Bank reicht dann zunächst der Beweis

---

[28] Siehe z. B. BGH, Urteil v. 26.06.2007, abgedruckt in *Wertpapiermitteilungen – Zeitschrift für Wirtschafts- und Bankrecht* 2007, S. 1651 ff.

[29] Siehe BGH, Urteil v. 17.10.2006, abgedruckt in *Wertpapiermitteilungen – Zeitschrift für Wirtschafts- und Bankrecht* 2007, S. 114 ff. sowie BGH, Urteil v. 20.03.2007, abgedruckt in *Wertpapiermitteilungen – Zeitschrift für Wirtschafts- und Bankrecht* 2007, S. 876 ff.

[30] Siehe BGH, Urteil v. 17.10.2006, abgedruckt in *Wertpapiermitteilungen – Zeitschrift für Wirtschafts- und Bankrecht* 2007, S. 114 ff. und BGH, Urteil v. 18.04.2000, abgedruckt in *Wertpapiermitteilungen – Zeitschrift für Wirtschafts- und Bankrecht* 2000, S. 1245 ff. und BGH, Urteil v. 18.11.2003, abgedruckt in *Zeitschrift für Bank- und Kapitalmarktrecht* 2004, S. 108 ff.

[31] Siehe BGH, Urteil v. 18.11.2003, abgedruckt in *Zeitschrift für Bank- und Kapitalmarktrecht* 2004, S. 108 ff.

[32] Siehe BGH, Urteil v. 16.05.2006, abgedruckt in *Wertpapiermitteilungen – Zeitschrift für Wirtschafts- und Bankrecht* 2006, S. 1194 ff. sowie BGH, Urteil v. 26.06.2007, abgedruckt in *Wertpapiermitteilungen – Zeitschrift für Wirtschafts- und Bankrecht* 2007, S. 1651 ff. und BGH, Urteil v. 21.09.2010, abgedruckt in *Wertpapiermitteilungen – Zeitschrift für Wirtschafts- und Bankrecht* 2010, S. 2069 ff.

einer objektiv und evident unrichtigen Angabe des Verkäufers oder Fondsinitiators aus.[33]

Ein solches institutionalisiertes Zusammenwirken liegt vor, wenn zwischen den beteiligten Mittelsleuten und der finanzierenden Bank ständige Geschäftsbeziehungen bestanden haben, die etwa in Form einer Vertriebsvereinbarung, eines Rahmenvertrages oder konkreter Vertriebsabsprachen ihren Ausdruck gefunden haben.[34] Darüber hinaus kann das Zusammenwirken der Bank mit dem Verkäufer oder mit Vertriebsleuten des Verkäufers erhöhte Aufklärungs – und Hinweispflichten der Bank nach sich ziehen. Das gilt insbesondere dann, wenn die Bank beim Vertrieb der Immobilie gleichsam als Partei des finanzierten Geschäftes in nach außen erkennbarer Weise Funktionen oder Rollen des Verkäufers oder des Vertriebes übernommen und dadurch einen zusätzlichen Vertrauenstatbestand geschaffen hat.[35]

Diese Aspekte helfen dem geschädigten Kreditnehmer und Immobilienkäufer jedoch nur, wenn er zumindest das Zusammenwirken der Bank mit dem Verkäufer und eingeschalteten Mittelsleuten **und** darüber hinaus die grob falschen Angaben der Mittelsleute in Beratungsgesprächen beweisen kann. Daran scheitert es jedoch häufig in der Praxis, weil der Kreditnehmer zum einen in der Regel keine Kenntnis von Art und Umfang der Zusammenarbeit der Bank mit diesen weiteren Akteuren hat und zum anderen auch die grob falschen Angaben der Berater und Vermittler häufig nur mündlich erfolgen und daher sehr schwer nachweisbar sind.

Dabei besteht noch die weitere Schwierigkeit, dass werbende Angaben und subjektive Werturteile nicht ausreichend sind, sondern nachweislich falsche **Tatsachenbehauptungen** erforderlich sind. Solche Tatsachenbehauptungen können z. B. konkrete Angaben über die erzielbare Nettomiete, den Verkehrswert oder über konkret erzielbare Steuervorteile sein.

Zusammenfassend lässt sich insoweit festhalten, dass hier der geschädigte Käufer trotz einiger Beweiserleichterungen insgesamt noch eine sehr hohe Darlegungs- und Beweislast hat, die leider in den meisten Fällen dazu führt, dass die Durchsetzung von Schadensersatzansprüchen gegen die Bank scheitert.

Die Fallgruppe des Wissensvorsprunges der Bank als Ansatzpunkt für Schadensersatzansprüche erweist sich damit bei Lichte betrachtet im Regelfall als steiniger und schwieriger Weg, der selten zum Erfolg führt.

---

[33] Siehe BGH, Urteil v. 21.09.2010, abgedruckt in *Wertpapiermitteilungen – Zeitschrift für Wirtschafts- und Bankrecht* 2010, S. 2069 ff.

[34] Siehe BGH, Urteil v. 26.06.2007, abgedruckt in *Wertpapiermitteilungen – Zeitschrift für Wirtschafts- und Bankrecht* 2007, S. 1651 ff. sowie BGH, Urteil v. 16.05.2006, abgedruckt in *Wertpapiermitteilungen – Zeitschrift für Wirtschafts- und Bankrecht* 2006, S. 1194 ff. und BGH, Urteil v. 21.09.2010, abgedruckt in *Wertpapiermitteilungen – Zeitschrift für Wirtschafts- und Bankrecht* 2010, S. 2069 ff.

[35] Siehe BGH, Urteil v. 18.03.2003, abgedruckt in *Wertpapiermitteilungen – Zeitschrift für Wirtschafts- und Bankrecht* 2003, S. 918 ff. sowie BGH, Urteil v. 03.06.2003, abgedruckt in *Wertpapiermitteilungen – Zeitschrift für Wirtschafts- und Bankrecht* 2003, S. 1710 ff. und BGH Urteil v.18.11.2003, abgedruckt in *Wertpapiermitteilungen– Zeitschrift für Wirtschafts- und Bankrecht* 2004, S. 172 ff.

Ohne engagierte und versierte Rechtsanwälte auf seiner Seite kämpft ein geschädigter Immobilienkäufer und Kreditnehmer im Normalfall auf verlorenem Posten.

Förderung eines Gefährdungstatbestandes durch die Bank

Die zweite in der Rechtsprechung anerkannte Fallgruppe einer ausnahmsweisen Haftung der Bank auf Schadenersatz ist die Förderung eines Gefährdungstatbestandes durch die Bank.

Diese Fallgestaltung liegt zum Beispiel dann vor, wenn die Bank bei der Vergabe des Kredites zur Bedingung macht, dass der Kreditnehmer einem Mietpool einer Renditeimmobilie (z. B. vermietete Eigentumswohnung einer Wohnungseigentumsanlage) beitritt, ohne den Kreditnehmer darauf hinzuweisen, dass der Mietpool Kredite in Anspruch genommen hat, für die der Immobilienkäufer mithaftet, wenn er dem Mietpool beitritt.

Ein weiteres Beispiel wäre die Forderung der Bank an den Kreditnehmer zum Beitritt zu einem Mietpool, der für eine Übergangsphase tatsächlich nicht erzielte und erzielbare Mieten ausschüttet, um dem Immobilienkäufer eine tatsächlich nicht vorhandene Rentabilität der Immobilie vorzutäuschen.[36]

Die überhöhte Feststellung des Beleihungswertes der Immobilie durch die Bank hingegen reicht für einen Schadensersatzanspruch wegen Förderung eines Gefährdungstatbestandes nicht aus, weil die Beleihungswertermittlung nicht im Interesse des Kreditnehmers erfolgt sondern im Eigeninteresse der Bank und zur Erfüllung bankaufsichtsrechtlicher Pflichten der Bank.[37]

Schwerwiegender Interessenkonflikt

Schließlich gibt es noch die Fallgruppe, dass die Bank sich in einem schwerwiegenden Interessenkonflikt befindet und die Interessen des Bankkunden den eigenen Interessen opfert.

Eine anerkannte Fallgestaltung ist die Einflussnahme der Bank durch Schmiergeldzahlungen an den Verhandlungsführer des Kreditnehmers.[38] Eine weitere Fallgestaltung ist die Verlagerung von Kreditrisiken auf den Kunden ohne Aufklärung des Kunden über diesen Interessenkonflikt.[39]

---

[36] Siehe BGH, Urteil v. 20.03.2007, abgedruckt in *Wertpapiermitteilungen – Zeitschrift für Wirtschafts- und Bankrecht* 2007, S. 876 ff.

[37] Siehe BGH, Urteil v. 16.05.2006, abgedruckt in *Wertpapiermitteilungen – Zeitschrift für Wirtschafts- und Bankrecht* 2007, S. 1194 ff.

[38] Siehe BGH, Urteil v. 16.01.2001, abgedruckt in *Wertpapiermitteilungen – Zeitschrift für Wirtschafts- und Bankrecht* 2001, S. 457 ff.

[39] Siehe BGH, Urteil v. 05.04.2011, abgedruckt in *Wertpapiermitteilungen – Zeitschrift für Wirtschafts- und Bankrecht* 2011, S. 876 ff.

In diese Kategorie gehören auch die Fallgestaltungen, in denen der Anlageberater oder Anlagevermittler der Bank beim Vertrieb eines geschlossenen Immobilienfonds eine verdeckte Innenprovision erhalten hat, über die der Bankkunde nicht informiert war und die er auch nicht aus den ihm zugänglichen Informationsquellen (z. B. Fondsprospekt) erschließen konnte.[40] Ausreichend für eine Haftung der Bank ist auch, dass sie Kenntnis von einer arglistigen Täuschung des Kunden über die tatsächlich geflossenen Vertriebsprovisionen hat, wenn diese nicht an den Bankberater geflossen sind sondern an eine Vertriebsgesellschaft.[41]

Insoweit ist unter Fachleuten allerdings umstritten, ob die Fallgestaltung einer nicht offen gelegten Innenprovision auch auf freie und selbständige Anlageberater auszudehnen ist, oder ob sie nur auf Berater Anwendung findet, die Mitarbeiter einer Bank sind.[42] Unstrittig ist aber, dass bei einer Bank angestellte Berater von dieser Fallgestaltung erfasst werden.

Wenn diese Voraussetzungen vorliegen, so kann das für den Käufer einer Immobilie oder einer Immobilienfondsbeteiligung ein Hebel sein, um aus dem verunglückten Immobilienkauf auszusteigen.

Die Einzelheiten sind jedoch außerordentlich komplex, so dass genaue Aussagen nur anhand eines konkreten Einzelfalles möglich sind. Der rechtliche Laie wird hier ohne anwaltliche Beratung kaum eine sichere Einschätzung treffen können. Für die Durchsetzung eines Rückabwicklungsanspruches ist ohnehin anwaltliche Unterstützung erforderlich, weil Banken in aller Regel massiven Widerstand leisten, wenn sie mit einem solchen Anspruch konfrontiert werden.

Die Erfahrung zeigt darüber hinaus, dass auf diese Rechtsmaterie spezialisierte Rechtsanwälte gegenüber den Banken durchschlagender argumentieren und auftreten, da die Einarbeitung in diese komplizierte Rechtsmaterie einen hohen Arbeitsaufwand darstellt. Immobilienkäufer mit wenig erfahrenen Rechtsanwälten auf ihrer Seite haben insoweit gegenüber den hoch spezialisierten Bankjustitiaren einen schweren Stand. Ein hoch spezialisierter Bankjustitiar merkt natürlich sehr schnell, ob er einen erfahrenen und spezialisierten Rechtsanwalt oder einen wenig beschlagenen und unerfahrenen Rechtsanwalt als Gegenspieler vor sich hat. Dementsprechend fallen dann in der Praxis auch die Verhandlungsergebnisse für den geschädigten Bankkunden aus.

---

[40] Siehe BGH, Beschluss v. 20.01.2009, abgedruckt in *Wertpapiermitteilungen – Zeitschrift für Wirtschafts- und Bankrecht* 2009, S. 405 ff. sowie BGH, Beschluss v. 29.06.2010, abgedruckt in *Wertpapiermitteilungen – Zeitschrift für Wirtschafts- und Bankrecht* 2010, S. 1694 ff.

[41] Siehe BGH, Urteil v. 11.01.2011, abgedruckt in *Neue Juristische Wochenschrift* 2011, S. 2349 ff.

[42] Siehe BGH, Urteil v. 15.04.2010, abgedruckt in *Wertpapiermitteilungen – Zeitschrift für Wirtschafts- und Bankrecht* 2010, S. 885 ff. sowie BGH, Urteil v. 03.03.2011, abgedruckt in *Wertpapiermitteilungen – Zeitschrift für Wirtschafts- und Bankrecht* 2011, S. 640 ff. sowie Oberlandesgericht Düsseldorf, Urteil v. 08.07.2010, abgedruckt in *Wertpapiermitteilungen – Zeitschrift für Wirtschafts- und Bankrecht* 2010, S. 1934 ff. (1936) und Schlick in *Wertpapiermitteilungen – Zeitschrift für Wirtschafts- und Bankrecht* 2011, S. 154 ff. (157 f.); Differenzierend: Oberlandesgericht München, Urteil v. 12.01.2011, abgedruckt in *Wertpapiermitteilungen – Zeitschrift für Wirtschafts- und Bankrecht* 2011, S. 784 ff.

9.3.2 Schadensersatzansprüche gegen Makler und Berater

Neben der Frage der Haftung der Bank für eine fehlerhafte oder unterbliebene Beratung des Immobilienkäufers stellt sich natürlich auch die Frage nach der Haftung der Vermittler, Makler und freien Berater.

9.3.2.1 Haftung des Immobilienmaklers

Die Haftung eines Immobilienmaklers bei einem Fehlkauf einer Immobilie kommt nur im Ausnahmefall in Frage, da der Makler in aller Regel keine Gewähr für die Weitergabe der Informationen über die Immobilie übernimmt und dies im Normalfall auch im Text des Exposés ausdrücklich zum Ausdruck bringt.

Ein Immobilienmakler kann seine Aufgabe nur erfüllen, wenn er den Interessenten Informationen über das zum Verkauf stehende Grundstück übermittelt **ohne** für die Richtigkeit dieser Angaben eine Gewähr zu übernehmen. Die Hauptleistungspflicht des Maklers besteht eben gerade nicht in einer Beratung des Käufers über die Werthaltigkeit der Immobilie und eine optimale Finanzierung sondern vielmehr in dem Nachweis des Objektes und der Gelegenheit zum Abschluss eines Kaufvertrages.

Noch viel weniger schuldet der Makler eine steuerrechtliche oder rechtliche Beratung, die er mangels entsprechender Ausbildung auch gar nicht leisten kann und aus Rechtsgründen auch nicht leisten darf.[43]

Fazit

Das bedeutet, dass Sie als Immobilienkäufer unter normalen Umständen keine belastbaren Auskünfte über den angemessenen Verkehrswert der Immobilie oder über rechtliche und steuerrechtliche Fragen von dem Makler erwarten dürfen. Die unverbindlichen Angaben des Maklers ersparen Ihnen ohnehin keine fundierte Beratung durch einen Fachmann.

Führt der Makler jedoch gleichwohl eine Beratung des Immobilieninteressenten über rechtliche oder steuerrechtliche Fragen zu dem Immobilienkauf durch, ohne deutlich zu machen, dass die Angaben ohne Gewähr sind, so haftet er dem Käufer für die Richtigkeit der gegebenen Auskünfte.[44]

Ebenso haftet der Makler, wenn er dem Immobilienkäufer offenkundig entscheidungserhebliche Umstände verschweigt, obwohl er diese kennt oder wenn er

---

[43] Siehe Oberlandesgericht Koblenz, *Urteil* v. 7.2.2002, abgedruckt in *Neue Zeitschrift für Miet- und Wohnungsrecht* 2002, S. 830 ff.

[44] Siehe Oberlandesgericht Koblenz, *Urteil* v. 7.2.2002, abgedruckt in *Neue Zeitschrift für Miet- und Wohnungsrecht* 2002, S. 830 ff.

gegenüber dem Käufer die Pflicht übernimmt, Auskünfte von Behörden einzuholen, die dann verzerrt und verfälscht an den Käufer weitergegeben werden.[45]

Auch hier gilt jedoch, dass der geschädigte Immobilienkäufer darlegungs- und beweispflichtig für die schadensersatzbegründenden Umstände ist. Die Durchsetzung von Schadensersatzansprüchen scheitert in der Praxis häufig an der mangelnden Beweisbarkeit von Falschauskünften des Immobiliemaklers. Besteht das Verschulden des Maklers in dem Verschweigen mitteilungsbedürftiger Fakten, so hat der Käufer das weitere Beweisproblem, dass er dem Immobilienmakler die Kenntnis der verschwiegene Umstände nachweisen muss, was nur im Ausnahmefall gelingen dürfte.

Insofern kann ich Ihnen an dieser Stelle nur den Rat geben, sich grundsätzlich nicht auf Auskünfte von Maklern zu verlassen, sondern alle entscheidungserheblichen Tatsachen selbst zu überprüfen oder durch einen Fachmann überprüfen zu lassen, damit es am Ende des Tages kein böses Erwachen gibt. Das gilt insbesondere für steuerrechtliche Fragen, bei denen Auskünfte von Maklern besonders kritisch hinterfragt werden sollten. Rechtlich fundierte Auskünfte können Sie nur von einem Rechtsanwalt erhalten und nicht von einem Immobilienmakler, der im Regelfall das erforderliche Fachwissen auch gar nicht hat.

9.3.2.2 Haftung des Anlagevermittlers

Neben Immobilienmaklern sind am Markt auch Anlagevermittler tätig, die entweder als selbständige und unabhängige Makler im eigenen Namen vermitteln oder als Angestellte von Vertriebsgesellschaften tätig sind.

Der Anlagevermittler vermittelt in erster Linie Immobilienfondsbeteiligungen. Er bringt durch seine Tätigkeit den Anlageinteressenten mit dem Fondsinitiator in Kontakt und vermittelt auf Provisionsbasis den Vertragsabschluss. Er steht insoweit im Lager des kapitalsuchenden Immobilienfondsinitiators und nicht im Lager des Anlageinteressenten.[46]

Der Bundesgerichtshof geht in ständiger Rechtsprechung davon aus, dass zwischen dem Anlageinteressenten und dem Anlagevermittler ein Auskunftsvertrag mit Haftungsfolgen zumindest stillschweigend dann zustande kommt, wenn der Interessent deutlich macht, dass er die besonderen Kenntnisse und Verbindungen des Anlagevermittlers bei einer konkreten Anlageentscheidung in Anspruch nehmen will und der Anlagevermittler mit der Beratung über die von ihm vertriebenen Anlageprodukte beginnt.[47]

---

[45] Siehe BGH, Urteil v. 18.12.1981, abgedruckt in *Neue Juristische Wochenschrift* 1982, S. 1145 ff. und BGH, Urteil v. 16.09.1981, abgedruckt in *Neue Juristische Wochenschrift* 1982, S. 1147 ff.

[46] Siehe Schlick in *Wertpapiermitteilungen – Zeitschrift für Wirtschafts- und Bankrecht* 2011, S. 154 ff. (157 f.)

[47] Siehe BGH, Urteil v. 19.10.2006, abgedruckt in *Wertpapiermitteilungen – Zeitschrift für Wirtschafts- und Bankrecht* 2006, S. 2301 ff. sowie BGH, Urteil v. 25.10.2007, abgedruckt in *Wertpapiermitteilungen – Zeitschrift für Wirtschafts- und Bankrecht* 2007, S. 2228 ff.

Ist hiernach ein Auskunftsvertrag gegeben, so ist der Anlagevermittler zu richtiger und vollständiger Information über die tatsächlichen Umstände verpflichtet, die für die Anlageentscheidung erkennbar von Bedeutung sind und von denen der Anlagevermittler Kenntnis hat.

Durch die Rechtsprechung des Bundesgerichtshofes ist ebenfalls geklärt, dass es als Mittel der Aufklärung genügen kann, wenn der Anlagevermittler dem Anlageinteressenten statt einer mündlichen Aufklärung einen Prospekt über die Kapitalanlage (z. B. über einen geschlossenen Immobilienfonds) überreicht, sofern dieser nach Form und Inhalt geeignet ist, die nötigen Informationen wahrheitsgemäß und verständlich zu vermitteln.[48]

Hinsichtlich des vermittelten Anlageproduktes besteht keine umfassende Prüfungspflicht des Anlagevermittlers, sondern vielmehr ist er nur zur Plausibilitätsprüfung des Vertriebsprospektes verpflichtet.[49] Erstellt der Berater für den Kunden eine individuelle Berechnung auf der Grundlage der Zahlen aus dem Vertriebsprospekt, so hat er auch die aus dem Prospekt übernommenen Annahmen der Berechnung auf Plausibilität zu prüfen. Bei einer individuellen Rentabilitätsrechnung sind insbesondere die Vertriebsprovisionen für die reale Bewertung der Beteiligung herauszurechnen.[50]

Der Anlagevermittler bleibt selbstverständlich verpflichtet, alle ihm bekannten und für den Kunden entscheidungserheblichen Umstände zu offenbaren.

Allerdings bedeutet das nicht, dass der Anlageinteressent sich zurücklehnen kann und im Falle von falschen Auskünften ohne weiteres einen Schadensersatzanspruch gegen den Anlagevermittler realisieren kann. Vielmehr muss der geschädigte Immobilienanleger erst darlegen und beweisen, dass der Vermittler ihm eine inhaltlich falsche Information über entscheidungserhebliche Tatsachen gegeben hat. Insoweit gilt, dass bloß werbende Anpreisungen ohne Mitteilung konkreter Tatsachen nicht ausreichend sind für die Begründung eines Schadensersatzanspruches.

Aus meiner Beratungspraxis als Rechtsanwalt weiß ich zu berichten, dass es leider nicht selten zu Diskrepanzen zwischen dem Inhalt des Prospektes und den Ausführungen des Vermittlers im Beratungsgespräch kommt. Wenn der Vermittler ein besonders eloquentes Auftreten hat, so schenken geschädigte Anleger den mündlichen Ausführungen leider häufig ohne weiteres Glauben und verzichten auf eine gründliche Lektüre des Fondsprospektes. Groß ist dann die Enttäuschung, wenn die geschädigten Anleger später erleben, dass der Vermittler die im Beratungsgespräch gemachten Ausführungen bestreitet.

Nur in seltenen Ausnahmefällen gelingt es dem geschädigten Anleger, den tatsächlichen Inhalt des Beratungsgespräches zu beweisen, so dass der Anleger in der

[48] Siehe BGH, Urteil v. 12.07.2007, abgedruckt in *Wertpapiermitteilungen – Zeitschrift für Wirtschafts- und Bankrecht* 2007, S. 1608 ff.

[49] Siehe BGH, Urteil v. 12.02.2004, abgedruckt in *Neue Juristische Wochenschrift* 2004, S. 1732 ff.

[50] Siehe BGH, Urteil v. 17.02.2011, abgedruckt in *Wertpapiermitteilungen – Zeitschrift für Wirtschafts- und Bankrecht* 2011, S. 505 ff.

Regel keine Chance auf die Erlangung von Schadensersatz hat, wenn der Vermittler sich auf den Standpunkt zurückzieht, im Gespräch lediglich den Inhalt eines Fondsprospektes zutreffend referiert zu haben.

Ich rate daher im Hinblick auf Gespräche mit Anlagevermittlern zu höchster Wachsamkeit und zu einer kritischen Grundhaltung hinsichtlich der Ausführungen des Vermittlers. Es führt kein Weg daran vorbei, die Angaben selbst kritisch zu hinterfragen oder durch einen eingeschalteten Fachmann überprüfen zu lassen, wenn man auf der sicheren Seite sein will.

9.3.2.3 Haftung des Anlageberaters

Der Anlageberater haftet noch weitgehender als der Anlagevermittler. Anlageberater können auch bei einer Bank angestellte Mitarbeiter sein. Wie der Anlagevermittler ist auch der Anlageberater zu richtiger und vollständiger Information über das Anlageprodukt verpflichtet. Das gilt insbesondere für solche Informationen, die für den Käufer einer Immobilie oder eines Immobilienfondsanteils erkennbar von Bedeutung sind.

Allerdings gehen die Pflichten des Anlageberaters noch weiter als die Pflichten des Anlagevermittlers. Er ist dem Anlageinteressenten gegenüber nicht nur zur Mitteilung von Informationen über das Anlageprodukt verpflichtet, sondern darüber hinaus zur fachkundigen Bewertung des Anlageproduktes. Er steht insoweit als Sachwalter der Interessen des Anlegers im Lager desselben. Ihn treffen weitreichende Pflichten zu einer besonders differenzierten und fundierten Beratung unter besonderer Berücksichtigung der Anlegerbelange.[51]

Der Anlageberater kann sich daher hinsichtlich der vermittelten Anlageprodukte nicht auf eine Plausibilitätsprüfung von Vertriebsprospekten oder Angaben des Verkäufers als Informationsquelle beschränken, sondern er schuldet mehr und zwar konkret die Auswertung der Wirtschaftspresse und anderer Informationsquellen, um den Anleger umfassend über aktuelle Entwicklungen und Hintergründe beraten zu können.[52]

Der Anlageberater schuldet insbesondere eine Beratung zu der Frage, ob das konkrete Investment zu den wirtschaftlichen Verhältnissen des Kunden passt. Der konkrete Umfang der Beratungspflichten hängt entscheidend von den Umständen des Einzelfalles ab.[53]

Hinsichtlich der Anforderungen an die Realisierung eines Schadensersatzanspruches gegen den Anlageberater gelten die oben zur Haftung des Anlagevermittlers

---

[51] Siehe BGH, Urteil v. 19.11.2009, abgedruckt in Zeitschrift für Bank- und Kapitalmarktrecht 2010, S. 118 ff. sowie Schlick in *Wertpapiermitteilungen – Zeitschrift für Wirtschafts- und Bankrecht* 2011, S. 154 ff.

[52] Siehe BGH, Urteil v. 05.03.2009, abgedruckt in *Wertpapiermitteilungen – Zeitschrift für Wirtschafts- und Bankrecht* 2009, S. 688 ff. und BGH, Urteil v. 16.09.2010, abgedruckt in *Wertpapiermitteilungen – Zeitschrift für Wirtschafts- und Bankrecht* 2010, S. 1932 ff.

[53] Siehe BGH, Urteil v. 18.01.2007 abgedruckt in *Wertpapiermitteilungen – Zeitschrift für Wirtschafts- und Bankrecht* 2007, S. 542 ff.

gemachten Aussagen genau so. Das heißt, dass auch hier den geschädigten Anleger die Darlegungs- und Beweislast für den Beratungsfehler des Anlageberaters trifft.

Ein besonders schwieriges Feld stellt die Haftung des Anlageberaters für die Aufklärung des Interessenten einer Kapitalanlage (z. B. eines Immobilienfondsanteils) über geflossene Provisionen dar, die nicht ohne weiteres ersichtlich waren. Unter bestimmten Voraussetzungen kann der Anleger eine Rückabwicklung der Anlage verlangen, wenn geflossene Provisionen vom Anlageberater nicht offen gelegt worden waren, obwohl diese die Motivation des Anlageberaters entscheidend beeinflusst haben, gerade die konkrete Anlage zu empfehlen.[54]

Insoweit ist unter Fachleuten umstritten, ob eine Differenzierung geboten ist zwischen selbständigen Anlageberatern und solchen, die bei Banken angestellt sind.[55]

Es würde den Rahmen dieser Darstellung sprengen, die Einzelheiten hier darzustellen. Ohnehin ist bei derartigen Fallgestaltungen eine anwaltliche Beratung im Einzelfall unumgänglich und dringend zu empfehlen.

9.3.3 Verjährung der Ansprüche

Bis zum 31.12.2001 galt für Schadenersatzansprüche aus fehlerhafter Anlageberatung eine Verjährungsfrist von 30 Jahren. Mit Inkrafttreten des Schuldrechtsmodernisierungsgesetzes am 1.1.2002 ist die Frist auf gerade einmal 3 Jahre verkürzt worden. Das stellt für geschädigte Anleger eine nicht unerhebliche Gefahr dar, mit der Durchsetzung eines Schadensersatzanspruches wegen Verjährung zu scheitern.

Die 3-jährige Verjährungsfrist beginnt mit dem Schluss des Jahres zu laufen, in dem der Schadensersatzanspruch entstanden ist.[56] Weitere Voraussetzung für den Beginn der Verjährungsfrist ist, dass der geschädigte Anleger von den anspruchsbegründenden Umständen Kenntnis erlangt hat oder ohne grobe Fahrlässigkeit hätte Kenntnis erlangen müssen.[57]

In diesem Zusammenhang stellt sich die Frage, was der geschädigte Anleger unternehmen muss, um dem Vorwurf grob fahrlässiger Unkenntnis hinsichtlich

[54] Dazu siehe BGH, Urteil v. 15.04.2010, abgedruckt in *Wertpapiermitteilungen – Zeitschrift für Wirtschafts- und Bankrecht* 2010, S. 885 ff.

[55] Siehe BGH, Urteil v. 15.04.2010, abgedruckt in *Wertpapiermitteilungen – Zeitschrift für Wirtschafts- und Bankrecht* 2010, S. 885 ff. sowie BGH, Urteil v. 03.03.2011, abgedruckt in *Wertpapiermitteilungen – Zeitschrift für Wirtschafts- und Bankrecht* 2011, S. 640 ff. sowie Oberlandesgericht Düsseldorf, Urteil v. 08.07.2010, abgedruckt in *Wertpapiermitteilungen – Zeitschrift für Wirtschafts- und Bankrecht* 2010, S. 1934 ff. (1936) und Schlick in *Wertpapiermitteilungen – Zeitschrift für Wirtschafts- und Bankrecht* 2011, S. 154 ff. (157 f.); Differenzierend: Oberlandesgericht München, Urteil v. 12.01.2011, abgedruckt in *Wertpapiermitteilungen – Zeitschrift für Wirtschafts- und Bankrecht* 2011, S. 784 ff.

[56] Siehe § 199 Abs. 1 BGB.

[57] Siehe § 199 Abs. 1 BGB.

des Beratungsfehlers des Anlageberaters zu entgehen, die den Lauf der Verjährungsfrist in Gang setzt und dazu führen kann, dass der Schadensersatzanspruch bereits verjährt ist, wenn der Anleger sich erstmals des Anspruches bewusst wird. Namentlich stellt sich die Frage, ob bereits grob fahrlässige Unkenntnis des Anlegers vorliegt, wenn er den Beratungsfehler deshalb erst Jahre später bemerkt, weil er sich nicht der Mühe unterzogen hat, vor der Zeichnung der Anlage den Immobilienfondsprospekt zu lesen, sondern sich ausschließlich auf die Angaben des Anlageberaters im Beratungsgespräch verlassen hat. Diese Frage drängt sich besonders dann auf, wenn bei aufmerksamem Lesen die Diskrepanz zwischen dem Inhalt des Beratungsgespräches und des Immobilienfondsprospektes zu Tage getreten wäre.

Der Verzicht auf das Lesen des Fondsprospektes ist von einigen Oberlandesgerichten als ausreichend angesehen worden für die Annahme grob fahrlässiger Unkenntnis mit entsprechend nachteiligen Folgen für den Anleger.[58]

Dem ist jedoch der Bundesgerichtshof entgegengetreten und hat festgestellt, dass diese strenge Sichtweise zu weitgehend ist. Nach Auffassung des Bundesgerichtshofes reicht unterlassenes oder nur flüchtiges Lesen des Immobilienfondsprospektes allein nicht aus, um den Vorwurf grob fahrlässiger Unkenntnis zu rechtfertigen und damit den Lauf der Verjährungsfrist in Gang zu setzen.[59]

Die Auffassung des Bundesgerichtshofes überzeugt, denn der Zeichner einer Immobilienfondsbeteiligung hat in aller Regel keine Veranlassung, nach Beratungsfehlern zu suchen, wenn und solange er die prognostizierten Ausschüttungen planmäßig erhält. In der Regel treten Probleme ja erst nach einigen Jahren (häufig nach Auslaufen von Mietgarantien) auf, die dann den Anleger veranlassen, die erhaltene Beratung des Anlageberaters erstmals kritisch zu hinterfragen.

Auch ohne Kenntnis oder grob fahrlässige Unkenntnis des Beratungsfehlers verjährt der darauf gestützte Schadensersatzanspruch jedenfalls spätestens mit Ablauf von 10 Jahren seit der Entstehung des Anspruches.[60]

Abschließend möchte ich Ihnen noch einen besonderen Tipp geben: Wenn die fehlerhafte Anlageberatung durch einen bei einer Bank angestellten Anlageberater erfolgt ist und bei dieser Bank zugleich ein Kredit aufgenommen wurde, um die Zeichnung der Immobilienfondsbeteiligung zu finanzieren, so kann der geschädigte Anleger auch über die Verjährungsbarriere hinweg den Schadensersatzanspruch gegen die Bank durchsetzen durch Aufrechnung desselben gegen den Anspruch der Bank auf Rückzahlung des Kredites.[61] In meiner Funktion als Bankjustitiar habe ich die erstaunliche Erfahrung gemacht, dass dieser Punkt von Rechtsanwälten nicht selten übersehen wird, wenn Sie geschädigte Anleger gegenüber Banken vertreten.

---

[58] Siehe Schlick in *Wertpapiermitteilungen – Zeitschrift für Wirtschafts- und Bankrecht* 2011, S. 154 ff. (161).

[59] Siehe BGH, Urteil v. 08.07.2010, abgedruckt in *Wertpapiermitteilungen – Zeitschrift für Wirtschafts- und Bankrecht* 2010, S. 1493 ff. sowie Schlick in *Wertpapiermitteilungen – Zeitschrift für Wirtschafts- und Bankrecht* 2011, S. 154 ff. (162).

[60] Siehe § 199 Abs. 3 Nr. 1 BGB.

[61] Siehe § 215 BGB.

Wenn der Kreditvertrag eine Klausel enthält, dass eine Aufrechnung durch den Kreditnehmer nur mit unbestrittenen oder rechtskräftig festgestellten Forderungen möglich ist, so bedarf es vor der Aufrechnung noch der rechtskräftigen Feststellung der Forderung durch ein Gerichtsurteil. Da eine Leistungsklage wegen Verjährung nicht erfolgreich wäre, wenn sich die Bank auf Verjährung beruft, kommt nur eine Feststellungsklage infrage.

9.4 Rechtsmängel beim Abschluss der Verträge

Es gibt bestimmte gesetzliche Vorgaben für den Abschluss von Verträgen mit Verbrauchern. Das betrifft z. B. Pflichtangaben der Bank in einem Darlehensvertrag mit einem Verbraucher. Wenn diese Vorgaben nicht eingehalten werden, so kann daraus die Unwirksamkeit des Vertrages folgen oder das Recht des Verbrauchers, die Unwirksamkeit des Vertrages durch eine Widerrufserklärung herbeizuführen.

Insofern können solche Rechtsmängel der Vertragsdokumentation für einen geschädigten Immobilienkäufer einen Rettungsanker darstellen, um aus einem sehr ungünstigen Immobilienkauf und Kreditvertrag auszusteigen.

Im Folgenden möchte ich Ihnen daher die Fallgestaltungen vorstellen, in denen sich ein Anspruch des Immobilienkäufers und Kreditnehmers ergeben kann, aus den Verträgen auszusteigen.

9.4.1 Unvollständige Pflichtangaben beim Verbraucherkreditvertrag

Bei Verbraucherkreditverträgen sind bestimmte Informationen als Bestandteil des Kreditvertrages sowie vorvertragliche Informationen gesetzlich vorgeschrieben.[62] Insbesondere mit Wirkung zum 11.06.2010 ist der Umfang der vorvertraglichen Pflichtinformationen durch Umsetzung von Europarecht noch einmal massiv erweitert worden.[63]

Demnach ist neben den üblichen detaillierten Angaben zum Inhalt des Kreditvertrages wie z. B. Nominalzins und Effektivzins, zu bestellende Sicherheiten etc. neuerdings die genaue Bezeichnung eines Darlehensmaklers im Kreditvertrag erforderlich, wenn ein solcher tätig geworden ist, um den Abschluss des Darlehensvertrages zu vermitteln.[64]

Ein ***Verbraucherkreditvertrag*** liegt dann vor, wenn der Kreditnehmer eine natürliche Person ist und bei der Kreditaufnahme nicht für seine gewerbliche oder sonstige selbständige Tätigkeit handelt. Diese Voraussetzung ist bei einer Kreditaufnahme für den Kauf einer Wohnimmobilie zur privaten Eigennutzung zweifellos gegeben.

Beim Kauf einer Renditeimmobilie ist diese Voraussetzung dann gegeben, wenn es sich noch um private Vermögensverwaltung handelt und noch nicht um gewerbliche Tätigkeit. Eine private Vermögensverwaltung kann auch dann gegeben sein, wenn es sich um die Anlage eines beträchtlichen Kapitals handelt. Die Aufnahme von Krediten kann insbesondere beim Immobilienerwerb zur ordnungsgemäßen Vermögensverwaltung gehören und lässt daher nicht zwangsläufig auf ein Gewerbe

---

[62] Siehe §§ 491a bis 492 BGB.

[63] Zu den Einzelheiten siehe Art. 247 EGBGB sowie *Münchener Kommentar zum Bürgerlichen Gesetzbuch*, Band 11, 5. Auflage, München 2010.

[64] Siehe Art. 247 § 13 EGBGB.

schließen. Das ausschlaggebende Kriterium für die Abgrenzung der privaten von einer berufsmäßig betriebenen Vermögensverwaltung ist vielmehr der Umfang der mit ihr verbundenen Geschäfte. Erfordert die Verwaltung der Immobilien einen planmäßigen Geschäftsbetrieb, wie etwa die Unterhaltung eines Büros oder einer kaufmännischen Organisation, so liegt in der Regel eine gewerbliche Betätigung vor.[65]

Liegt demnach ein Verbraucherdarlehen vor und fehlen die vertraglichen oder vorvertraglichen Pflichtinformationen teilweise oder vollständig, so ist der Kreditvertrag nichtig, wenn das Darlehen noch **nicht ausgezahlt** worden ist.[66]

Ist das Darlehen hingegen **bereits ausgezahlt**, so sieht das Gesetz vor, dass die fehlenden Pflichtinformationen nachzuholen sind.[67] Darüber hinaus hat der Kreditnehmer ein Widerrufsrecht hinsichtlich des Darlehensvertrages, welches innerhalb eines Monats nach Nachholung der Informationen ausgeübt werden kann.

Im Falle eines wirksamen Widerrufes erlischt der Kreditvertrag und die wechselseitig empfangenen Leistungen müssen rückabgewickelt werden. Das bedeutet, dass der Kreditnehmer das empfangene Geld aus der Auszahlung des Kreditvertrages sofort zurückzahlen muss und die Bank die vom Kreditnehmer erhaltenen Zins- und Tilgungsleistungen zurückzugewähren hat.

Wurde mit dem Kredit eine Immobilie oder eine Beteiligung an einem Immobilienfonds gekauft, so wäre allein die sofortige Rückzahlung des Darlehens für den Kreditnehmer und Immobilienkäufer jedoch noch keine Lösung für sein Ansinnen, von der gesamten Transaktion (d.h. vom Immobilienkauf **und** vom Kreditvertrag) Abstand zu nehmen.

Daher gibt es im Gesetz die Regelung, dass mit dem wirksamen Widerruf des Kreditvertrages auch die Bindung an den Kaufvertrag über die Immobilie entfällt, wenn beide Verträge miteinander ***verbunden*** sind.[68]

Wann eine Verbindung in diesem Sinne vorliegt, ist in § 358 Absatz 3 BGB definiert:

> *...Ein Vertrag über die Lieferung einer Ware oder die Erbringung einer anderen Leistung und ein Verbraucherdarlehensvertrag sind* ***verbunden****, wenn das Darlehen ganz oder teilweise der Finanzierung des anderen Vertrages dient und beide Verträge eine wirtschaftliche Einheit bilden. ... Bei einem* ***finanzierten Erwerb eines Grundstücks*** *oder eines grundstücksgleichen Rechts ist eine wirtschaftliche Einheit nur anzunehmen, wenn der Darlehensgeber selbst das Grundstück oder das grundstücksgleiche Recht verschafft oder wenn er über die Zurverfügungstellung von Darlehen hinaus den Erwerb des Grundstücks oder grundstücksgleichen Rechtes durch Zusammenwirken mit dem Unternehmer [= Immobilienverkäufer] fördert, indem er sich dessen Veräußerungsinteressen ganz oder teilweise zu Eigen macht, bei der Planung, Werbung oder Durchführung des Projektes Funktionen des Veräußerers übernimmt oder den Veräußerer einseitig begünstigt...*
>
> [Ergänzung in eckigen Klammern = Anmerkung des Autors]

[65] Siehe BGH, *Urteil* v. 23.10.2001, abgedruckt in *Neue Juristische Wochenschrift* 2002, S. 368 ff.

[66] Siehe § 494 Abs. 1 BGB.

[67] Siehe § 494 Abs. 1 BGB.

[68] Siehe § 358 BGB.

Bei genauem Lesen dieser Definition fällt auf, dass ein Widerruf des Kreditvertrages zur Beschaffung des Kaufpreises für die Immobilie keineswegs immer auf den Kaufvertrag über die Immobilie durchschlägt, sondern nur dann, wenn die Bank ihre Rolle als Kreditgeber überschreitet, was insbesondere bei einem aktiven Zusammenwirken der Bank mit dem Verkäufer der Fall ist, um den Vertrieb der Immobilie zu unterstützen.

Von einem solchen Zusammenwirken ist z. B. dann auszugehen, wenn die Bank zugleich als Makler des Verkäufers auftritt. Ein bloßer Hinweis durch einen Aushang in einem Schaukasten oder der Schalterhalle der Bank genügt dafür jedoch nicht.[69]

Eine weitere Fallgestaltung, bei der der Widerruf des Kreditvertrages auf den Immobilienkaufvertrag durchschlägt, ist die einseitige Begünstigung des Verkäufers durch die Bank. Das ist z. B. dann gegeben, wenn die Bank dem Immobilienkäufer und Kreditnehmer ein objektiv falsches Wertgutachten vorlegt oder wenn die Bank trotz konkreten Wissensvorsprungs Tatsachen verschweigt, die den Kreditnehmer vom Immobilienkauf abgehalten hätten.[70]

Die genaue Klärung der Frage, ob diese Voraussetzungen erfüllt sind, kann jedoch nur anhand des konkreten Einzelfalles geklärt werden. Dabei stellen sich auch hier die oben erwähnten Beweislastprobleme für den Kreditnehmer, denn er muss die tatsächlichen Voraussetzungen des aktiven Zusammenwirkens der Bank mit dem Verkäufer nachweisen.

9.4.2 Fehlende oder falsche Widerrufsbelehrung bei Verbraucherkredit

Ein weiterer möglicher Rettungsanker für einen geschädigten Immobilienkäufer kann sich aus einer fehlenden oder inhaltlich falschen Widerrufsbelehrung beim Verbraucherkreditvertrag ergeben.

Bei einem Verbraucherkreditvertrag[71] ist dem Kreditnehmer ein Widerrufsrecht einzuräumen, über welches die Bank den Kreditnehmer schriftlich mit einer Widerrufsbelehrung informieren muss.[72] Ab Vertragsabschluss und frühestens ab Aushändigung der Widerrufsbelehrung hat der Kreditnehmer 2 Wochen (bei Aushändigung der Widerrufsbelehrung erst nach Vertragsschluss 1 Monat) Zeit, um den Kreditvertragsschluss zu widerrufen und sich damit von dem Vertrag zu lösen.

---

[69] Grünberg in *Palandt, Kommentar zum Bürgerlichen Gesetzbuch*, 69. Auflage, München 2010, § 358, RdNr. 16.

[70] Grünberg in *Palandt, Kommentar zum Bürgerlichen Gesetzbuch*, 69. Auflage, München 2010, § 358, RdNr. 18.

[71] Zur Definition des Verbraucherkreditvertrages wird auf die obigen Ausführungen unter Ziffer 9.4.1 verwiesen.

[72] Siehe § 495 BGB.

Diese Frist wird in aller Regel abgelaufen sein, wenn der Immobilienkäufer realisiert, dass die abgeschlossenen Geschäfte ungünstig waren. Allerdings hilft hier dem Kreditnehmer der Umstand, dass die Ausübungsfrist für den Widerruf nur dann zu laufen beginnt, wenn die Widerrufsbelehrung inhaltlich richtig war und von der Bank ordnungsgemäß erteilt wurde.[73]

Wenn sich also herausstellt, dass die Widerrufsbelehrung gar nicht oder inhaltlich falsch erteilt worden ist, so hat die Ausübungsfrist für das Widerrufsrecht noch gar nicht zu laufen begonnen und der Kreditnehmer kann den Vertrag praktisch zeitlich unbegrenzt durch Ausübung des Widerrufsrechtes vernichten. Eine zeitliche Grenze für die Ausübung des Widerrufsrechtes durch den Kreditnehmer kann sich in diesen Fällen nur noch durch Verwirkung des Rechtes nach Treu und Glauben oder aus einer Nachholung der Widerrufsbelehrung durch die Bank ergeben, die dann eine Frist von 1 Monat in Gang setzt.

Hilfreich können sich in diesem Zusammenhang auch die zum 11.06.2010 in Kraft getretenen Regelungen zu umfangreichen vorvertraglichen Informationspflichten erweisen, die bei Mängeln und fehlenden Informationen ebenfalls zu einer Ausdehnung der Ausübungsfrist für den Widerruf führen können.[74]

Die oben dargestellten Voraussetzungen für das Durchschlagen des Widerrufes des Kreditvertrages auf den Kaufvertrag über die Immobilie gelten leider auch hier, so dass das Widerrufsrecht dem Kreditnehmer in der Regel nur dann wirklich hilft, wenn Kreditvertrag und Kaufvertrag verbundene Geschäfte darstellen. Auch insoweit verweise ich wegen der Definition von verbundenen Geschäften zur Vermeidung von Wiederholungen auf die obigen Ausführungen.[75]

9.4.3 Fehlende oder falsche Widerrufsbelehrung bei „*Haustürsituation*"

Ein Widerrufsrecht des geschädigten Immobilienkäufers und Kreditnehmers kann sich auch daraus ergeben, dass Verträge in einer „*Haustürsituation*" angebahnt wurden.

Anbahnung in diesem Sinne bedeutet, dass dem Vertragsschluss mündliche Verhandlungen[76] mit dem Verbraucher am Arbeitsplatz oder im Bereich einer Privatwohnung oder anlässlich einer von der Bank oder von einem Dritten zumindest auch im Interesse der Bank durchgeführten Freizeitveranstaltung oder im Anschluss an ein überraschendes Ansprechen in Verkehrsmitteln oder im Bereich öffentlich zugänglicher Verkehrsflächen vorausgegangen sind, die letztendlich

[73] Siehe § 355 Abs. 4 BGB.

[74] Insoweit verweise ich auf die Ausführungen oben unter 9.4.1.

[75] Insoweit verweise ich auf die Ausführungen oben unter 9.4.1.

[76] Telefonische Verhandlungen werden hiervon nicht erfasst. Für telefonische Verhandlungen und telefonische Vertragsschlüsse gelten Sonderregelungen (siehe §§ 312a–312e BGB).

den nachfolgenden Vertragsschluss angebahnt haben und für diesen zumindest mitursächlich geworden sind.[77]

Zusätzliche (negative) Voraussetzung ist, dass die mündlichen Verhandlungen **nicht** auf vorherige Bestellung des Kreditnehmers stattgefunden haben. Dazu reicht jedoch nicht aus, dass der Kreditnehmer in einem ihn unvorbereitet treffenden Telefonanruf einem Hausbesuch eines Beraters oder Vermittlers zugestimmt hat.[78]

Hinsichtlich der Erforderlichkeit einer Widerrufsbelehrung durch die Bank gelten auch hier die oben unter Ziffer 2 dargestellten Anforderungen und Fristen für die Ausübung des Widerrufsrechtes.

Das Widerrufsrecht erstreckt sich begrifflich nicht nur auf Darlehensverträge sondern auf alle entgeltlichen Verträge, zu denen auch der Beitritt zu einer Immobilienfondsgesellschaft gehört.[79]

Für Immobilienkaufverträge läuft das Widerrufsrecht jedoch leer, da notariell beurkundete Willenserklärungen nicht widerrufen werden können.[80] Wie oben dargestellt, müssen Immobilienkaufverträge zwingend notariell beurkundet werden, da sie sonst formnichtig sind.[81]

Für den Verbraucherdarlehensvertrag gilt das Widerrufsrecht nach § 312 BGB wegen der Subsidiaritätsregelung in § 312a BGB ebenfalls nicht, so dass als Anwendungsbereich lediglich diejenigen Rechtsgeschäfte verbleiben, die keiner notariellen Beurkundung bedürfen und auch keine Verbraucherdarlehensverträge sind. Das sind beim Immobilienkauf nur die Beitrittserklärungen zu Immobilienfondsgesellschaften und die Bestellung von Sicherheiten, die nicht der notariellen Beurkundung bedürfen. Das trifft nicht auf die Grundschuld oder die Hypothek zu, kann aber Bürgschaftserklärungen erfassen.

Damit bleibt als Ergebnis festzuhalten, dass Widerrufsrechte wegen Vertragsanbahnung in einer *„Haustürsituation"* beim klassischen Immobilienkauf einem geschädigten Käufer nicht helfen, da sie keine Anwendung finden auf den beurkundungspflichtigen Kaufvertrag. Sie greifen damit nur für den Beitritt zu einer Immobilienfondsgesellschaft und für nicht notariell beurkundungspflichtige Sicherheitenbestellungen (z. B. Bürgschaften).[82]

Beim klassischen Immobilienkauf bleibt der Käufer somit auf die oben dargestellten Regelungen zu Widerrufsrechten bei Verbraucherdarlehensverträgen angewiesen, die freilich mit weiteren Hürden verbunden sind, wenn sich der Käufer nicht nur vom Darlehensvertrag lösen will, sondern auch von dem Immobilienkaufvertrag, da er dann noch die Voraussetzungen für das Durchschlagen des Widerrufes auf den Kaufvertrag darlegen und erforderlichenfalls beweisen muss.

[77] Siehe § 312 BGB.

[78] Siehe BGH, Urteil v. 08.06.2004, abgedruckt in *Wertpapiermitteilungen – Zeitschrift für Wirtschafts- und Bankrecht* 2004, S. 1579 ff.

[79] Siehe BGH, Urteil v. 18.10.2004, abgedruckt in *Wertpapiermitteilungen – Zeitschrift für Wirtschafts- und Bankrecht* 2004, S. 2491 ff.

[80] Siehe § 312 Abs. 3 Nr. 3 BGB.

[81] Siehe Abschn. 8.1.1. (Seite 149 f.).

[82] Siehe § 312 Abs. 3 Nr. 3 BGB.

9.4.4 Vertretungsmängel bei Treuhandmodellen

Schließlich kommt als Ansatzpunkt für einen geschädigten Immobilienkäufer zum Ausstieg aus den Verträgen noch ein Vertretungsmangel bei Treuhandmodellen in Frage.

Mit Treuhandmodellen sind diejenigen Geschäfte gemeint, bei denen Immobilienkäufer einem Geschäftsbesorger eine umfassende Vollmacht zum Kauf einer Eigentumswohnung oder zum Beitritt zu einem Immobilienfonds sowie zur Aufnahme der dafür erforderlichen Bankkredite erteilt haben.

Solche Geschäftsbesorgungsverträge und die darin enthaltenen Vollmachten sind nach der mittlerweile gefestigten Rechtsprechung des Bundesgerichtshofes unwirksam, wenn der Geschäftsbesorger kein Rechtsanwalt ist und auch keine Rechtsbesorgungserlaubnis nach dem Rechtsberatungsgesetz hat.[83] In der Praxis verfügen diese Geschäftsbesorger nur in seltenen Ausnahmefällen über eine Rechtsanwaltszulassung, so dass diese negative Voraussetzung meistens erfüllt ist.

Sind der Kreditvertrag und der Kaufvertrag über die Immobilie demnach von dem Geschäftsbesorger des Immobilienkäufers ohne wirksame Vollmacht abgeschlossen worden, so sind die Verträge gegenüber dem Immobilienkäufer und Kreditnehmer als Vertretenem unwirksam, wenn er sie nicht genehmigt.[84] Das gilt jedenfalls dann, wenn keine Umstände vorliegen, die zur Annahme einer wirksamen Bevollmächtigung nach Rechtsscheinstatbeständen führen.[85]

Über diese Rechtsfolge ist dem geschädigten Immobilienkäufer ein sehr eleganter Ausweg eröffnet, sich sowohl von dem nachteiligen Kaufvertrag über die Immobilie als auch von dem Kreditvertrag zur Finanzierung des Immobilienkaufes zu lösen.

Allerdings stellen sich bei diesen Fallgestaltungen komplexe Fragen zu Rechtsscheintatbeständen einer wirksamen Bevollmächtigung sowie komplexe bereicherungsrechtliche und verjährungsrechtliche Fragen hinsichtlich der Rückabwicklung des Kreditvertrages und des Kaufvertrages. Da es auf den konkreten Einzelfall und tatsächliche Details ankommt, wird ein geschädigter Immobilienkäufer und Kreditnehmer keine Chance haben, ohne anwaltliche Beratung und Vertretung seine Interessen gegenüber der Bank und dem Verkäufer wahrzunehmen und durchzusetzen.

Die Erfahrung zeigt darüber hinaus, dass auf diese Rechtsmaterie spezialisierte Rechtsanwälte gegenüber den Banken durchschlagender argumentieren und auftreten, da die Einarbeitung in diese komplizierte Rechtsmaterie einen hohen

---

[83] Siehe z. B. BGH, Urteil v. 28.09.2000, abgedruckt in *Wertpapiermitteilungen – Zeitschrift für Wirtschafts- und Bankrecht* 2000, S. 2443 ff. sowie BGH, Urteil v. 18.03.2003, abgedruckt in *Wertpapiermitteilungen – Zeitschrift für Wirtschafts- und Bankrecht* 2003, S. 918 ff. und BGH, Urteil v. 24.10.2006, abgedruckt in *Wertpapiermitteilungen – Zeitschrift für Wirtschafts- und Bankrecht* 2007, S. 116 ff.

[84] Siehe § 177 BGB.

[85] Siehe BGH, Urteil v. 23.03.2004, abgedruckt in *Neue Zeitschrift für Miet- und Wohnungsrecht* 2004, S. 597 ff.

Arbeitsaufwand darstellt. Immobilienkäufer mit wenig erfahrenen Rechtsanwälten auf ihrer Seite haben insoweit gegenüber den hoch spezialisierten Bankjustitiaren einen schweren Stand. Ein hoch spezialisierter Bankjustitiar merkt natürlich sehr schnell, ob er einen erfahrenen und spezialisierten Rechtsanwalt oder einen wenig beschlagenen und unerfahrenen Rechtsanwalt als Gegenspieler vor sich hat. Dementsprechend fallen dann in der Praxis auch die Verhandlungsergebnisse für den geschädigten Immobilienkäufer und Kreditnehmer aus.

Kapitel 10
Berechnungstool

Im Lieferumfang dieses Praxisleitfadens ist ein mächtiges Berechnungstool enthalten. Sie finden es zum Download auf der Internetseite des Springer-Verlages.[1] Dieses Berechnungstool basiert auf dem Tabellenkalkulationsprogramm MS Excel.

Mit diesem Berechnungstool können Sie die wichtigsten Daten beim Immobilienkauf und beim Abschluss eines Immobilienkredites kinderleicht berechnen. So werden Sie unabhängig von Berechnungen der Bank, die in aller Regel nur einen Ausschnitt des relevanten Zahlenmaterials darstellen und damit als Orientierungshilfe für eine Entscheidung nur bedingt tauglich sind.

In den seltensten Fällen berechnet Ihnen die Bank z. B. die entscheidende Größe der Gesamtzinslast des Kredites, die bis zur vollständigen Tilgung des Darlehens aufläuft. Gerade diese Zahl ist jedoch von großer Wichtigkeit für die Entscheidung über die richtige Darlehensvariante und für die Weichenstellung, wie viel Kredit Sie sich leisten können und wollen.

Mit dem im Lieferumfang dieses Praxisleitfadens enthaltenen Berechnungstool im Gepäck brauchen Sie keinen Bankberater mehr um Zahlen anzubetteln. Sie werden vielmehr in den Stand versetzt, die entscheidenden Zahlen autark und schnell zu ermitteln. Damit können Sie Ihre Entscheidungen auf fundierte Informationen stützen und müssen die Finanzierung nicht im Blindflug abschließen.

Im Folgenden möchte ich Ihnen den Aufbau und Gebrauch des Berechnungstools Schritt für Schritt erklären:

Das Berechnungstool besteht aus insgesamt drei MS Excel-Datenblättern.

Auf dem ersten Datenblatt mit der Bezeichnung ***Objektdaten*** können Sie die Kaufnebenkosten und die mögliche Immobilienrendite berechnen. Die folgende Darstellung stellt einen Bildschirmausdruck des Datenblattes ***Objektdaten*** dar:

[1] http://extras.springer.com – Das Berechnungstool wurde mit größtmöglicher Sorgfalt erstellt. Für die Richtigkeit ist jedoch eine Haftung des Autors oder des Springer-Verlages ausgeschlossen.

G. Rennert, *Praxisleitfaden Immobilienanschaffung und Immobilienfinanzierung*,
DOI 10.1007/978-3-642-22622-9_10,

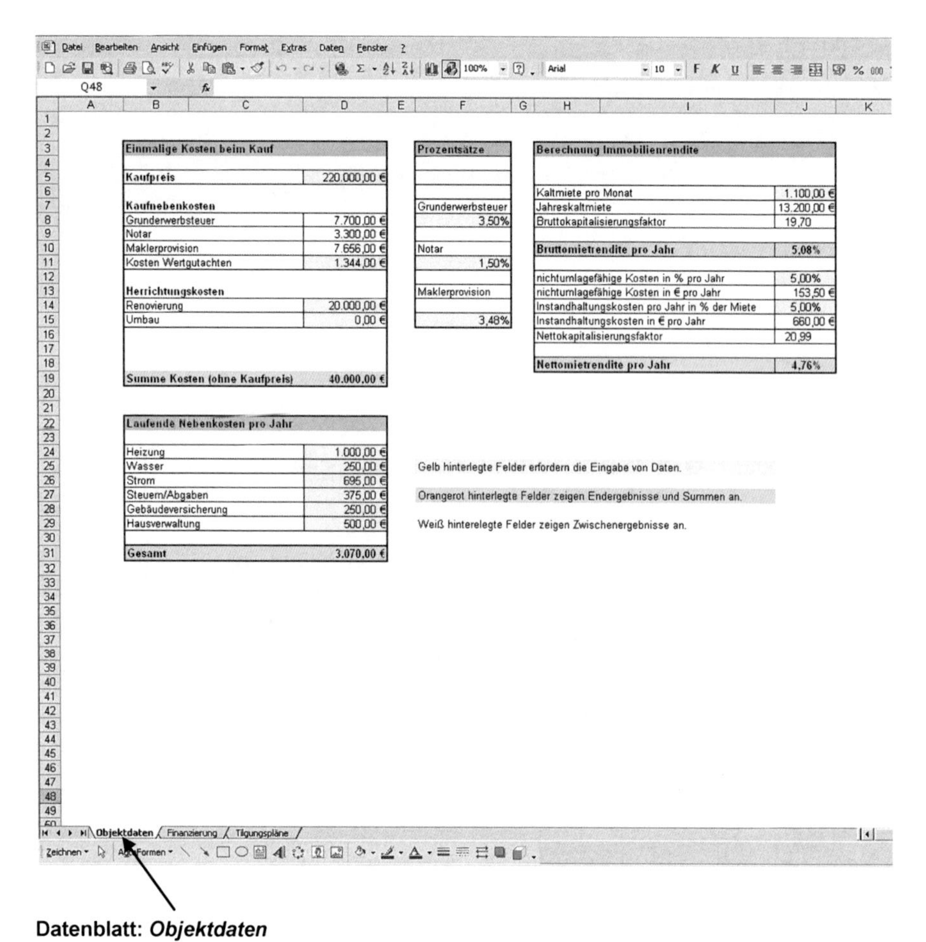

Einmalige Kosten beim Kauf	
Kaufpreis	220.000,00 €
Kaufnebenkosten	
Grunderwerbsteuer	7.700,00 €
Notar	3.300,00 €
Maklerprovision	7.656,00 €
Kosten Wertgutachten	1.344,00 €
Herrichtungskosten	
Renovierung	20.000,00 €
Umbau	0,00 €
Summe Kosten (ohne Kaufpreis)	40.000,00 €

Prozentsätze
Grunderwerbsteuer
3,50%
Notar
1,50%
Maklerprovision
3,48%

Berechnung Immobilienrendite	
Kaltmiete pro Monat	1.100,00 €
Jahreskaltmiete	13.200,00 €
Bruttokapitalisierungsfaktor	19,70
Bruttomietrendite pro Jahr	5,08%
nichtumlagefähige Kosten in % pro Jahr	5,00%
nichtumlagefähige Kosten in € pro Jahr	153,50 €
Instandhaltungskosten pro Jahr in % der Miete	5,00%
Instandhaltungskosten in € pro Jahr	660,00 €
Nettokapitalisierungsfaktor	20,99
Nettomietrendite pro Jahr	4,76%

Laufende Nebenkosten pro Jahr	
Heizung	1.000,00 €
Wasser	250,00 €
Strom	695,00 €
Steuern/Abgaben	375,00 €
Gebäudeversicherung	250,00 €
Hausverwaltung	500,00 €
Gesamt	3.070,00 €

Gelb hinterlegte Felder erfordern die Eingabe von Daten.

Orangerot hinterlegte Felder zeigen Endergebnisse und Summen an.

Weiß hinterelegte Felder zeigen Zwischenergebnisse an.

Objektdaten / Finanzierung / Tilgungspläne

Datenblatt: *Objektdaten*

Das Datenblatt mit den Objektdaten muss immer ausgefüllt werden, weil diese Zahlen die Basis für alle weiteren Berechnungen darstellen.

Sie können und müssen nur in die gelb hinterlegten Felder Daten eingeben. Daraus werden in den weiß hinterlegten Feldern Zwischenergebnisse errechnet und in den orangerot hinterlegten Feldern werden Endergebnisse angezeigt, die vollautomatisch aus den Eingaben errechnet werden. Die Überschriften sind durchgängig blau hinterlegt, um die Orientierung in dem Datenblatt auch optisch zu unterstützen.

Das Datenblatt ***Objektdaten*** ist in 4 fett umrandete Kästen strukturiert. Der wichtigste Kasten ist der obere linke Kasten. Er trägt die Überschrift ***Einmalige Kosten beim Kauf***.

In dem Beispiel ist hier in dem ersten gelb hinterlegten Feld der Kaufpreis für die Immobilie in Höhe von € 220.000 eingegeben (siehe Zeile 5). Daraus werden anhand der üblichen Prozentsätze für Maklerprovision, Grunderwerbsteuer sowie Notar- und Grundbuchkosten die Kaufnebenkosten vollautomatisch errechnet, die in den folgenden weiß hinterlegten Feldern angezeigt werden (siehe Zeilen 8 bis 10).

Diese üblichen Prozentsätze für die Kaufnebenkosten sind in dem fett umrandeten Kasten weiter rechts hinterlegt. Sie können in den gelb hinterlegten Feldern verändert werden, wenn es im konkreten Fall Abweichungen von den üblichen Prozentsätzen gibt. Wenn Sie z. B. ohne Beteiligung eines Immobiliemaklers kaufen, dann setzten Sie den Wert für die Maklerprovision in diesem Kasten einfach auf 0%.

Als weitere Kaufnebenkosten sind in diesem Beispiel hier noch Kosten für ein Wertgutachten (siehe Zeile 11) sowie Kosten für die Renovierung der Immobilie (siehe Zeile 14) eingetragen.

In dem oberen rechten Kasten kann die Rendite einer Immobilie überschlägig ermittelt werden. Dazu sind weitere Eingaben erforderlich wie die monatlichen Mieteinnahmen ohne Nebenkosten.

Wenn Sie eine Immobilie als Renditeobjekt erwerben möchten, so können Sie hier durch Eingabe der weiteren Daten sehr leicht die Mietrendite errechnen, um eine erste Einschätzung von der möglichen Rentabilität der Immobilie zu erhalten. Da die Zahlen vollautomatisch durchgerechnet werden aus den Eingaben, können Sie auch schnell errechnen, wie sich die Rendite ändert, wenn Sie z. B. den Kaufpreis um € 20.000 herunterhandeln, indem Sie einfach einen entsprechend niedrigeren Kaufpreis in dem entsprechenden Feld im ganz linken Kasten (siehe Zeile 5) eingeben.

Die Errechnung der Mietrendite kann für Sie auch dann interessant sein, wenn Sie die Immobilie für die Eigennutzung erwerben, weil Sie so einen Indikator haben, ob Sie unter Investitionsaspekten günstig einkaufen oder ob der Kaufpreis überhöht ist. Wegen der Einzelheiten zur Errechnung von Immobilienrenditen verweise ich zur Vermeidung von Wiederholungen auf die Darstellungen weiter oben.[2] Für die Berechnung der Nettomietrendite sind weitere Eingaben erforderlich, die in dem unteren fett umrandeten Kasten vorgenommen werden können.

[2] Siehe Abschn. 2.2.1. (Seite 6 ff.).

Das zweite Datenblatt trägt die Bezeichnung ***Finanzierung***. Die folgende Darstellung stellt einen Bildschirmausdruck des Datenblattes ***Finanzierung*** dar:

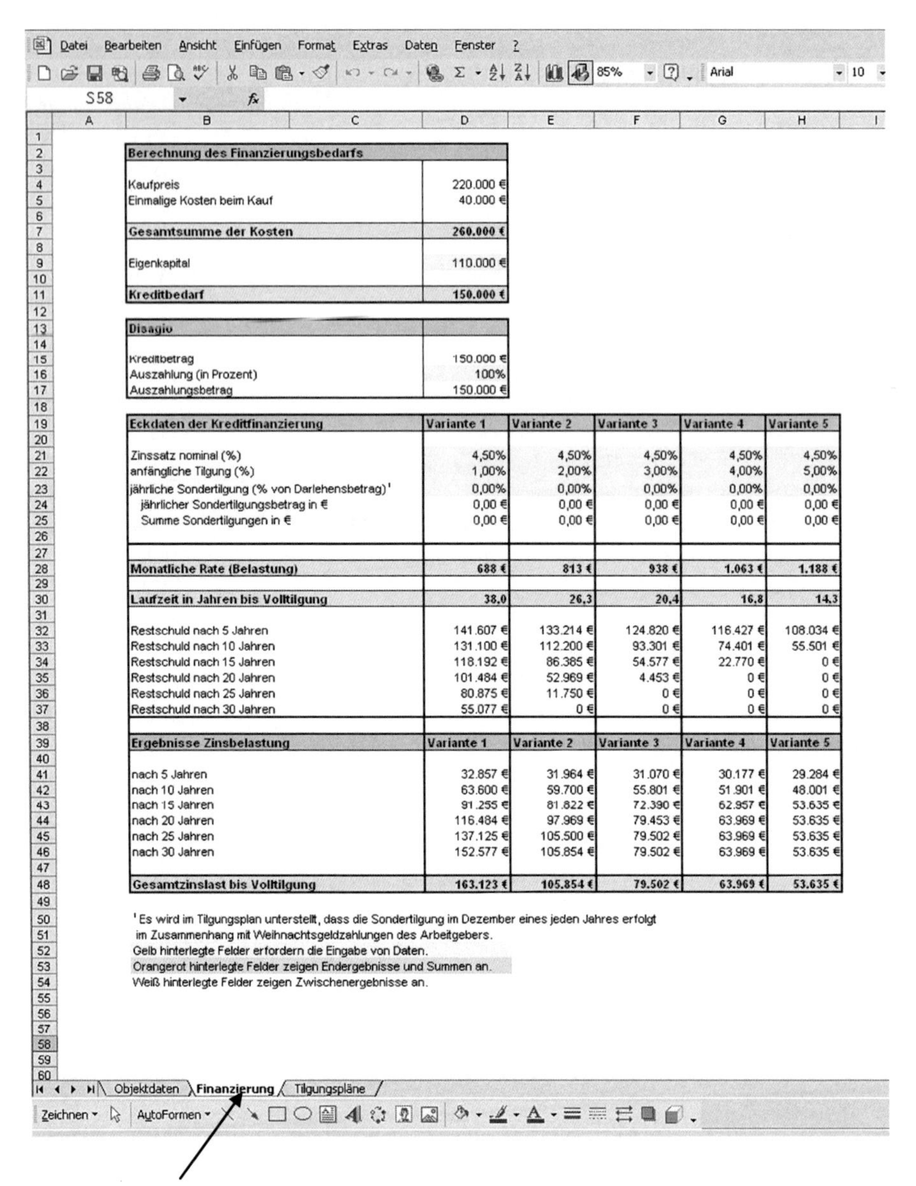

Berechnung des Finanzierungsbedarfs	
Kaufpreis	220.000 €
Einmalige Kosten beim Kauf	40.000 €
Gesamtsumme der Kosten	**260.000 €**
Eigenkapital	110.000 €
Kreditbedarf	**150.000 €**

Disagio	
Kreditbetrag	150.000 €
Auszahlung (in Prozent)	100%
Auszahlungsbetrag	150.000 €

Eckdaten der Kreditfinanzierung	Variante 1	Variante 2	Variante 3	Variante 4	Variante 5
Zinssatz nominal (%)	4,50%	4,50%	4,50%	4,50%	4,50%
anfängliche Tilgung (%)	1,00%	2,00%	3,00%	4,00%	5,00%
jährliche Sondertilgung (% von Darlehensbetrag)'	0,00%	0,00%	0,00%	0,00%	0,00%
jährlicher Sondertilgungsbetrag in €	0,00 €	0,00 €	0,00 €	0,00 €	0,00 €
Summe Sondertilgungen in €	0,00 €	0,00 €	0,00 €	0,00 €	0,00 €
Monatliche Rate (Belastung)	**688 €**	**813 €**	**938 €**	**1.063 €**	**1.188 €**
Laufzeit in Jahren bis Volltilgung	**38,0**	**26,3**	**20,4**	**16,8**	**14,3**
Restschuld nach 5 Jahren	141.607 €	133.214 €	124.820 €	116.427 €	108.034 €
Restschuld nach 10 Jahren	131.100 €	112.200 €	93.301 €	74.401 €	55.501 €
Restschuld nach 15 Jahren	118.192 €	86.385 €	54.577 €	22.770 €	0 €
Restschuld nach 20 Jahren	101.484 €	52.969 €	4.453 €	0 €	0 €
Restschuld nach 25 Jahren	80.875 €	11.750 €	0 €	0 €	0 €
Restschuld nach 30 Jahren	55.077 €	0 €	0 €	0 €	0 €

Ergebnisse Zinsbelastung	Variante 1	Variante 2	Variante 3	Variante 4	Variante 5
nach 5 Jahren	32.857 €	31.964 €	31.070 €	30.177 €	29.284 €
nach 10 Jahren	63.600 €	59.700 €	55.801 €	51.901 €	48.001 €
nach 15 Jahren	91.255 €	81.822 €	72.390 €	62.957 €	53.635 €
nach 20 Jahren	116.484 €	97.969 €	79.453 €	63.969 €	53.635 €
nach 25 Jahren	137.125 €	105.500 €	79.502 €	63.969 €	53.635 €
nach 30 Jahren	152.577 €	105.854 €	79.502 €	63.969 €	53.635 €
Gesamtzinslast bis Volltilgung	**163.123 €**	**105.854 €**	**79.502 €**	**63.969 €**	**53.635 €**

' Es wird im Tilgungsplan unterstellt, dass die Sondertilgung im Dezember eines jeden Jahres erfolgt im Zusammenhang mit Weihnachtsgeldzahlungen des Arbeitgebers.
Gelb hinterlegte Felder erfordern die Eingabe von Daten.
Orangerot hinterlegte Felder zeigen Endergebnisse und Summen an.
Weiß hinterlegte Felder zeigen Zwischenergebnisse an.

Datenblatt: *Finanzierung*

Auch hier gilt, dass Sie nur in die gelb hinterlegten Felder Daten eingeben können. Daraus werden in den weiß hinterlegten Feldern Zwischenergebnisse errechnet und in den orangerot hinterlegten Feldern werden Endergebnisse angezeigt, die vollautomatisch aus den Eingaben errechnet werden.

Das oben als Bildschirmausdruck dargestellte Datenblatt ***Finanzierung*** ist das Herzstück des Berechnungstools und stellt für Sie ein wichtiges und wertvolles Steuerungsinstrument für Ihren Immobilienkauf dar. Es stellt Ihnen die entscheidenden Eckdaten einer Finanzierung dar, die die Grundlage für Ihre Entscheidungen sind.

Dazu gehört als besonders wichtige Information die Gesamtzinslast der Finanzierung, die in der letzten Zeile des Datenblattes abzulesen ist. Die Gesamtzinslast gibt an, wie viel Geld Sie insgesamt für Kreditzinsen aufwenden müssen, bis die Finanzierung vollständig zurückgeführt ist.

Die Datenblätter sind über Formeln miteinander verknüpft. Die in dem Datenblatt ***Objektdaten*** eingetragenen Daten tauchen im Datenblatt ***Finanzierung*** wieder auf, soweit sie die Grundlage für die weiteren Berechnungen darstellen. So finden Sie z. B. den Kaufpreis und die Kaufnebenkosten in den ersten Zeilen des Datenblattes wieder (siehe Zeilen 4 und 5).

Im Datenblatt ***Finanzierung*** müssen Sie zunächst die Höhe des verfügbaren Eigenkapitals in dem gelb hinterlegten Feld (siehe Zeile 9) eingeben. Daraus errechnet sich dann vollautomatisch der erforderliche Kreditbedarf, der als Ergebnis in einem orangerot hinterlegten Feld angezeigt wird (siehe Zeile 11).

In dem folgenden fett umrandeten Feld mit der Überschrift Disagio können Sie einen Auszahlungsprozentsatz eingeben, wenn Sie ein Disagio vereinbart haben. Wie in den vorgehenden Kapiteln dargestellt, macht ein Disagio jedoch in aller Regel nur bei Renditeimmobilien Sinn.[3]

Besonders wichtig sind die Eingaben in dem folgenden Kasten mit der Überschrift ***Eckdaten der Kreditfinanzierung.*** Hier sind in den gelb hinterlegten Feldern die Daten für den Nominalzinssatz, den anfänglichen Tilgungssatz sowie etwaige Sondertilgungsrechte einzugeben (siehe Zeilen 21 bis 23).

Aus diesen Eckdaten werden unter Zugriff auf die zuvor eingegebenen Daten vollautomatisch in den folgenden Zeilen Zwischenergebnisse und Endergebnisse angezeigt. Dazu gehören die Höhe der sich ergebenden monatlichen Kreditrate, die Anzahl der Jahre bis zur Volltilgung des Darlehens sowie schließlich die Höhe der Restschuld in zeitlichen Abständen von 5 Jahren.

Das Berechnungstool weist die Besonderheit auf, dass Sie in insgesamt 5 Spalten Varianten von Eckdaten der Kreditfinanzierung eingeben können und die Ergebnisse vollautomatisch für alle Varianten durchgerechnet und übersichtlich nebeneinander dargestellt erhalten. Das ist eine Besonderheit, die Sie bei anderen Berechnungstools am Markt so nicht finden. Diese Funktionalität werden Sie nach kurzer Zeit sehr schätzen lernen, weil Sie es Ihnen ermöglicht, die wirtschaftlichen Folgen von Darlehensvarianten durchzurechnen und miteinander zu vergleichen.

In dem letzten Kasten ganz unten auf dem Datenblatt finden Sie schließlich die Werte für die auflaufende Gesamtzinslast bei der Kreditfinanzierung. In der letzten Zeile des Datenblattes ist die Gesamtzinslast bis zur vollständigen Rückführung der Kreditfinanzierung ausgewiesen. Hier können Sie sehr schön ablesen, wie sich die Gesamtzinslast verändert, wenn Sie die Eckdaten der Finanzierung verändern.

---

[3] Siehe Abschn. 7.3.1.7. (Seite 127).

Wenn Sie z. B. den anfänglichen Tilgungssatz bei der Finanzierung jeweils um 1% erhöhen (wie in dem obigen Bildschirmausdruck exemplarisch bei den Varianten 2 bis 5 durchgeführt), so können Sie an der letzten Zeile des Datenblattes exakt die Veränderung der Gesamtzinslast ablesen. Die Variante 1 und 2 dieses Beispiels hatte ich Ihnen bereits im Kapitel über die Beschaffung einer Bankfinanzierung vorgestellt.[4] Hier finden Sie die Zahlen aus dem vorgestellten Beispiel im Datenblatt ***Finanzierung*** in den Zeilen 30 und 48 wieder.

Beim Umgang mit diesem Datenblatt und den Ergebnissen für die Gesamtzinslast sollte Ihnen jedoch bewusst sein, dass es bei der Berechnung eine kleine (unvermeidbare) Unschärfe gibt, die sich aus folgenden Umständen ergibt: Da eine Zinsanpassung nach Auslaufen der ersten Festzinssatzperiode von üblicherweise 10 bis 15 Jahren erfolgt, besteht insoweit einc unbekannte Größe für die Berechnung der Gesamtzinslast bis zur Volltilgung, weil der Anschlusszinssatz nicht feststeht. Er hängt von der Entwicklung der Kapitalmärkte und des Marktzinsniveaus in der Zukunft ab und ist zum Zeitpunkt des Abschlusses des Darlehensvertrages unbekannt.

Die von dem Berechnungstool ausgeworfenen Zahlen unterstellen hinsichtlich dieses unbekanntes Wertes, dass der Darlehenszinssatz für die gesamte Laufzeit des Darlehens konstant den in das Feld eingegeben Anfangszinssatz der Finanzierung beträgt, da eine Vorhersage des Anschlusszinssatzes unmöglich ist. Niemand kann die Entwicklung an den Kapitalmärken in der Zukunft vorhersagen. Die Annahme eines konstanten Zinssatzes für die Gesamtlaufzeit der Finanzierung führt jedoch zu aussagekräftigen Ergebnissen, wenn über die Gesamtlaufzeit der Zinssatz um diesen Wert herum pendelt, d.h. bei den anschließenden Festzinssatzvereinbarungen mal darüber liegt und mal darunter. Daher sind die berechneten Zahlen als Orientierungshilfe aussagekräftig.

Wenn der Zinssatz nach Auslaufen der ersten Festzinsperiode höher ist als der anfängliche Zinssatz, fällt die Gesamtzinslast bis zur Volltilgung in der Rechnung natürlich noch höher aus. Fällt der Anschlusszinssatz hingegen niedriger aus, dann reduzieren sich entsprechend die Gesamtzinslast und die Laufzeit des Darlehens.

Wenn Sie jedoch gleichwohl mit fiktiven Annahmen über Anschlusszinssätze weitere Berechnungen anstellen wollen, so ermöglicht das Datenblatt ***Finanzierung*** auch derartige Berechnungen. Ihnen steht die Basis für weitere Berechnungen ja in Form der Restvaluta nach Auslaufen der Zinsbindung zur Verfügung. Sie können diesen Wert ganz einfach aus dem Datenblatt ablesen (siehe Zeilen 32 bis 37).

Das lässt sich am Einfachsten an einem Beispiel verdeutlichen. Nehmen wir die Finanzierungsvariante 2 aus obigem Bildschirmausdruck des Datenblattes ***Finanzierung*** und unterstellen, dass Sie eine Festzinssatzbindung für 15 Jahre eingegangen sind.

Damit können Sie aus dem Datenblatt ablesen, dass Sie nach 15 Jahren eine Restvaluta von € 86.385 haben und bis zu diesem Zeitpunkt € 81.822 Zinsen bezahlt haben (siehe Zeilen 34 und 43). Diese Zahlen enthalten keine Unschärfe, weil sie exakt berechnet sind aufgrund von feststehenden Eckdaten ohne Prognoseunsicherheiten.

[4] Siehe Abschn. 7.3.1.2. (Seite 119 ff.).

Wenn Sie jetzt mit einem fiktiven Anschlussfestzinssatz nach 15 Jahren in Höhe von z. B. 6,5% weiterrechnen wollen, so müssen Sie dazu einfach eine neue Berechnung mit dem Datenblatt durchführen, indem Sie die Zahl des Eigenkapitals so verändern, dass als Kreditbetrag die Restvaluta (also € 86.385) zugrunde gelegt wird. Als Nominalzinssatz setzten Sie nun 6,5% in das gelb hinterlegte Feld ein. Den anfänglichen Tilgungssatz erhöhen Sie nun so lange in kleinen Schritten, bis Sie zu einer monatlichen Belastung in Höhe von € 813 kommen. Im gewählten Beispiel müssten Sie den anfänglichen Tilgungssatz auf 4,8% erhöhen. Dann erhalten Sie die Berechnung für die zweite Festzinsperiode.

Der nachfolgend eingefügte Bildschirmausdruck stellt diese Rechnung für eine solche Anschlusszinsbindung exemplarisch dar:

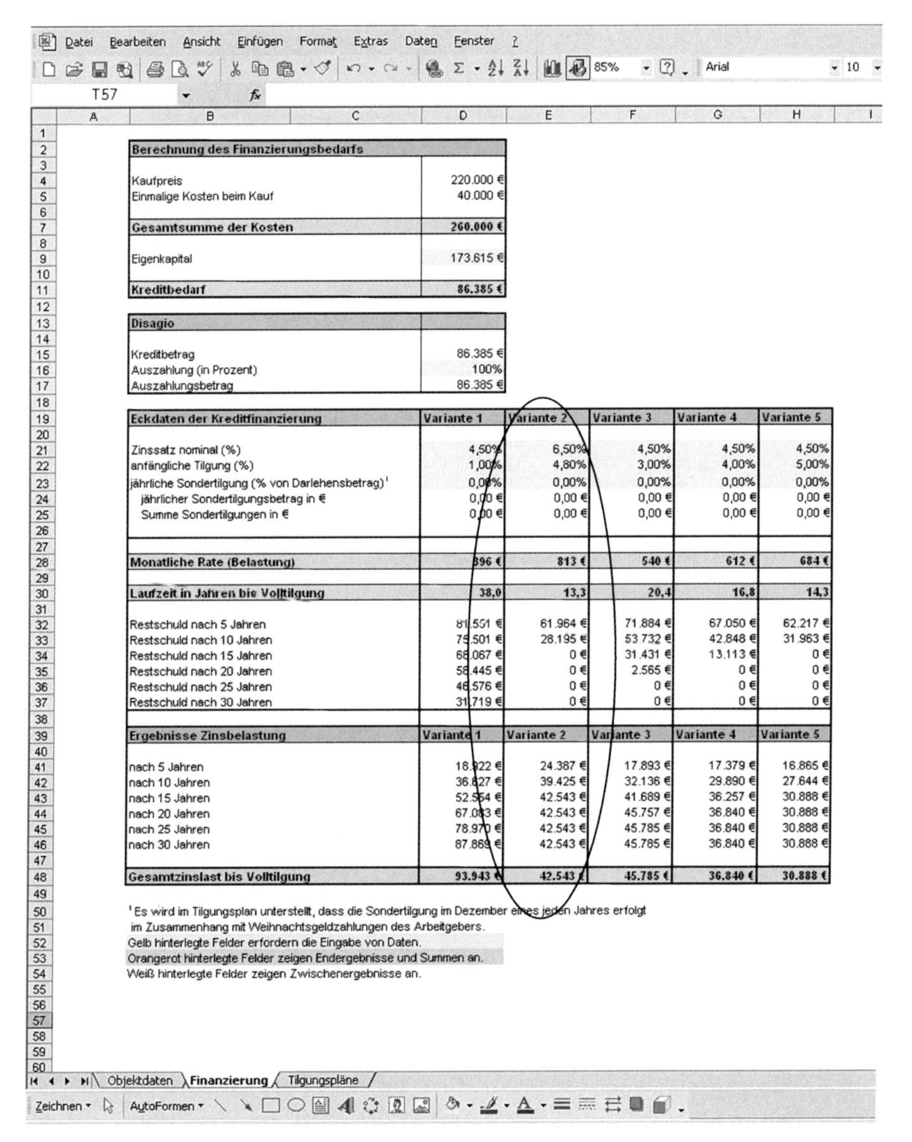

Berechnung des Finanzierungsbedarfs	
Kaufpreis	220.000 €
Einmalige Kosten beim Kauf	40.000 €
Gesamtsumme der Kosten	**260.000 €**
Eigenkapital	173.615 €
Kreditbedarf	**86.385 €**

Disagio	
Kreditbetrag	86.385 €
Auszahlung (in Prozent)	100%
Auszahlungsbetrag	86.385 €

Eckdaten der Kreditfinanzierung	Variante 1	Variante 2	Variante 3	Variante 4	Variante 5
Zinssatz nominal (%)	4,50%	6,50%	4,50%	4,50%	4,50%
anfängliche Tilgung (%)	1,00%	4,80%	3,00%	4,00%	5,00%
jährliche Sondertilgung (% von Darlehensbetrag)[1]	0,00%	0,00%	0,00%	0,00%	0,00%
jährlicher Sondertilgungsbetrag in €	0,00 €	0,00 €	0,00 €	0,00 €	0,00 €
Summe Sondertilgungen in €	0,00 €	0,00 €	0,00 €	0,00 €	0,00 €
Monatliche Rate (Belastung)	**396 €**	**813 €**	**540 €**	**612 €**	**684 €**
Laufzeit in Jahren bis Volltilgung	**38,0**	**13,3**	**20,4**	**16,8**	**14,3**
Restschuld nach 5 Jahren	81.551 €	61.964 €	71.884 €	67.050 €	62.217 €
Restschuld nach 10 Jahren	75.501 €	28.195 €	53.732 €	42.848 €	31.963 €
Restschuld nach 15 Jahren	68.067 €	0 €	31.431 €	13.113 €	0 €
Restschuld nach 20 Jahren	58.445 €	0 €	2.565 €	0 €	0 €
Restschuld nach 25 Jahren	46.576 €	0 €	0 €	0 €	0 €
Restschuld nach 30 Jahren	31.719 €	0 €	0 €	0 €	0 €

Ergebnisse Zinsbelastung	Variante 1	Variante 2	Variante 3	Variante 4	Variante 5
nach 5 Jahren	18.[illegible]22 €	24.387 €	17.893 €	17.379 €	16.865 €
nach 10 Jahren	36.827 €	39.425 €	32.136 €	29.890 €	27.644 €
nach 15 Jahren	52.554 €	42.543 €	41.689 €	36.257 €	30.888 €
nach 20 Jahren	67.083 €	42.543 €	45.757 €	36.840 €	30.888 €
nach 25 Jahren	78.970 €	42.543 €	45.785 €	36.840 €	30.888 €
nach 30 Jahren	87.869 €	42.543 €	45.785 €	36.840 €	30.888 €
Gesamtzinslast bis Volltilgung	**93.943 €**	**42.543 €**	**45.785 €**	**36.840 €**	**30.888 €**

[1] Es wird im Tilgungsplan unterstellt, dass die Sondertilgung im Dezember eines jeden Jahres erfolgt im Zusammenhang mit Weihnachtsgeldzahlungen des Arbeitgebers.

Gelb hinterlegte Felder erfordern die Eingabe von Daten.

Orangerot hinterlegte Felder zeigen Endergebnisse und Summen an.

Weiß hinterlegte Felder zeigen Zwischenergebnisse an.

Aus dem Datenblatt können Sie nun ablesen, dass bei konstanter Weiterzahlung der Annuitäten von € 813 monatlich bei einem Anschlusszinssatz von 6,5% weitere 13,3 Jahre vergehen bis zur Volltilgung des Darlehens und weitere € 42.543 Kreditzinsen auflaufen.

Daraus können Sie eine interessante Vergleichsrechnung anstellen:

Gesamtzinslast bei konstant 4,5% Nominalzins:	**€ 105.854**
Gesamtzinslast bei Anschlusszins von 6,5% nach 15 Jahren:	€ 81.822
	+ € 42.543
Summe	**€ 124.365**

Das bedeutet für Sie in diesem Beispiel die Erkenntnis, dass ein um 2% erhöhter Anschlusszinssatz nach 15 Jahren die Gesamtzinslast bei gleich bleibender Annuität insgesamt nochmals um exakt € 18.511 (= € 124.365–€ 105.854) erhöht.

Wie Sie sehen, können Sie mit diesem Rechentool relativ einfach sehr komplexe Berechnungen durchführen und haben damit ein optimales Steuerungsinstrument für Ihre Kreditfinanzierung in der Hand.

Auf dem dritten und letzten Datenblatt des Rechentools werden schließlich die Tilgungspläne angezeigt. Die folgende Darstellung stellt einen Bildschirmausdruck des Datenblattes ***Tilgungspläne*** dar:

Datei Bearbeiten Ansicht Einfügen Format Extras Daten Fenster ?

75%

Z62

	A	C	D	E	F	G	H	I
1		Tilgungsplan		Variante 1				
2								
3		Kreditsumme		Zinssatz	Laufzeit (Jahre)	Mon. Rate	Sondertilgung	Summe Zinsen
4		150.000,00		4,50%	38,0	687,50	0,00%	163.123,11
5							0,00	
6								
7	Jahr	Monat	Jahr	Restschuld	Zins	Tilgung		Rest
8	1	1	0,08	150.000,00	562,50	125,00		149.875,00
9		2	0,17	149.875,00	562,03	125,47		149.749,53
10		3	0,25	149.749,53	561,56	125,94		149.623,59
11		4	0,33	149.623,59	561,09	126,41		149.497,18
12		5	0,42	149.497,18	560,61	126,89		149.370,29
13		6	0,50	149.370,29	560,14	127,36		149.242,93
14		7	0,58	149.242,93	559,66	127,84		149.115,09
15		8	0,67	149.115,09	559,18	128,32		148.986,78
16		9	0,75	148.986,78	558,70	128,80		148.857,98
17		10	0,83	148.857,98	558,22	129,28		148.728,69
18		11	0,92	148.728,69	557,73	129,77		148.598,93
19		12	1,00	148.598,93	557,25	130,25	-	148.468,67
20	2	13	1,08	148.468,67	556,76	130,74		148.337,93
21		14	1,17	148.337,93	556,27	131,23		148.206,70
22		15	1,25	148.206,70	555,78	131,72		148.074,97
23		16	1,33	148.074,97	555,28	132,22		147.942,75
24		17	1,42	147.942,75	554,79	132,71		147.810,04
25		18	1,50	147.810,04	554,29	133,21		147.676,83
26		19	1,58	147.676,83	553,79	133,71		147.543,11
27		20	1,67	147.543,11	553,29	134,21		147.408,90
28		21	1,75	147.408,90	552,78	134,72		147.274,18
29		22	1,83	147.274,18	552,28	135,22		147.138,96
30		23	1,92	147.138,96	551,77	135,73		147.003,23
31		24	2,00	147.003,23	551,26	136,24	-	146.867,00
32	3	25	2,08	146.867,00	550,75	136,75		146.730,25
33		26	2,17	146.730,25	550,24	137,26		146.592,99
34		27	2,25	146.592,99	549,72	137,78		146.455,21
35		28	2,33	146.455,21	549,21	138,29		146.316,92
36		29	2,42	146.316,92	548,69	138,81		146.178,10
37		30	2,50	146.178,10	548,17	139,33		146.038,77
38		31	2,58	146.038,77	547,65	139,85		145.898,92
39		32	2,67	145.898,92	547,12	140,38		145.758,54
40		33	2,75	145.758,54	546,59	140,91		145.617,63
41		34	2,83	145.617,63	546,07	141,43		145.476,20
42		35	2,92	145.476,20	545,54	141,96		145.334,24
43		36	3,00	145.334,24	545,00	142,50	-	145.191,74
44	4	37	3,08	145.191,74	544,47	143,03		145.048,71
45		38	3,17	145.048,71	543,93	143,57		144.905,14
46		39	3,25	144.905,14	543,39	144,11		144.761,03
47		40	3,33	144.761,03	542,85	144,65		144.616,39
48		41	3,42	144.616,39	542,31	145,19		144.471,20
49		42	3,50	144.471,20	541,77	145,73		144.325,47
50		43	3,58	144.325,47	541,22	146,28		144.179,19
51		44	3,67	144.179,19	540,67	146,83		144.032,36
52		45	3,75	144.032,36	540,12	147,38		143.884,98
53		46	3,83	143.884,98	539,57	147,93		143.737,05
54		47	3,92	143.737,05	539,01	148,49		143.588,56
55		48	4,00	143.588,56	538,46	149,04	-	143.439,52
56	5	49	4,08	143.439,52	537,90	149,60		143.289,92
57		50	4,17	143.289,92	537,34	150,16		143.139,76
58		51	4,25	143.139,76	536,77	150,73		142.989,03
59		52	4,33	142.989,03	536,21	151,29		142.837,74
60		53	4,42	142.837,74	535,64	151,86		142.685,88
61		54	4,50	142.685,88	535,07	152,43		142.533,45
62		55	4,58	142.533,45	534,50	153,00		142.380,45
63		56	4,67	142.380,45	533,93	153,57		142.226,88
64		57	4,75	142.226,88	533,35	154,15		142.072,73

Objektdaten / Finanzierung / Tilgungspläne

Zeichnen ▾ AutoFormen ▾

Datenblatt: *Tilgungspläne*

Die Tilgungspläne sind sehr umfangreich und können natürlich nicht vollständig auf einer Bildschirmseite dargestellt werden. Sie können die Tilgungspläne des Berechnungstools jedoch problemlos vollständig ausdrucken und im Detail jeden einzelnen Rechenschritt und Zahlungsstrom nachvollziehen.

Banken und andere selbsternannte Berater begnügen sich häufig damit, Ihnen diese Tilgungspläne kommentarlos in die Hand zu drücken und glauben, damit ihrer Beratungspflicht genüge getan zu haben. Dabei decken die Tilgungspläne der Banken jedoch nur den Zeitraum bis zum Ende der ersten Festzinsperiode ab und enthalten damit keine Informationen über die Gesamtzinslast bis zur Volltilgung. Das ist natürlich nicht akzeptabel, denn die blanken Tilgungspläne für die erste Festzinsperiode ohne eine Aufbereitung der Zahlen sind natürlich wenig aussagekräftig.

Leider zeigt die Erfahrung, dass viele Berater gar nicht in der Lage sind, die Zahlen durch intelligente Rechenoperationen aufzubereiten, um dem Kreditnehmer und Immobilienkäufer wirklich Orientierung zu geben. Ich kann Ihnen daher nur den Rat geben, sich von einem Berater schnell zu verabschieden, der Sie mit blanken Tilgungsplänen abzuspeisen versucht und nicht in der Lage ist, Ihnen die wirklich relevanten Zahlen nachvollziehbar und korrekt aufzubereiten.

Das von mir entwickelte Rechentool leistet da deutlich mehr als die handelsüblichen tools, die leider allzu häufig Stückwerk sind und keine echte Orientierungshilfe darstellen. Mit diesem Rechentool und dem von mir vorgelegten Praxisleitfaden werden Sie relativ unabhängig von Beratern, weil Sie sich die erforderlichen Zahlen und Informationen selbst erarbeiten können. Die selbst erarbeiteten Informationen und Zahlen wiederum ermöglichen Ihnen, eine durchdachte und auf harte Fakten gestützte Entscheidung zu treffen.

Darüber hinaus haben Sie die Möglichkeit, mich als Berater bei Ihrem persönlichen Immobilienprojekt zu engagieren, da ich als selbständiger Rechtsanwalt in Düsseldorf niedergelassen bin. Zögern Sie nicht, mich anzusprechen, wenn Sie weitergehende Fragen haben oder Unterstützung in einem konkreten Projekt benötigen.

www.kanzlei-rennert.de

Der Autor

Guido Rennert ist niedergelassener Rechtsanwalt in Düsseldorf mit mehr als 11 Jahren anwaltlicher Erfahrung. Darüber hinaus ist er seit mehr als 6 Jahren als Justitiar in der zentralen Rechtsabteilung einer Bank tätig. Schließlich verfügt er über Erfahrung als kaufmännischer Projektleiter in der Immobilienbranche.

www.kanzlei-rennert.de

G. Rennert, *Praxisleitfaden Immobilienanschaffung und Immobilienfinanzierung*,
DOI 10.1007/978-3-642-22622-9, © Springer-Verlag Berlin Heidelberg 2012

Sachverzeichnis

MIX
Papier aus verantwortungsvollen Quellen
Paper from responsible sources
FSC® C105338

Printed by Books on Demand, Germany